Práctica Industrial de la Forja en Caliente

Práctica Industrial de la Forja en Caliente

Alfredo Jesús Bonnemezón

Daniel Martínez Krahmer

nueva librería

Bonnemezón, Alfredo Jesús
Martínez Krahmer, Daniel
Práctica Industrial de la Forja en Caliente
1a reimpreión. - Buenos Aires:Nueva
Librería, 2023. 348 p.; 26 x 18 cm.

ISBN 978-987-1871-00-1
1.Procesos de Fabricación 2. Forja. I. Martínez Krahmer,
Daniel Osvaldo. II. Título
CDD 682

Primera reimpresión, enero de2023

Estados Unidos 301
(1101) Buenos Aires, Argentina
Tel.: 4362.9266
libros@nuevalibreria.com.ar
www.nuevalibreria.com.ar

Idea de tapa: Marta Civitico
Ilustración de tapa: "A steam hammer at work", pintura de óleo realizada por James Nasmyth, 1871
Diseño de interior: Nueva Librería

ISBN 13: 978-987-1871-00-1

Impreso en Argentina - Printed in Argentina

Dedicatoria

A mi esposa Ofelia, que estuvo a mi lado, en todos los caminos de la vida......

A la memoria de nuestro amigo y compañero,
Germán Papczuk.

Agradecimientos

- A las Instituciones que creyeron en nuestro trabajo: INTI; ADIMRA; CAFOR; ACINDAR; y Forja Sudamericana.

- A la invalorable colaboración prestada por Germán Abate y Vitaliy Martynenko, por la cuidadosa lectura de los borradores, y las mejoras sugeridas.

- A Roger González, por compartir desinteresadamente su experiencia, conocimiento, e información sobre el proceso de forjado.

- A Matías Sáenz, Mariano Bonnemezón, y Facundo Riu, porque sin ellos, muchas de las figuras del libro, no hubieran sido posibles.

- A Marta Civitico, por el diseño de la tapa del libro.

- A Jorge Schneebeli, Director de INTI-Mecánica, por habernos apoyado durante todo el proceso.

A todos ellos, nuestro más sincero agradecimiento.

Prologo A.J.B.

Mi vida con la forja se inició un 6 de febrero de 1966. Por recomendación de dos amigos familiares, Horacio Luca y Jaime Schejter, me presenté en Madariaga 1176, de la localidad de Sarandi, Avellaneda.

Haber conocido al Sr. Félix Bellucci, fue muy importante en mi vida laboral. Sus consejos, y esa sonrisa picara, que siempre lo acompañaba, quedaron para siempre en mi memoria. De igual modo, que aquel impacto, esa primera explosión. Creí que era una bomba....., el golpe de ese martillo Pensotti 1000 me sacudió el cuerpo y algo más, me impactó tanto que, aún hoy me acompaña, y sigo deslumbrado por El. Todas las mañanas, durante muchos años, es mi costumbre ir a verlo, como también, al grupo de colaboradores, que hacen día a día, una tarea muy especial: **"Ser forjadores"**.

Luego siguieron cinco años, muy significativos para mi formación técnica. Tuve la posibilidad de compartir, importantes desarrollos (El Proyecto Renault 12 Rumania, y el Lanzamiento del Torino), en la matricería más grande del país: PERDRIEL S.A., empresa perteneciente, por aquellos años, al grupo IKA-RENAULT.

Un tiempo después, volví a la forja Bellucci, perteneciente ahora al Grupo FAE-Oerlikon. Era otra. Más profesional, con más maquinas, y más gente, entre ellos, mis viejos amigos, Luis Robilotta, Oscar Escobio, y Oscar Nasello, entre tantos otros.

Las nuevas responsabilidades de Gestión, me llevaron a conocer a otros grandes empresarios. Recuerdo con mucho respeto al Sr. Jacinto Safratti, en aquellos desayunos en el barrio River, donde él, a los 80 años, me contaba su sueño: crear una forja integral en Gualeguaychú, y lo más asombroso de todo fue, que a los pocos años, empezó a forjar.

Otro gran hombre en la industria de la forja, fue el Sr. Antonio Bavcar. Era muy común, que en nuestras charlas de trabajo, nos quedáramos tanto tiempo conversando, que sus hijos nos decían: "porque no escriben un libro, y ponen allí todas las anécdotas de una sola vez, por favor?".

Recuerdo también el orgullo del Sr. Francovigh, cuando me mostró su nueva máquina para forjar unas enormes bridas.

Y como estos recuerdos, otros tantos, como Raúl Genisio de FEIMA, Rubén Rodríguez de FUTURA, Don Julio Rodríguez de PROMESA, Rubén y Oscar Franceschi de ARTIMSA, los Rosarinos Guillermo Tagliaferri de TAFOR, y Gustavo Naranjo de ROSAFORJ, los Cordobeses Sergio Dal Mas de FORJESTAMP, Oscar Bossio de Zenon Pereyra, y José Vettorello de FORMEC, al primer Presidente de CAFOR, el Dr. Becciú, y al Gerente de "todos los tiempos", Sr. Juan José Mastrolorenzo.

Este trabajo, está dedicado a todos los forjadores de Argentina, y si tuviéramos la suerte, a aquellos que nos conozcan más allá de nuestra frontera.........

A.J.B.

Prologo D.M.K.

Tuve la suerte de conocer a Alfredo el 18 de Marzo de 2009. Recuerdo detalles de aquel encuentro como si estuviera sucediendo ahora mismo.

Por aquella época, dentro de los trabajos de INTI-Mecánica en relación con Venezuela, teníamos asignados varios proyectos que perseguían como objetivo el desarrollo integral de plantas industriales destinadas a la fabricación de productos metalmecánicos, y entre ellos, se encontraba el proyecto de la planta de forja en caliente.
A ese proyecto me sumé por pedido del Director de INTI-Mecánica, el Ing. Jorge Schneebeli, quién había efectuado los contactos con la cámara del forjado de Argentina (CAFOR), con el objeto de obtener el asesoramiento técnico de alguna de las empresas del sector, para llevar adelante el citado proyecto. De aquel contacto surgió el nombre de Forja Sudamericana.

Así fue que aquel día, partimos desde el edificio 43 de INTI-Mecánica, Enrique Ruiz, Marcelo Ibba y quien escribe, sobre nuestra camioneta Chevrolet Luv, con destino a Forja Sudamericana.
Luego de un viaje tranquilo por el conurbano, hacia la localidad de González Catán, llegamos a la planta alrededor de las 9hs.

En la reunión inicial nos encontrábamos los susodichos y Alfredo. Allí nos presentamos, y esbozamos una idea de cuales eran nuestras necesidades en relación al proyecto de la planta de forja.
Sin mediar otra actividad, nos dirigimos a realizar la visita a la planta guiados por Alfredo. No tardé mucho en darme cuenta que se refería a los sectores, máquinas, matrices, productos forjados, con un cariño tal que parecía estar hablando de sus propios hijos. Fue así que nos comentó con lujo de detalles todos los aspectos y algunos secretos de la forja, mientras por mi cabeza comenzaba a rondar una idea, cuando menos atrevida.
Más allá de mi trabajo profesional en el INTI, soy docente universitario desde hace más de 23 años, precisamente en el área de Tecnología de Fabricación o también denominada Tec-

nología Mecánica, y conozco a ciencia cierta la inexistencia de bibliografía con una "mirada práctica" sobre el proceso de forjado en caliente. En otra parte de las tantas charlas que tuvimos aquella mañana, nos decía Alfredo que toda su vida laboral (si no recuerdo mal, 42 años en aquel momento), los había dedicado a la forja, comenzando como aprendiz, hasta alcanzar la gerencia técnica, incluso en más de una empresa del rubro. Todos estos elementos, sumados a sus evidentes dotes docentes, constituían unos condimentos fundamentales para mi idea.

Terminada la visita, tuvimos la reunión de cierre, y mientras conversábamos sobre algunos aspectos técnicos del trabajo, pensaba sobre cual podría ser la mejor manera de plantearle mi inquietud, e incluso si estaba bien que lo hiciera, siendo que recién lo conocía. Finalmente, y por suerte, nada de esto representó para mí un impedimento.
En un momento lo miré y le dije: "No se si sabés que casi no hay bibliografía sobre el proceso de forja, y menos aún alguna que refleje la experiencia práctica de un experto en la temática. No te gustaría plasmar tus conocimientos sobre el tema en un libro?".
Casi diría no hizo falta que me respondiera, me alcanzaba con ver el brillo de sus ojos. La idea lo había impactado. Con su habitual tranquilidad me contestó: "Gracias Daniel por la propuesta, representa un orgullo para mí. Hace algunos años, con un amigo del rubro lamentablemente fallecido habíamos pensado en algo por el estilo, pero no lo pudimos concretar. Lo único que me frena es que no se si voy a poder hacerlo sólo".
No tardé en responderle: "Para lo que necesites podes contar conmigo. Puedo ayudarte a revisar el material redactado, a buscar información, a escribir sobre algún tema que se encuentre dentro de mis posibilidades. En fin, puedo y me comprometo a ayudarte".

Sin mediar más palabras, nos dimos la mano. Habíamos sellado nuestro acuerdo. "Práctica industrial de la forja en caliente" estaba en marcha.........

D.M.K.

Nota: para cualquier comentario, crítica, o posibilidad de mejora, dirigirse por mail a los autores:

alfredob@inti.gob.ar
mkrahmer@inti.gob.ar

Todas las observaciones serán bienvenidas!!!!!!!!

INDICE

CAPITULO 0

INTRODUCCIÓN

"Intenta no volverte un hombre de éxito, sino volverte un hombre de valor".

Albert Einstein

Haciendo un poco de historia

Para los estudiosos de la historia pareciera ser que la tecnología para procesar metales pudo haber tenido uno de dos orígenes posibles: que la misma se desarrolló en el Medio Oriente para propagarse desde allí lentamente hacia otros destinos, o que pudo haber sido creada en diversos puntos del planeta, aunque en distintos momentos. De los dos orígenes citados, por el sólo peso de la lógica, la última hipótesis, suele ser la que tiene mayor grado de aceptación entre los especialistas.

Al período de la historia que se conoce como "Edad de los metales", e incluye principalmente el desarrollo de las metalurgias del cobre, bronce e hierro, es una etapa que comenzó, a pesar que existen algunas divergencias entre distintos autores, aproximadamente en el año 6500 a.C. y terminó alrededor del año 1000 a.C. En consecuencia, el primer tramo de esta Edad se desarrolló durante la Prehistoria, por cuanto el período histórico se inicia en el año 4000 a.C. con la invención de la escritura.

Cronológicamente, el primer metal trabajado por el ser humano fue el cobre, y la razón que se puede esgrimir es muy sencilla: fueron probablemente los buscadores de piedras usadas para labrar la tierra, quienes lo encontraron accidentalmente en forma de pepitas de metal nativo. Estas "piedras" les resultaron muy llamativas en virtud de su brillantez, su mayor peso frente al de otras verdaderas piedras de tamaño similar, y que no se partían cuando eran golpeadas con un mazo de piedra, sino que por el contrario se deformaban. Es así que se han hallado piezas ornamentales y alfileres manufacturados en cobre, que datan del año 6500 a.C., elaborados por martillado en frío de metal nativo. Estas piezas resultan ser entonces las primeras conocidas obtenidas por forjado, aunque en este caso, a temperatura ambiente. Un gran avance en la metalurgia se produjo muchos siglos después. Se descubrió seguramente como efecto de algún incendio forestal, que el cobre también podía ser obtenido por fusión (con la utilización del fuego), a partir de diferentes minerales de cobre como son la

malaquita (carbonato de cobre) y la calcopirita (sulfuro de cobre - hierro), dado que según sucede con la mayoría de los metales, estos se encuentran en la naturaleza combinados con otras sustancias, que dan como resultado un producto natural pétreo llamado mena. Aquel incendio actuando sobre menas de cobre, produjo, para alguna persona observadora, con su intenso calor, la formación de nódulos fundidos de color rojizo, similares a las pepitas nativas.
Volviendo a la metalurgia del cobre, los hornos, crisoles y moldes más antiguos utilizados para fundir piezas de este metal, así como también las mismas piezas construidas, fueron encontradas en territorios del actual Irán y datan del año 4100 a.C. (aclaramos que para fundir cobre se requiere una temperatura superior a los 1000°C). Es decir, que la aparición de la metalurgia por fusión coincide con el comienzo de la escritura.

El segundo paso importante en el desarrollo de la metalurgia, ocurrió durante la denominada "Edad del **Bronce**". Dado que su antecesor, el cobre, resultaba demasiado blando para la mayoría de los destinos usuales de esa época, y ante la existencia natural de menas de este metal que no eran necesariamente puras (podían contener estaño), la fusión ocasionada por algún otro incendio que afectó a estos minerales, condujo a otros buscadores de piedra en forma accidental al encuentro de pepitas artificiales de la aleación que se conoce como bronce, cuyo empleo produjo un nuevo impulso en la humanidad. Si bien las cantidades actuales de estaño añadido al cobre pueden variar entre (3 a 20) %, los bronces prehistóricos presentan un porcentaje promedio de alrededor de un 10% de estaño.
El bronce fue utilizado en principio para la fabricación de armas e instrumentos que facilitaran la labranza de la tierra.
El testimonio de mayor antigüedad sobre la existencia de piezas de bronce, se ha dado en una cueva de las montañas del mar Muerto (actual territorio de Israel), donde se hallaron algo más de 400 objetos que datan de aproximadamente del año 3000 a.C. A la fecha indicada, se la debe considerar como el inicio de la edad del bronce, por lo menos en el Medio Oriente.

El tercer paso de la Edad de los Metales, se produjo con el advenimiento de la denominada "Edad del **Hierro**". A pesar que el hierro es el segundo elemento metálico (después del aluminio) de mayor abundancia sobre la corteza terrestre (7,5% en peso del aluminio contra 4,2% del hierro de la masa total de la corteza), y del indudable conocimiento que ya había de su existencia por medio del denominado hierro meteórico (por citar un caso, la daga de hierro de Alaca Hüyük del tercer milenio antes de nuestra era, fue construida a partir de hierro meteórico), la imposibilidad para generar las altas temperaturas necesarias para su fusión y refinamiento, retardaron su utilización hasta aproximadamente el año 1200 a.C., momento en el cual se produjo el inicio de la Edad del Hierro en el Medio Oriente.

Como dato anecdótico, al hierro meteórico también se lo conoce como sideral, siderito o sideralito, y habitualmente los meteoritos tienen una composición química constituida por los elementos Hierro, Níquel y Cobalto, los cuales corresponden a un porcentaje en peso mayor al 95% de la masa total, superando el hierro el 80%.

En la figura 0.1 se puede apreciar un hierro meteórico (meteorito Kapper), hallado por Francisco Pascasio Moreno el 4 de Abril de 1896 en la provincia de Chubut, Argentina, de 114 kg de masa.

Figura 0.1: Hierro meteórico Kapper (Fuente: Museo de La Plata)

El hierro, a diferencia de unos pocos metales denominados inertes (oro, plata, etc), nunca se lo encuentra en estado metálico libre en la naturaleza, sino que por el contrario, siempre está combinado con otras sustancias. Dado su mayor punto de fusión respecto del cobre y el bronce, podemos afirmar que la metodología a utilizar para fabricar hierro a partir de sus minerales, seguía un procedimiento muy distinto del que se empleaba para el tratamiento de los citados metales, dado que como primera medida, el hierro no se licuaba. En tal sentido, se requerían hornos que permitieran alcanzar temperaturas muy altas. El mineral de hierro molido se rodeaba profusamente con carbón de leña, mientras se insuflaba en el interior del horno un importante caudal de aire en forma continua. Llevado el conjunto al estado incandescente, se obtenía una masa de hierro denominada "hierro esponja" altamente impura y porosa. Posteriormente, usando un proceso de martilleo y calentamiento repetitivo de la esponja, se obtenía una masa de hierro compactada y refinada. A la misma se le daba forma según cual fuere su destino final, por forjado en caliente, teniendo como principal destino, la manufactura de armas e implementos agrícolas.

Por citar un ejemplo, en la figura 0.2 puede observarse una cuchilla de hierro de la dinastía Qin (China), que data del año 300 a.C.

Figura 0.2: Cuchilla de hierro (Fuente: Wikipedia)

Muchos siglos después, aunque en una fecha sobre la que no existe acuerdo, y con el objeto de mejorar el calentamiento del material a conformar por forjado, surge la instalación auxiliar denominada fragua.
Esta construcción no es otra cosa que un fogón, erigido de ladrillos o piedras, cubiertos de rejillas, donde se apoya el material a calentar, y en el cual, se aviva el fuego y se controla la combustión del carbón vegetal, haciendo pasar una corriente horizontal de aire forzado, por medio de un fuelle accionado en forma manual o mecánica.

Siguiendo con el trabajo de los metales, fue hasta aproximadamente el año 1200 d.C., que el mismo era realizado exclusivamente a mano, hasta que se produjo la aparición del denominado "martillo inclinable" (tilt hammer en inglés), o también denominado por Duesing, como martillo de cola. Este equipo, haciendo uso de la energía del agua para mover en forma alternativa un brazo mecánico, en cuyo extremo se disponía una masa para impactar sobre el material a deformar plásticamente, permitió sustituir la fuerza del brazo del herrero, e incluso, incrementarla en forma sustancial, obteniendo así mayores capacidades de deformación que con el método manual.

En la figura 0.3 pueden observarse los planos constructivos de un "martillo inclinable" relativamente moderno pero accionado a vapor, diseñado en el Departamento Naval de los Estados Unidos, por el arquitecto e ingeniero Inglés Benjamin Henry Latrobe, en el año 1811.

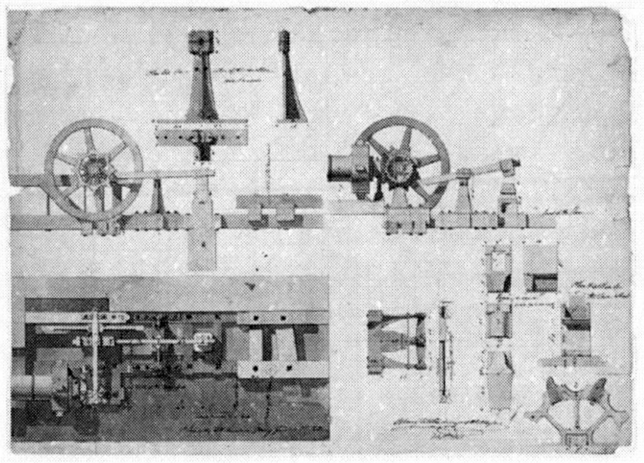

Figura 0.3: Martillo inclinable accionado a vapor
(Fuente: Library of Congress, USA).

Este sencillo concepto fue mantenido en servicio durante muchos siglos, tal es así, que como se comentó anteriormente, su origen se sitúa alrededor del año 1200 y su última actualización fue la concebida por Latrobe.

Con el avance alcanzado a partir de la posibilidad de proveerse de energía mediante el empleo del vapor de agua, y el continuo aumento de las dimensiones de las piezas a forjar, surgió de las manos del escocés James Nasmyth en el año 1839, el diseño del denominado

martillo a vapor (steam hammer en inglés). Gracias a este martillo, fue posible realizar por primera vez, el forjado en caliente de grandes bloques de acero, facilitando por ejemplo, la manufactura de ejes excéntricos para barcos.
Estos martillos, permitieron resolver además el problema de los martillos de cola, cuyo mazo impactaba sobre la pieza a forjar describiendo un arco de circunferencia, de modo que las superficies de trabajo sólo se encontraban paralelas en una única posición. Por el contrario, los martillos como el diseñado por Nasmyth, a veces también denominados de "Guías paralelas", presentan un mazo siempre perpendicular a la superficie del yunque (también denominado chabota), y las superficies de trabajo, cualquiera que sea su separación, son siempre paralelas (incluso el martinete, descripto algo más adelante, pertenece a este grupo de máquinas de guías paralelas).

En a figura 0.4 pueden observarse una serie de esquemas y anotaciones, trazados por el propio puño y letra de Nasmyth, en relación a su diseño de un martillo pilón accionado a vapor. Un aspecto muy llamativo y revelador del diseño, es que Nasmyth imaginó la necesidad de proveer a la maza batiente de un par de tacos retén, uno a cada lado de ella, con el objetivo que cuando la maza impactara sobre el material de trabajo, esta no se desplazara lateralmente, afectando así la geometría final de la pieza forjada.

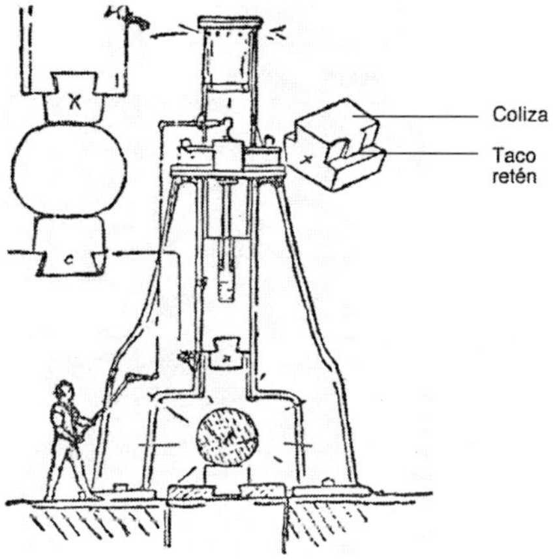

Figura 0.4: Martillo a vapor diseñado por Nasmyth (Fuente: Tú y el acero).

A pesar de ser un invento escocés, fueron los franceses los primeros en implementar estos martillos en su industria del acero. Fue así que los hermanos Schneider, verdaderos impulsores de la producción de acero de Francia destinado a las principales empresas del mundo, obtuvieron en el año 1841 una patente francesa de su martillo pilón. De este modo, el primer martillo francés, fue diseñado y construido en la localidad de Le Creusot, en la región de Borgoña, Francia.
En la figura 0.5 puede apreciarse una imagen de un martillo de 21m de altura, construido en 1876 también por los hermanos Schneider, conservado en Le Creusot hasta la actualidad (siendo anterior a la construcción de la Torre Eiffel de París, esta de 300m de alto, compárese la similitud de esta última, con el martillo pilón de Schneider).

Figura 0.5: Martillo Schneider de 100tn y torre Eiffel (Fuente: Wikipedia)

Por otra parte, fue tal la trascendencia que se le asignó en el pueblo, a la creación de esta máquina, que el escudo de la localidad Le Creusot, incluye un dibujo del "Marteau-pilon" de los hermanos Schneider.

Figura 0.6: Escudo de la localidad de Le Creusot, Francia (Fuente: Wikipedia).

Los primeros martillos utilizaban la energía del vapor solamente para elevar el mazo. Más adelante en el tiempo, se comenzó a aplicar el vapor de escape, sobre la cara superior del émbolo, con el fin de utilizar su capacidad de expansión, de manera de acelerar la velocidad de caída del mazo, y proveerle así de una energía adicional de impacto.

A los técnicos franceses, luego los siguieron los propios ingleses y el alemán Alfred Krupp, quién en el año 1861 construyó e instaló el primer martillo a vapor en Alemania, al cual denominó martillo "Fritz". El mismo poseía un mazo de 50tn, capacidad luego superada por

Nasmyth con uno de 75tn, y llegando más tarde los americanos de la empresa Bethlehem Steel a las 125tn.
Existen relatos de aquella época del propio Krupp indicando que "solamente las molestias de estos equipos no debían alcanzar a las antípodas, pero en cuanto a los vecinos...". Inclusive eran tan exageradas sus capacidades, que la magnitud de los impactos, al propagarse por el piso, terminaban destruyendo con el tiempo otras instalaciones aledañas como ser hornos, conductos de humos, edificios, etc.
Por todos estos hechos, se limitó el crecimiento de la capacidad de los martillos, perfeccionando solamente los pequeños, y propiciando de esta forma el surgimiento de las prensas accionadas por la energía del vapor.

Más allá de lo comentado, y si bien la inmensa mayoría de los martillos de gran porte fueron concebidos con el concepto estructural impuesto por Nasmyth de "doble columna" (como el de la figura 0.5), la revisión de la bibliografía nos muestra que también fueron construidos martillos con estructura del tipo "puente". Uno actual de la empresa Dirostahl en Alemania, puede verse en la figura 0.7.

Figura 0.7: Martillo puente de 6tn (Fuente: Stahlseite)

Estos martillos son habitualmente utilizados en operaciones pesadas de forja libre, en empresas del sector siderúrgico.

Para no limitarnos exclusivamente a la evolución de las máquinas utilizadas para el forjado de los metales, en referencia a las matrices, usadas para conformar dentro de su cavidad la pieza forjada, podemos afirmar que, es aceptado universalmente que las primeras estampas cerradas comenzaron a emplearse en los Estados Unidos en el año 1862, para la construcción de algunos componentes del revólver marca Colt.

También por aquellos años, más precisamente en 1875, tuvo mucha aceptación en los Estados Unidos, el denominado martinete de Bradley (figura 0.8). De algún modo, la realización de operaciones de forjado empleando esta máquina, es la que más recuerda el trabajo de los herreros. Mientras la parte inferior hace las veces de yunque, la superior, dotada de un movimiento vertical alternativo, de maza batiente. El operario, sosteniendo con una pinza el tocho de material caliente, y apoyándolo sobre el "yunque", lo elaboraba moviendo el material hacia atrás y adelante, mientras lo hacía girar en uno y otro sentido. De esta manera, se podían forjar piezas sencillas usando la mayor de las veces operaciones de forja libre, es decir, sin utilizar estampa. Inclusive, en la actualidad, los martinetes se desempeñan como equipos auxiliares, realizando operaciones previas al forjado, con el objeto de lograr la pieza denominada repartidor.

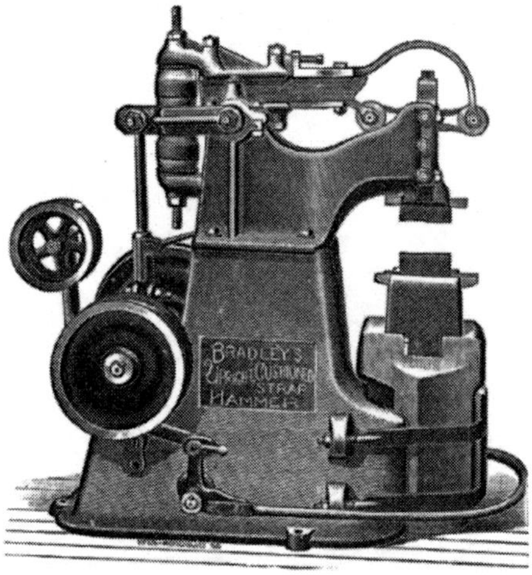

Figura 0.8: Martinete de Bradley (Fuente: www.machineryscans.com)

Con el paso de los años, y la introducción de los vehículos a motor, principalmente con el modelo T de Henry Ford, se incrementó significativamente la necesidad de disponer de piezas forjadas, y como consecuencia de ello, la empresa National Machinery Company de los Estados Unidos, introdujo en 1930 la primera prensa mecánica de cigüeñal, de diseño específico para forjado, a la que denominó Maxipress, dado que hasta ese momento, todas las piezas se forjaban en martillos. Con estas prensas se alcanzaban una serie de ventajas respecto de emplear martillos para la producción de piezas forjadas: las prensas presentan un mayor grado de producción, las piezas se realizan con menor cantidad de golpes, las matrices tienen como consecuencia una mayor vida útil, y respecto del personal, es posible emplear trabajadores con menor habilidad, facilitando de esta manera las tareas de forjado.

A manera de resumen, en la Tabla 0.I, incluimos una cronología de los acontecimientos históricos principales que fueron citados en relación con la forja de los metales.

Tabla 0.I: Hitos históricos relacionados con el proceso de forjado

Fecha	Acontecimiento
~ (6500 a 3000) a.C.	Edad del cobre
~ 4100 a.C.	Puesta a punto del proceso de fundición de cobre
~ (3000 a 1200) a. C.	Edad del bronce
~ (1200 a 1000) a. C.	Edad del hierro
Desconocida	Fragua
1811	Martillo inclinable accionado a vapor diseñado por Latrobe
1839	Diseño del martillo a vapor por Nasmyth
1841	Construcción del martillo a vapor por Schneider
1862	Primera estampa cerrada para forjar partes del revólver Colt
1875	Martinete diseñado por Bradley
1930	Aparición de prensa para forjado Maxipress

LA FORJA EN LA ARGENTINA

Cada vez que sea necesario construir una pieza cuyo destino se encuentra directamente relacionado con la seguridad (por citar algunos ejemplos: componentes de un motor de avión, extremos de dirección de un automóvil), los técnicos e ingenieros que tienen a cargo su diseño y fabricación, considerarán sin dudarlo, en recurrir a las bondades de una pieza forjada. El forjado produce a igualdad de volumen de una pieza fundida, una resistencia mecánica muy superior debido al “fibrado” del material. Dicho de otro modo, dada una pieza forjada y otra pieza fundida, para ser usadas en el mismo destino, la pieza forjada se puede fabricar de menor volumen, logrando la misma resistencia. Esta característica genera una ventaja adicional, dado que aplicando el proceso de forja, se produce un ahorro significativo de material.
Otro dato muy interesante en relación con las piezas forjadas, lo aporta Waganoff. Según sus palabras, “se calcula que entre el 15% y el 20% de todo el metal manufacturado, es sometido a operaciones de forjado”, muy especialmente en lo que respecta a la fabricación de componentes para aviones, barcos, trenes, automóviles, máquinas agrícolas, maquinaria en general, prótesis, industria del petróleo y la mineria.

En tal sentido, en nuestro país, según información aportada por la Cámara Argentina del Forjado (CAFOR), de cuya fundación se han cumplido recientemente cuarenta años, la industria nacional del forjado abastece en condiciones de calidad, capacidad y precios, el conjunto de los requerimientos internos de los usuarios de productos forjados de los principales sectores de la industria. Estos son: Automotriz, Ferroviario, Agrícola, Petrolero, Industria Vial, Naval, Electrodomésticos y Minería, así como también atiende a las necesidades de los Organismos del Estado vinculados con la Seguridad y la Defensa Nacional.
Datos actuales, obrantes en la web de CAFOR, en su apartado denominado “Empresas”, muestran un total de unas 50 compañías asociadas dedicadas al rubro.
Entre los principales productos que estas empresas forjan (semielaborados), o forjan y mecanizan (productos forjados terminados), se encuentran: botadores, varillas levanta válvulas,

rótulas, barras y extremos de dirección, bielas y cigüeñales para motos, automóviles, camiones y tractores, válvulas de precisión, ganchos de izaje, grilletes, bridas, engranajes, repuestos viales y mineros, llaves, herrajes, brazos de suspensión, coronas, piñones, planetarios, levas, engranajes, horquillas y selectoras de cajas de velocidad, puntas de ejes, soportes de amortiguadores, árboles, cuerpos de acople, tornillos, tuercas, elementos de fijación, rieles (clavos y tirafondos), partes para remolques y ferrocarriles. En tanto, para el sector petrolero, cuerpos, bonetes, bridas y piezas especiales como, varillas de bombeo para extracción de petróleo, cabezas de pozos, etc.

Resulta evidente entonces el grado de importancia que este rubro de la industria tiene, y con este trabajo, pretendemos modestamente, colaborar a partir de la experiencia de los autores, en la formación de los técnicos e ingenieros que se desempeñarán en este sector de la Industria Nacional.

Bibliografía y Páginas webs consultadas

- Volkmar Muthesius, **Tú y el acero**, Editorial Labor, segunda edición, Buenos Aires, Argentina, 1946 (libro).

- **Historia Universal. Tomo primero: Del mundo prehistórico al Asia del siglo IX**, Editorial Noguer, Barcelona, España, 1974 (enciclopedia).

- Isaac Asimov., **Civilizaciones extraterrestres**, Plaza y Janés Editores, Barcelona, España, 1986 (libro).

- Isaac Asimov, **Historia y cronología de la ciencia y de los descubrimientos**, Editorial Ariel, Barcelona, España, 2007 (libro).

- Joseph Engelberger, **Los robots industriales en la práctica**, Ediciones Deusto, Bilbao, España (libro)

- F. W. Duesing, **Forja de piezas varias**, Segunda Edición, Editorial Labor, Buenos Aires, Argentina, 1945 (libro).

- Nicolás Waganoff, **Prensas hidráulicas**, Librería y Editorial Alsina, Buenos Aires, Argentina, 1961 (libro).

- Museo de la Máquina-herramienta, Elgoibar, España, www.museo-maquina-herramienta.com

- es.wikipedia.org/wiki/Edad_de_los_metales

- es.wikilingue.com

- www.loc.gov

- www.nationalmachinery.com

- www.azom.com

- www.stahlseite.de

- www.machineryscans.com

- www.cafor.org.ar

CAPITULO 1

EL PROCESO DE FORJA

"Lo importante es no dejar de hacerse preguntas".

Albert Einstein

Sistemas de forjado y equipos principales

En este primer capítulo, y con el objetivo de ir poniendo en situación al lector, realizaremos una descripción del proceso de forja con una mirada generalista. En los capítulos sucesivos nos iremos adentrando en los detalles de esta actividad, siguiendo una visión más específica.

Entonces, si buscáramos una definición de diccionario sobre que se entiende por forja, podríamos encontrar algo como sigue: "La FORJA es el arte y el lugar de trabajo del forjador, cuyo actividad principal consiste en dar forma al metal, por medio del empleo combinado del fuego y del martillo".

A partir de esta definición trataremos de introducir al lector en este arte-profesión denominado" LA FORJA".

En primer lugar, quisiéramos resumir las ventajas que se obtienen al utilizar un proceso de conformado de piezas en caliente. Para ello, compartimos los criterios expresados por Mario Rossi:

1) Una pieza forjada puesta en servicio, posee mayor resistencia mecánica, respecto a las solicitaciones dinámicas (criterio de seguridad);

2) Elimina la porosidad, ayuda a la homogenización, produce una estructura fibrosa;

3) Reduce el tamaño de grano desde la condición de fundido, incrementando la tenacidad;

4) Poseen menor peso a igualdad de resistencia mecánica;

5) Se puede realizar la pieza en su forma casi definitiva;

6) El producto forjado presenta un mínimo excedente de material sobre la superficie a mecanizar;

7)Menor tiempo de mecanizado en las máquinas-herramienta;

8) Menor consumo de herramientas, dado que se remueve poco material;

9) Mayor facilidad de emplazamiento de las piezas en los dispositivos, porque presentan formas más precisas y mayor constancia en sus dimensiones;

10) Menor costo de producción.

Podemos ahora continuar con nuestro desarrollo. Como ya se comentó en la primera parte del libro, el proceso de forjado es una de las operaciones más antiguas que se realizan sobre los metales.
Esta especialidad de dar forma a los materiales por su deformación plástica, con golpes de martillo, se fue trasmitiendo de generación en generación, desarrollándose así a través de cientos de años, hasta finalmente convertirse en un arte.
La necesidad de producir mayor cantidad de piezas idénticas, partiendo de formas muy simples, indujo a la aplicación de estampas, apareciendo las matrices cerradas en 1862.
Con el perfeccionamiento de la tecnología y los nuevos requisitos emergentes de una industria cada vez más pujante, se fueron incrementando paulatinamente la variedad y tamaño de las piezas forjadas, como también su calidad y precisión. Es evidente que estos avances se lograron basándose en la experiencia y el método de forja. En tal sentido, se han utilizado durante muchos años un número de reglas empíricas y ejemplos prácticos, que no eran otra cosa que la representación elocuente del promedio de la especialización de esta rama de la industria hasta hace poco tiempo.
En un intento por realizar una primera clasificación de los métodos de forjado, es preciso citar que hasta hace pocos años se definían dos sistemas, según la metodología utilizada:

1) El sistema americano (Figura 1.1), que terminaba la pieza, valiéndose de distintos pasos sobre una misma matriz (metodología empleada en nuestro país por IKA, Industrias Kaiser Argentina),

2) El sistema europeo (Figura 1.6), que tendía a preparar el material en máquinas auxiliares, usando el equipo principal únicamente para la terminación de la pieza forjada (técnica utilizada en Argentina por FIAT).

En la actualidad estos sistemas se han fusionado, y el análisis económico del trabajo a realizar, nos indicará cual es el mejor camino a seguir.

En la Figura 1.1 se presenta una pieza que fue obtenida mediante la utilización del llamado método americano, con la salvedad del repartidor (pieza b), que fue conformado por extrusión en caliente, en un equipo auxiliar.

a b c d

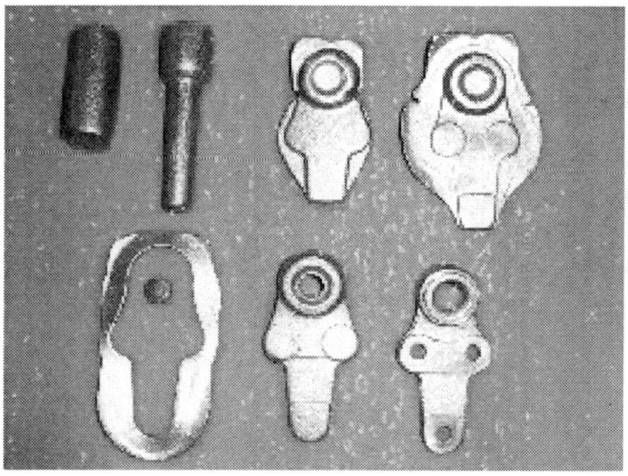

e f g

Figura 1.1: Pieza obtenida mediante el sistema de forja americano (Fuente: Forja Sudamericana).

Seguidamente, presentamos en la tabla 1.I, para cada una de las operaciones realizadas (paso) en la figura 1.1, la denominación de la pieza resultante y el tipo de maquinaria factible de emplear.

Tabla 1.I: Pieza obtenida y máquinas a utilizar para cada paso de la figura 1.1.

Paso	Pieza	Máquina a utilizar
a	Trozo inicial	Cizalla o sierra de corte
a´	Trozo inicial	Horno de calentamiento a inducción o electricidad o gas
b	Repartidor o primera forma	Martillo o prensa (extrusión)
c	Preforma	Martillo o prensa
d	Figura final	Martillo o prensa
e	Rebaba (perímetro) y tejo	Balancín
f	Pieza forjada terminada	Balancín / Granalladora
g	Pieza Mecanizada	Fresadora

En las figuras 1.2 y 1.3, se muestran algunos tipos de máquinas posibles de utilizar para las operaciones de forjado y rebabado de la pieza correspondiente a la figura 1.1. Así, sucesivamente observamos un martillo hidráulico, una prensa de fricción o también llamada de tornillo, ambas factibles de usar en la operación principal, y un balancín, para la operación correspondiente al corte de la rebaba perimetral (rebabado).

Figura 1.2: Martillo hidráulico Lasco (izquierda) y prensa de fricción Gamei

Figura 1.3: Balancín (Fuente: Jing Duann)

Veamos como se aplicaría el denominado sistema americano, cuando se utilizan distintas máquinas (martillo, prensa mecánica o prensa de fricción), como máquina principal del proceso de forja:

a) Martillo: podemos efectuar en él todas las operaciones, es decir, estirado, repartidor, preforma y final.

b) Prensa mecánica (excéntrica) y prensa de fricción: Debemos aplicar otra técnica para el repartidor. Por ejemplo conformarlo por extrusión, en una prensa mecánica auxiliar de pequeñas dimensiones.

En la figura siguiente pueden observarse tres vistas en corte de la misma matriz utilizada para una operación de extrusión en caliente. En cada una de las vistas, se muestran los distintos pasos del conformado, con la cual se obtiene, partiendo de un trozo inicial como el de la figura 1.1 paso a, una pieza extruída similar a la que corresponde al paso b de la misma figura.

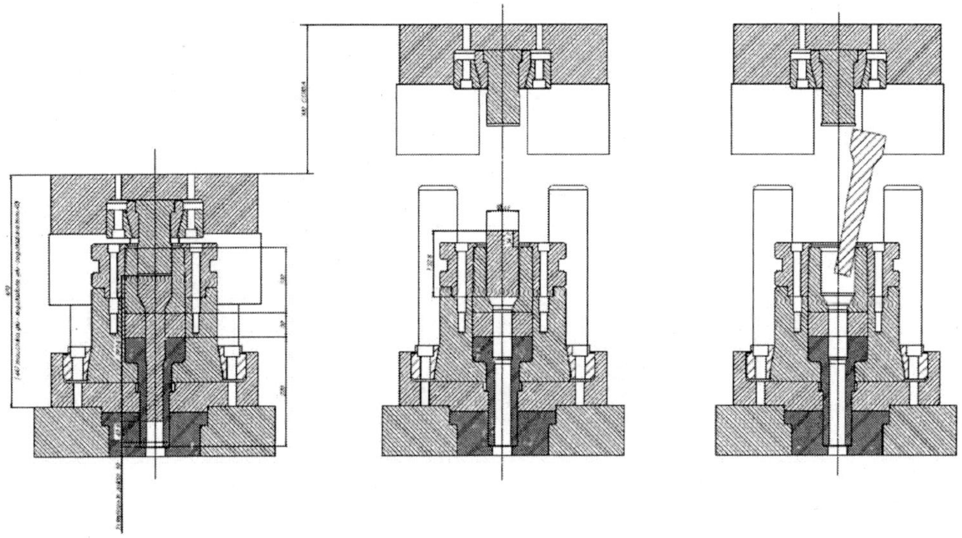

Figura 1.4: Vista en corte de los tres pasos de una operación de extrusión en caliente (Fuente: Forja Casartelli, Italia).

En el esquema central se observa la matriz abierta, con el trozo inicial ubicado en la hembra de la parte inferior. Seguidamente, en la imagen de la izquierda se aprecia la matriz cerrada, habiéndose conformado entonces la pieza extruída. El punzón conformador, en su carrera descendente, comprime el trozo inicial calentado previamente, forzándolo a deslizarse por el inserto inferior (hembra) de menor diámetro, de modo tal de reducir su sección en un tramo de longitud prefijada. En el croquis de la derecha, la matriz está abierta, y la pieza extruída fue expulsada de la cavidad por el punzón extractor. De no ser así, la pieza extruída quedaría "escondida" en la matriz inferior. Finalmente, un operario tomará la parte expuesta de la pieza con una pinza, para pasarla a la próxima operación de conformado.

A continuación se muestra una típica estampa de forja sistema americano, para ser empleada en un martillo (obsérvese que la única cavidad que lleva grabado el canal de rebaba corresponde a la pieza final).

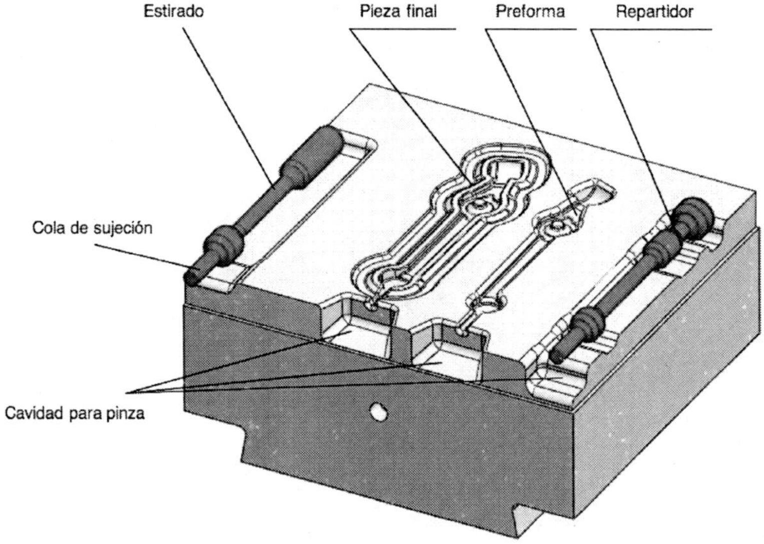

Figura 1.5: Cuatro pasos de un sistema de forjado americano.

Como ya se explicó anteriormente, a diferencia del sistema americano que emplea el mismo equipo para realizar los distintos pasos que nos conducen hacia la pieza final, el sistema europeo utiliza máquinas auxiliares. En la figura siguiente podemos observar un ejemplo de una pieza conformada con este concepto de forjado.

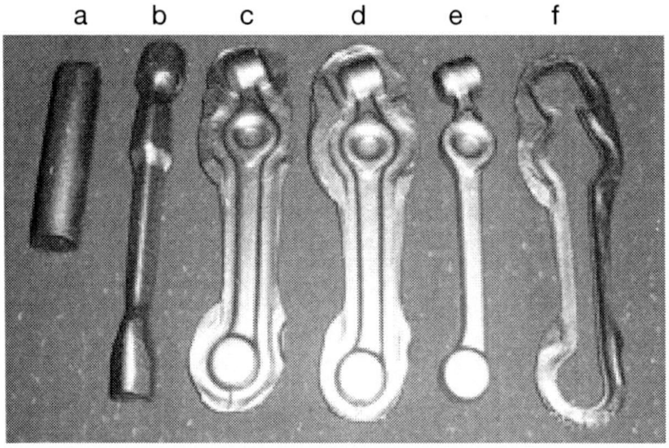

Figura 1.6: Pieza típica obtenida mediante el sistema de forja europeo (Fuente: Forja Sudamericana).

Obsérvese que la pieza de la figura 1.5, es la misma que la de la figura 1.6, con la salvedad que la primera presenta la cola típica de las piezas que se forjan en martillo, mientras que la segunda, no la posee, por lo cual deber ser manipulada, con otra clase de pinza.

A continuación, mostramos en la tabla 1.II, para cada una de las operaciones realizadas (paso) en la figura 1.6, la denominación de la pieza resultante y el tipo de maquinaria factible de ser empleada (se citan posibles variantes):

Tabla 1.II: Pieza obtenida y máquinas a utilizar para cada paso de la figura 1.6.

Paso	**Pieza**	**Máquina a utilizar**
a	Trozo inicial	Cizalla o sierra de corte
a´	Trozo inicial	Horno de calentamiento a inducción o electricidad o gas
b	Repartidor	Martinete o rodillo laminador o rodillo expansor
c	Preforma	Martillo o prensa
d	Figura final	Martillo o prensa
e	Pieza forjada terminada	Balancín / Granalladora
f	Rebaba	Balancín

Como se indicó en la tabla anterior, el repartidor de la figura 1.6 (paso b), puede conformarse utilizando uno de estos equipos auxiliares: un martinete (figura 1.7), un sistema de rodillos expansores (figura 1.8), o rodillos laminadores (figura 1.9). Todos ellos permiten realizar la operación de forjado en forma progresiva. De esta forma, los esfuerzos requeridos disminuyen significativamente, y como consecuencia directa, las máquinas son de menores dimensiones.

Figura 1.7: Martinete neumático (Fuente: Arrigoni)

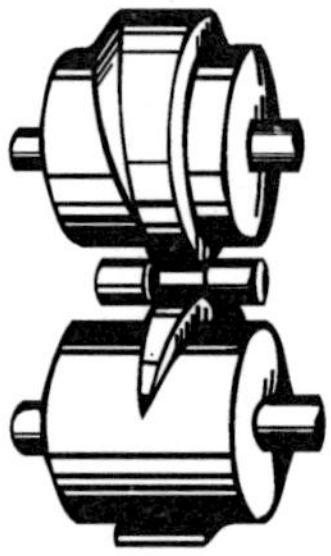

Figura 1.8: Rodillos expansores (Vniimetmash, Rusia)

Figura 1.9: Rodillos laminadores (Fuente: Eumuco)

Partes (sectores) de una pieza forjada

A continuación, y a los efectos de introducirnos en la jerga del proceso de forjado, nos referiremos a las distintas partes que componen una pieza forjada (ver Figura 1.10).

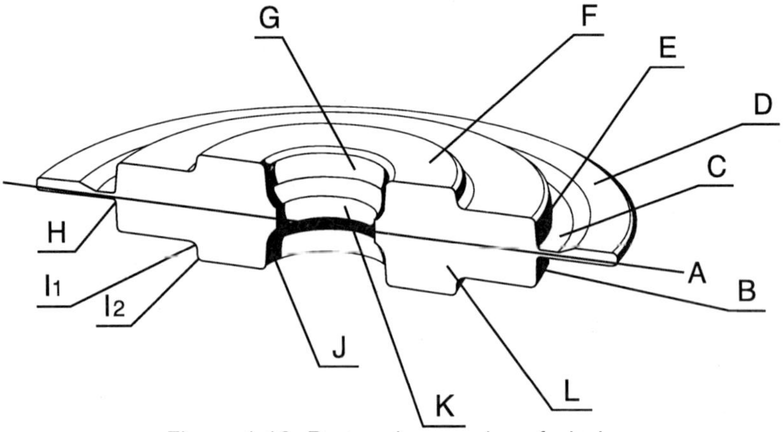

Figura 1.10: Partes de una pieza forjada

A) Línea de cierre o partición: es aquella línea que divide la matriz inferior de la matriz superior. Desde la óptica de la pieza, es una zona donde el flujo del material y la orientación de las fibras, tienen una marcada influencia sobre la calidad de la pieza a forjar. Además, es la referencia que va a determinar los ángulos de salida, los radios de empalme de flash (mínimo o posible), y nos ayudará a seleccionar la máquina más adecuada para realizar el trabajo. Si empleamos una operación de forjado horizontal (recalcadora), o vertical (martillo o prensa), la línea de cierre puede ser plana, como se usan en engranajes, bridas, etc (ver figura 1.12). En otros casos, puede acompañar la complejidad geométrica de piezas tipo brazos pitman o cigüeñales (ver Figura 1.11). Para el conformado de esta clase de piezas, que inducen generalmente a la utilización de líneas de cierre no planas, el costo del herramental aumentará en relación directa con el grado de complejidad de la línea de cierre. El método universalmente más aceptado para clasificar las líneas de cierre, las divide en tres tipos a saber: A) recta, B) línea no simétrica con ángulos y C) línea angular simétrica (figuras 1.12 y 1.12'). La elección de la línea de cierre deber ser cuidadosamente estudiada, dado que su posición influirá decisivamente en los esfuerzos de forjado, como también en la duración de las estampas a fabricar.

En la figura siguiente, se observa una estampa para martillo (ver cola de milano en la matriz inferior), de alta complejidad. En ella se puede apreciar, como el proyectista resolvió el problema de la línea de cierre.

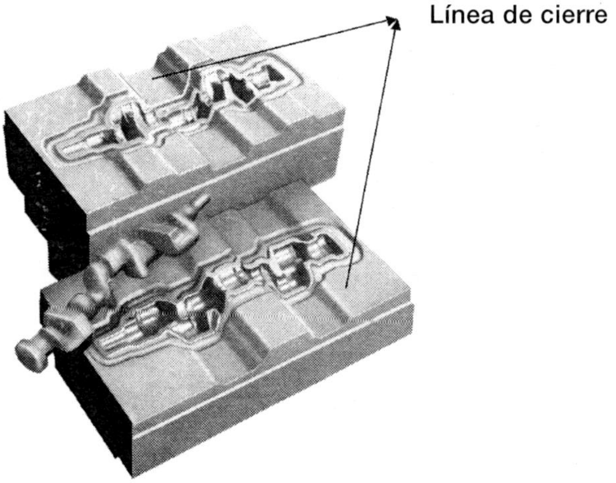

Figura 1.11: Estampa para forja de un cigüeñal (Fuente: Boehler)

Lo habitual en la elección de líneas de cierre consiste en elegirlas planas y rectas, o en el peor de los casos, planas y escalonadas (ver las figuras 1.12 y 1.12'), pudiendo a su vez ser simétricas o asimétricas. En este último caso, suele ser una buena práctica, mecanizar en la estampa inferior un "talón", que compense los esfuerzos horizontales que actúan entre las matrices, y tienden a separarlas, como sería el caso de la estampa de la figura 1.12' tipo B, en la cual, la disposición asimétrica genera esfuerzos laterales no deseados.

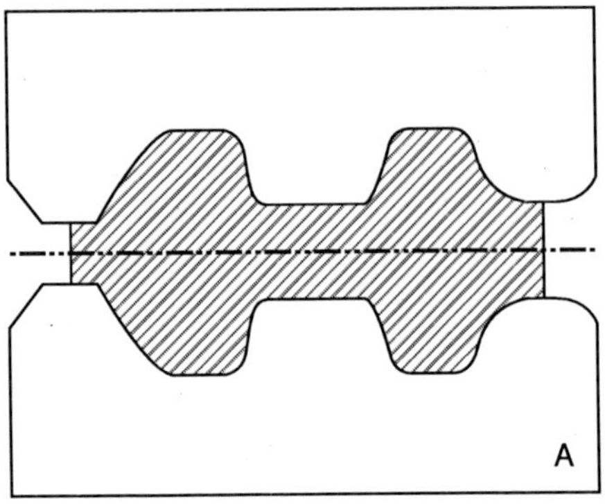

Figura 1.12: Línea de cierre tipo A (plana)

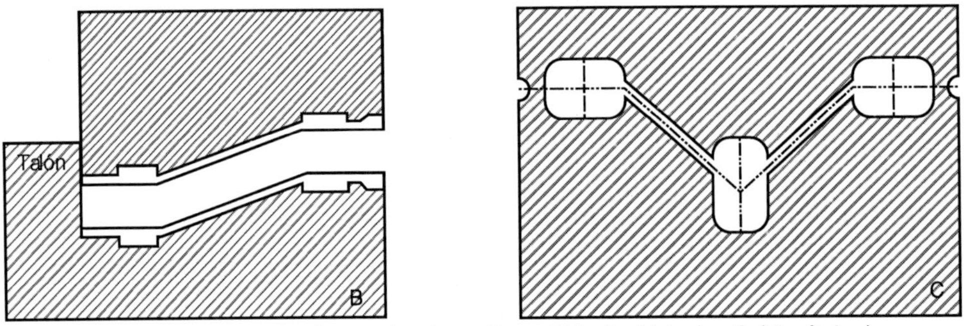

Figura 1.12': Líneas de cierre tipos B (asimétrica) y C (simétrica)

Más allá de la línea de cierre mirada desde el punto de vista de la matriz (ver figuras 1.12 y 1.12'), resulta necesario hacer una análisis de las mismas, sobre la propia pieza a forjar, y de acuerdo al tipo de máquina principal a utilizar en el proceso de conformado en caliente. Así, en el martillo, la línea de cierre sobre la pieza, coincide con la que corresponde a la matriz, y es usada esta línea como rebote, o punto muerto inferior (Figura 1.13).

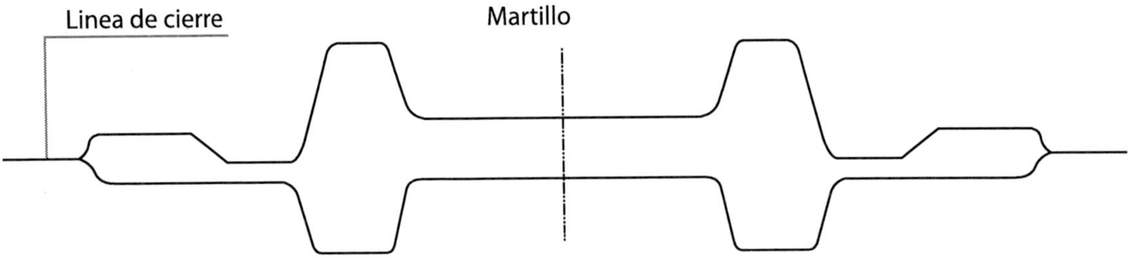

Figura 1.13: Línea de cierre sobre la pieza cuando se emplea un martillo.

Por el contario, cuando el equipo principal a utilizar es una prensa mecánica, las estampas NUNCA deben tocarse, dado que, como es de carrera fija, se corre el riesgo que cuando

golpee, quede bloqueada abajo, o se rompa alguna parte del sistema biela-manivela, se recomienda entonces, antes de forjar la primera pieza, verificar esta abertura. Para su puesta a punto, se debe recurrir a regular el tornillo de ajuste, provisto al efecto, en las prensas mecánicas (en una prensa de 1600tn, la carrera es de unos 10mm). Estos sistemas de ajuste, no modifican la carrera.
En la figura 1.14, se observa un sistema de regulación de carrera como el mencionado.

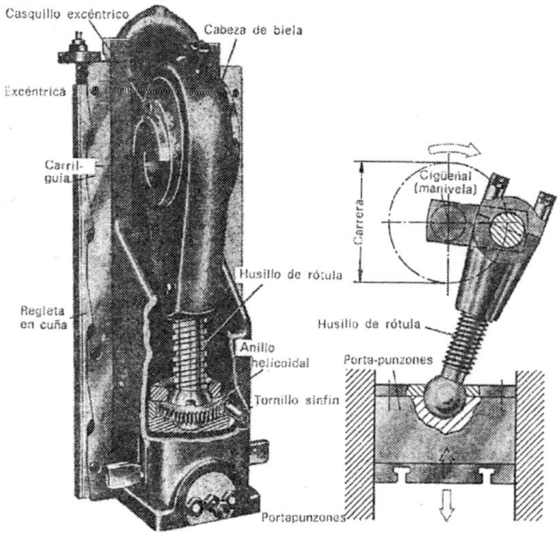

Figura 1.14: Ajuste de carrera de una prensa de excéntrica (Fuente: Lenhert)

En la figura siguiente, se presenta un esquema de la línea de cierre sobre la pieza a forjar, cuando se utiliza una prensa mecánica.

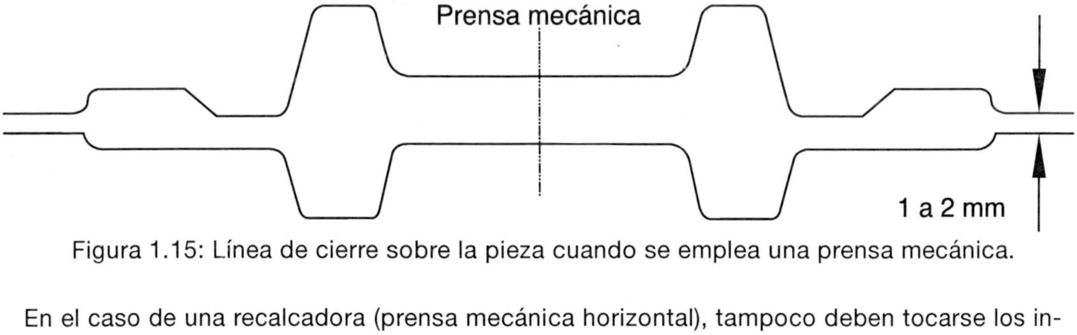

Figura 1.15: Línea de cierre sobre la pieza cuando se emplea una prensa mecánica.

En el caso de una recalcadora (prensa mecánica horizontal), tampoco deben tocarse los insertos con los punzones. Esto se debe a que se trata de máquinas cuyos dos movimientos principales, de "cierre y recalcado", están accionados por sistemas de levas y cigüeñal.

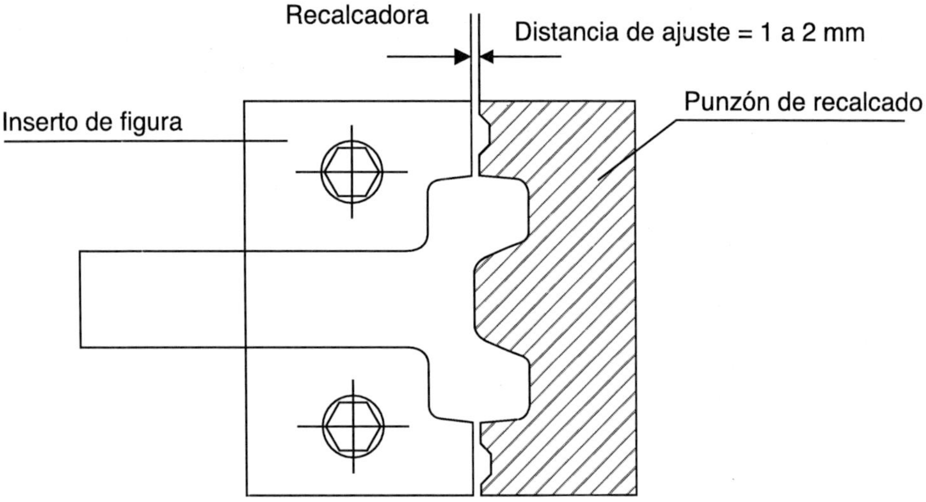

Figura 1.16: Línea de cierre sobre la pieza cuando se emplea una recalcadora.

Para finalizar, en el caso de usar una prensa de fricción o tornillo, se puede trabajar, optando por una de dos formas posibles: 1) con rebote en la matriz, ó 2) con rebote sobre rebotadores.

A pesar de lo comentado, se aconseja emplear la segunda opción, ya que usando rebotadores, se economiza en dos sentidos: a) reduciendo el tamaño de la matriz, y b) aumentando la duración de la misma, dado que las piezas de "sacrificio", pasan a ser los rebotadores (son piezas económicas). Nota: para cuidar las superficies de apoyo, donde se fijan los rebotadores, tanto de la mesa, como del carro de la prensa, se interponen placas sufrideras entre el rebotador y las superficies citadas.
El método de trabajo consiste entonces en hacer rebotar el mazo móvil con la base inferior de la prensa, a través de rebotadores externos a la matriz, sujetos, los inferiores, placa sufridera de por medio, a la mesa, y los superiores, placa sufridera mediante, al carro, y alineados estos últimos, con los anteriores. Se suelen colocar dos, tres o cuatro rebotadores, que habitualmente se construyen de acero SAE 4140 ó SAE 4340 con un tratamiento de bonificado, que los deja con durezas en el entorno de los 28 a 32 HRc. Sus dimensiones suelen ser de 100mm de diámetro en prensas de 400 tn, y de unos 200mm de diámetro en prensas de 1000 tn. El rebotador inferior, no es otra cosa que un cilindro con un orificio central, atornillado a la mesa, sobre el que se introduce una pieza con forma de hongo, cuya altura se va regulando mediante el agregado de arandelas planas, que se interponen, entre la cara superior del rebotador, y la inferior del sombrero del hongo, para ajustar así las líneas de cierre sobre la pieza.
Es indispensable que la altura de todos los rebotadores, ya sean estos, superiores o inferiores, sea la misma, para no provocar cargas laterales indeseables.

En la figura siguiente, se observan un par de rebotadores inferiores, uno a izquierda y otro a derecha, con sus respectivos "sombreros", montados sobre una prensa de fricción. Inclusive, sobre el frente de la imagen, se puede apreciar un sistema de aplastado y desescoriado.

Figura 1.17: Rebotadores montados en una prensa de fricción (Fuente: Forja Sudamericana)

Una manera de reconocer si la pieza "está baja", es porque el balancinero, cuando efectúa el corte, observa que el espesor de la rebaba es fino. Entonces, debe informar para que se mida el posible error y se suplementen adecuadamente los rebotadores.
Un ensamble de todo el sistema (carro, inserto superior, rebotador superior, rebotador inferior e inserto inferior), para una prensa de fricción, se puede observar en la figura 1.18.

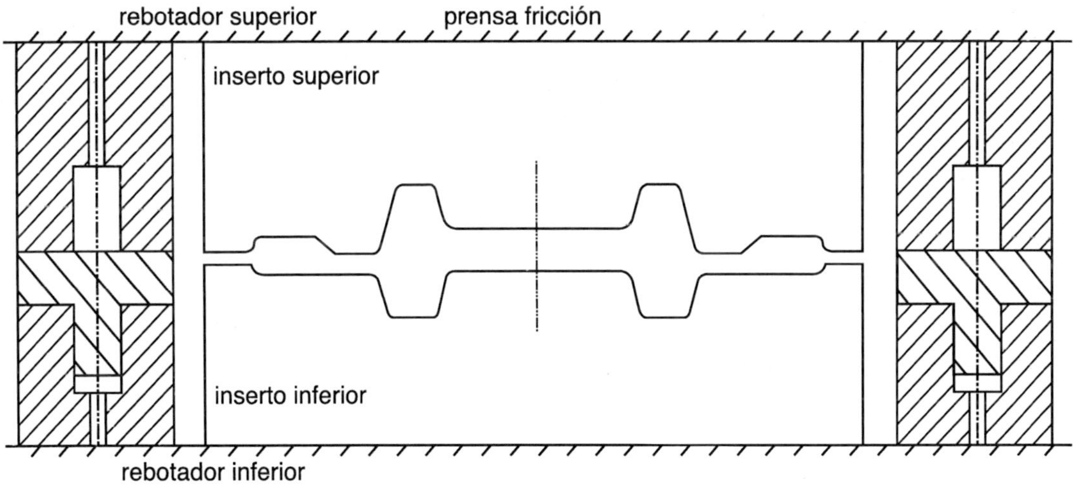

Figura 1.18: Línea de cierre sobre la pieza cuando se emplea una prensa de fricción.

B) - E) Ángulos de salida externos: ayudan a la extracción de la pieza de la matriz. Estos ángulos tienen una dependencia directa con la línea de cierre, y con el tipo de máquina a utilizar. En las recalcadoras (son prensas horizontales cuyos pasajes de barra pueden ser horizontales, o verticales), los ángulos suelen ser menores a 1°, mientras que en el martillo o las prensas tradicionales, deben ser mayores (son aconsejables de 3° a 5°).

C) Flash: es un excedente de material, que se encuentra distribuido uniformemente a lo largo de todo el perímetro de la línea divisoria o línea de cierre de la pieza forjada, empleándose en los sistemas de fabricación que usan matrices cerradas, cualquiera fuera la maquina a utilizar. Su función consiste en restringir el flujo del material y ayudar a llenar la cavidad de la matriz, actuando en tal sentido desde el inicio del golpe, hasta que se produzca el cierre de la matriz, y debiendo dejar fluir el resto del material excedente hacia el canal de rebaba. El flash tiene un efecto regulador en la generación de tensiones que se inducen sobre las matrices. Si el tamaño de la abertura es pequeño con relación al peso o espesor de la pieza, tendremos un desgaste excesivo de la matriz de forja, o incluso su rotura prematura. Por el contrario, si el tamaño es grande, podrá resultar como consecuencia una falta de llenado de la cavidad, porque el material sobrante saldrá por el flash hacia el canal de rebabas, antes de llenar la matriz, obteniendo entonces una pieza incompleta. Queda claro entonces la criticidad de su diseño, dado que tanto si el flash es pequeño como grande, la matriz de forja tendrá problemas durante la producción. En la figura 1.19, se observa la geometría típica del sector flash (sector C de la figura 1.10) – canal de rebaba (sector D de la figura 1.10), con sus parámetros correspondientes.

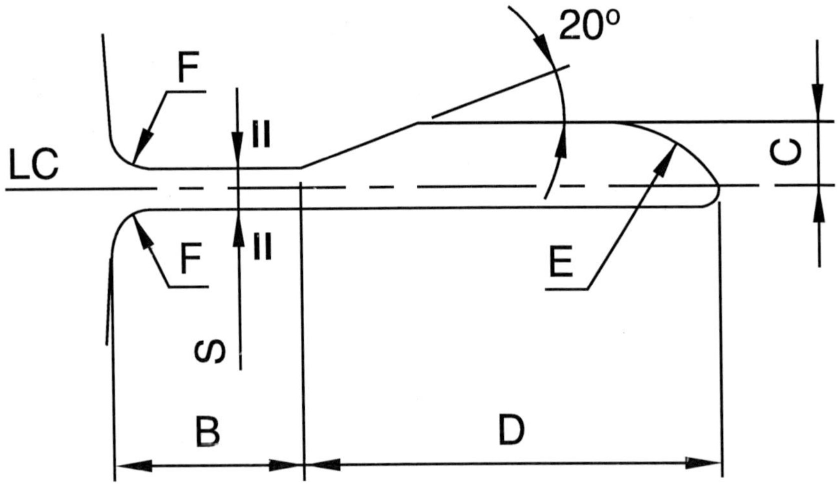

Figura 1.19: Geometría de un sector flash- canal de rebaba (Fuente: Forja Bellucci)

En la Tabla 1.III, se recomiendan las dimensiones de las variables indicadas en la Figura 1.19, según sea el peso de la pieza a forjar (en la figura de arriba es Lc = línea de cierre).

Tabla 1.III: Dimensiones del canal de rebaba según el peso de la pieza (Fuente: Forja Bellucci)

kg	S (mm)	B (mm)	C (mm)	D (mm)	E (mm)	F (mm)
Peso neto	**Espesor de flash**	**Ancho de flash**	**Profundidad de rebaba**	**Ancho canal de rebaba**	**Radio del canal**	**Radio empalme**
0 - 0,25	1	4,8	4,8	19	8	1,5
0,25 - 0,50	1,5	6,3	4,8	22,2	8	1,5
0,50 - 1,25	2	9,5	4,8	25,4	9	2
1,25 - 2,50	3	9,5	4,8	28,6	10	2
2,50 - 5,00	3	9,5	4,8	31,7	10	3
5,00 - 10,00	4	9,5	6,3	34,9	11	3
10,0 -15,0	4	9,5	6,3	38,1	11	3
15,0 - 23,0	5	9,5	6,3	41,3	11	3
23,0 - 28,0	5	11	8	44,4	12	4
28,0 - 34,0	5	11	8	47,6	12	4
34,0 - 45,0	5	11	8	50,8	12	4

Como criterio alternativo, Jesús del Río propone emplear para el flash valores para el espesor de rebaba (S) comprendidos entre 1mm a 6mm, mientras que para el ancho de la rebaba (B), se utilice la relación: $8 < 2B/S < 14$.
El proyectista decidirá cual recomendación utilizará, aunque es evidente la practicidad de la tabla 1.III con valores.

D) Rebabas: material excedente de la operación de forja, el cual debiera ser lo mas pequeño posible. Tiene una relación directa con la exactitud del corte o la preforma, paso anterior a la operación final.

G) – J) Ángulos de salida internos: deben ser mayores a los externos ya que son los que conforman la parte interior de la matriz (punzón o tetón inferior y superior). Estos tetones son en general de dimensiones pequeñas, y normalmente, los primeros que entran en contacto con el material a forjar. Como consecuencia de ello, su temperatura aumenta rápidamente y las posibilidades de deformación o rotura pasa a ser un problema significativo. Tenemos que considerar que cuanto más amplios son los ángulos internos o externos, mejor será el despegue de la pieza con la matriz, y por lo tanto, la temperatura que induce sobre la estampa será menor, por lo que la vida útil de esta última aumentará. La existencia de maquinas con sistema de extracción ayudan a disminuir el tiempo de contacto pieza-matriz, facilitando al operario el retiro de la pieza hacia la próxima operación.

F) Inserto superior o matriz superior.

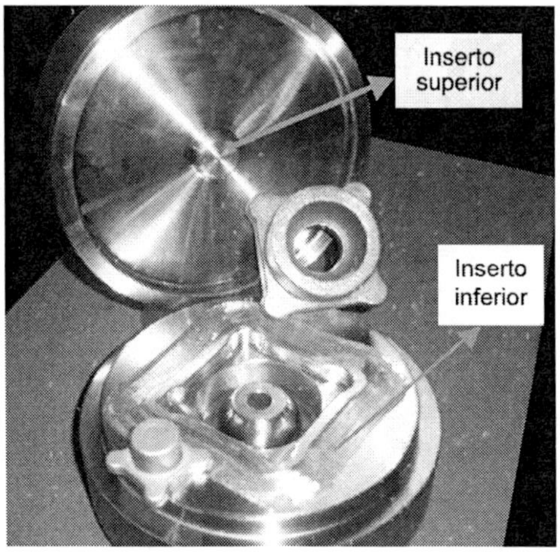

Figura 1.20: Partes de una matriz de forjado (Fuente: Forja Sudamericana)

L) Inserto inferior o matriz inferior.
Aclaración: estos insertos tal como se los observa en la figura anterior, poseen la disposición adecuada para su montaje en una prensa, porque la figura mas profunda esta grabada en el inserto inferior. En el caso que la maquina fuera un martillo, se deberá invertir el grabado, dado que el material a forjar se introduce mejor en la estampa móvil (superior).

Para poder entender las diferencias entre el golpe de un martillo y el de una prensa, imaginemos un recipiente lleno de agua. Si sobre la superficie libre del líquido damos un golpe con la mano abierta y a mucha velocidad, veríamos como el líquido salta hacia arriba (intenta acompañar la mano). Por el contrario, si introducimos lentamente la mano en el, éste se adaptara a la situación, sin provocar salpicaduras. Así, el martillo golpea la pieza repetidamente y va llenando progresivamente la cavidad de la matriz luego de varios golpes, mientras que la prensa, introduce el material en la cavidad de la estampa, en un solo golpe por figura.

K) Tejo o tocho central: es un sector complicado de la pieza forjada, que siempre que sea factible, se lo remueve por punzonado en caliente. Cuando el agujero a punzonar presenta diámetros menores a 15mm, el tetón de la matriz de forja que lo conformó, dado su pequeño volumen, toma mucha temperatura, pudiendo provocar, una marcada disminución de la vida útil de la matriz. La falla habitual que aparece en ella, es el desgarro del extremo del tetón, mientras que, en la operación de punzonado en caliente, suele producirse la fractura del punzón. Por los motivos citados, en aquellas piezas que presentan un tejo central, cuyo diámetro sea menor a 15mm, el forjador debe convencer al cliente, que dicho tejo lo remueva por mecanizado.

H) Radio de empalme de flash: estos radios varían según el tipo y peso de la pieza (ver Tabla 1.III). Esta zona sobre la matriz se deberá pulir con mucho cuidado ya que por ella fluye el material hacia el flash y el canal de rebaba. Además, es el punto de contacto de la pieza forjada, y el herramental de corte llamado rebabador.

I1) Radio de empalme: no debe ser menor a 3mm, para asegurar un mejor flujo del material forjado.

I2) Radio de arista o de bajo fondo: depende de la pieza mecanizada, siendo normalmente de 2 a 3mm.

En la figura siguiente, se muestra como un menor radio de empalme, puede actuar como un concentrador de tensiones.

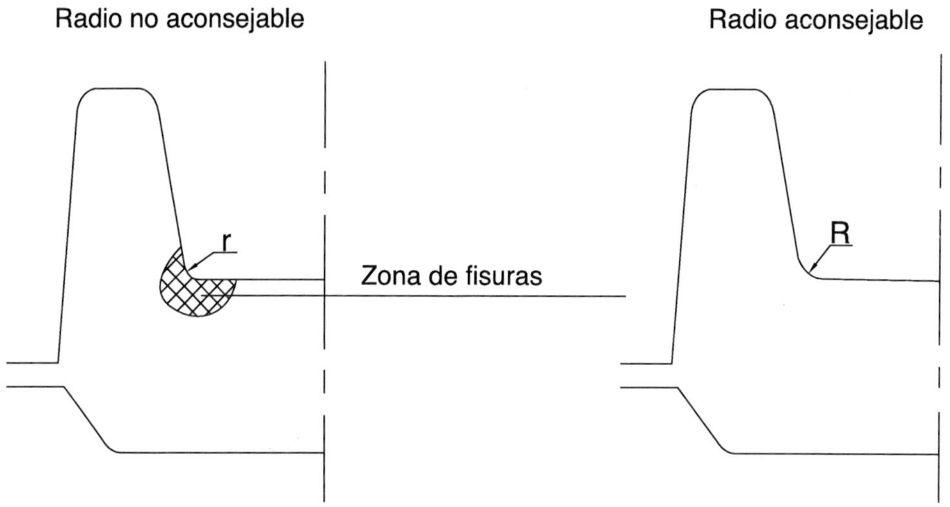

Figura 1.21: Radio de empalmes aconsejables.

Pasos básicos de un proceso de forjado

Los pasos básicos de cualquier proceso de forja son:

Corte - calentamiento – forja – rebabado

Para poder desarrollar el estudio de una pieza forjada debemos conocer varios parámetros de la misma: tipo, tamaño, precisión deseada, características del material, cantidad de piezas a fabricar, serie de producción (por única vez o repetitiva), sumados al conocimiento real del estado de nuestros equipos e instalaciones.
Cabe destacar que el proceso de forjado de una misma pieza, puede ser resuelto de varias formas. Mediante un estudio de ingeniería deberemos trazar el camino más confiable y equi-

librado en la relación calidad y costo. Una misma pieza puede requerir de una o varias máquinas para producirla, debiendo entonces evaluar los distintos equipos a utilizar: recalcadora, prensa, martillo, máquinas auxiliares (martinete, rodillo laminador, rodillo expansor, etc).

A continuación se sugiere una guía de los pasos a seguir (al final del capítulo, se adjuntan modelos de planillas o formularios tipo), para el desarrollo completo de un proceso de forja:

1) Plano de forja
2) Tipo de material
3) Cantidad de piezas a producir
4) Requisitos especiales
5) Máquinas disponibles
6) Cotización
7) Proyecto
8) Construcción de matrices y dispositivos de fabricación o de control.
9) Programación de fabricación de muestras
10) Informes y aprobación del cliente
11) Programación de la producción
12) Producción
13) Tratamiento térmico
14) Granallado
15) Acuñado
16) Control final y despacho

A continuación desarrollaremos cada uno de los puntos citados:

1) Plano de forja: Todo plano debe ser de fácil lectura y estar correctamente identificado.

Identificación (rótulo): deberá contener como mínimo el nombre de la empresa, denominación del producto o número de identificación, método de proyección, escala, tolerancias generales, fecha de realización, nombre del dibujante, nombre del revisor y fecha de aprobación (ver ejemplo en figura 1.22).

Figura 1.22: Rótulo tipo de un plano de forja (Fuente: Forja Sudamericana)

Es habitual que, todo proceso de forja, se inicie con la entrega del plano mecanizado, del "dueño" de la pieza, al forjador.

En las reuniones con el dueño de la pieza, tenemos que conseguir la siguiente información:

-Zona de apoyo de la primera operación de mecanizado. De este modo, podremos ir pensando en nuestro plan de control. El descentrado de la pieza forjada (también denominado excentricidad o desplazamiento), se verificará en relación a esta zona.

-Zona de sujeción o apriete de la pieza, en la máquina de mecanizado: nunca debe coincidir con la zona de rebaba, dada su irregularidad geométrica.

-Determinar los sobremateriales: ¿por que? (ver **nota** a continuación).

-Estudiar las tolerancias a asignar a la pieza. Las preguntas que debemos hacer son varias:

- Que pasa cuando no llegan a hacer contacto las estampas?.
- Que sucede cuando el material no llena totalmente el grabado?.
- Que ocurre cuando el grabado no fue fabricado con exactitud?.
- Y cuando el grabado se desgasta? (cambia de forma a medida que avanza la producción).
- Que pasa cuando se desgastan las superficies de unión de las estampas? (las zonas más comprometidas suelen corresponder a la salida del flash. Cuando ocurre esta situación, los forjadores hablan que la matriz se está desbocando).

Nota: antes de continuar con nuestro análisis, queremos aclarar el porque de los sobremateriales para el mecanizado. Para ello, a las cotas tomadas del plano de la pieza a mecanizar, ya sean estas horizontales o verticales, se deberán agregar:

M = material adicional para maquinado.

F = espesor de la capa con fallas que se suelen presentan en el forjado (escorias, quemaduras, pliegues, poros).

X = discrepancia inferior, e **Y** = discrepancia superior.

En donde la sumatoria X + Y no es otra cosa que la tolerancia para una pieza forjada (ver información en capítulo 10, Anexo: "Tolerancias dimensionales para piezas de acero forjadas en martillos y prensas", Cámara Argentina del Forjado, CAFOR).

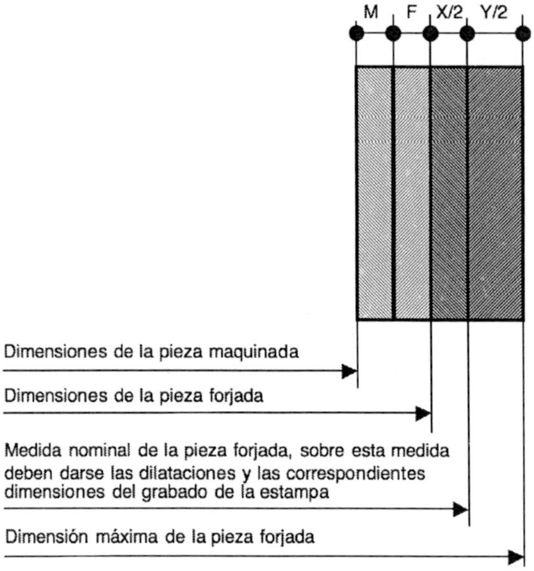

Figura 1.23: Variables a considerar en la asignación de sobremateriales.

Además, el plano de forja deberá incluir la siguiente información: Vistas, cortes y secciones necesarias para comprender el formato de la pieza y poder calcular el volumen y peso de la misma. Línea de cierre de matriz, ángulos de salidas, tolerancias, desplazamientos admitidos, radios no indicados, punto de referencia de mecanizado, forma de sujeción, marcas de extractores, rebabas admisibles, calidad superficial, identificación del proveedor, símbolo de colada, logo de la empresa, etc (ver ejemplo figura 1.24).

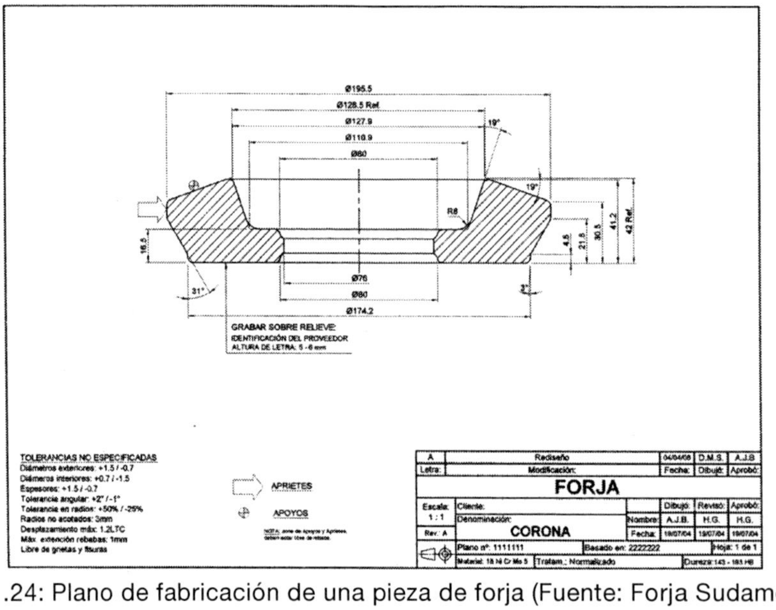

Figura 1.24: Plano de fabricación de una pieza de forja (Fuente: Forja Sudamericana)

Un factor muy importante es que el plano de forja tiene que ser homologado por el cliente. Una vez aceptado por él, este documento pasa a ser el único instrumento habilitado para inspeccionar la pieza, y cualquier modificación deberá ser asentada y comunicada a la contra parte, en el documento denominado "revisión de contrato".
Con respecto al material a utilizar generalmente lo establece el cliente, quien es el que estudia y calcula la exigencia a que va a estar sometida la pieza en su destino final.
Desde el punto de vista del forjador, tendremos que consultar, de acuerdo al material definido por el cliente, algunas características del mismo relevantes para el proceso de forjado: resistencia al corte, limite de fluencia, temperatura de forja, etc (ver tablas capítulo V).

A partir de toda la información disponible, se realizan los siguientes pasos:

1a) Dibujar plano de forja (considerando tolerancias y especificaciones).

1b) Calcular el volumen neto de la pieza a forjar (Vn), a partir del plano de fabricación. Para ello, se segmenta el volumen total de la pieza en varios cuerpos de volumen conocido. Finalmente, se calcula el volumen neto como la sumatoria de los volúmenes parciales (para mayor información, ver Capítulo 10 Anexo, al final del libro).

1c) Calcular pesos: Peso neto, Peso de corte, y Peso comercial.

Definiciones:

Peso neto = Pn = volumen neto de la pieza Vn multiplicado por el peso específico Pe.
Peso de corte = Pc = Material necesario para conseguir una pieza forjada.
Este peso dependerá del tipo de horno a emplear durante el proceso. Con esta definición, se puede calcular el porcentaje de pérdida por oxidación (en hornos de inducción la merma es muy poco significativa. A modo de referencia ver tabla 6.XIV en capítulo 6). También influye el equipo o máquina a utilizar, es decir, la clase de corte empleado (cizallado en frío o caliente, aserrado), como la forma en que vamos a maniobrar la pieza durante el proceso de forja. Por citar un ejemplo, en el caso de una pieza de alrededor de 2kg, la cola para su manipulación (ver figura 1.5), aumentará su peso entre 100g a 120g. Todo incremento del peso de la pieza, requerirá de un aumento proporcional, del peso de la cola.

Peso comercial = Pcom = se debe tener en cuenta, tanto en la "cotización", como en la compra de las materias primas, la cantidad resultante de multiplicar Pcom por la cantidad de piezas a forjar (ver fórmula abajo).

Pesos

$$P_n = V_n \times P_e \quad (1)$$

$$\text{Peso de corte} = P_c = P_n + \text{rebarbas} \quad (2)$$

$$\text{Peso comercial} = P_{com} = P_n + P_c + \%\ \text{de despuntes} + \text{scrap de proceso} \quad (3)$$

Aclaración: se entiende por rebaba, aquel material excedente de la operación de forja, en tanto que los despuntes, corresponden al sobrante del material obtenidos en el proceso de corte. Para poder estimar el despunte se sugiere considerar los valores indicados en la Tabla 1.IV.

Tabla 1.IV: % de despunte, función largo del material de partida (Fuente: Forja Bellucci)

Longitud a cortar (mm)	Porcentaje a considerar (%)
55	1,00
60	1,10
65	1,18
70	1,28
75	1,37
80	1,47
85	1,56
90	1,64
95	1,75
100	1,82
105	1,92
110	2,00
115	2,10
120	2,22
125	2,28
130	2,38
135	2,46
140	2,56
145	2,64
150	2,75

Esta tabla es puramente empírica y equivale en promedio al 1,81% del largo a cortar (representa el despunte inicial y último corte de la barra no utilizable por baja medida).
Las barras que provienen de las acerías tienen un largo aproximado de 6000mm y se comercializan en paquetes de unas 2tn, por lo tanto, deberán ser cortadas de acuerdo al peso calculado por ingeniería.
Con el objeto de no utilizar la punta de la barra, que suele estar endurecida por deformación plástica, dado que habitualmente las barras son cortadas en la siderúrgica por un método de corte en caliente (cizallado) o por corte con soplete, es aconsejable despuntar la barra (cortar de la punta los primeros 30mm aproximadamente), para evitar fallas en esa primera pieza (pueden ser marcas, fisuras, etc).
Como dato adicional, el último trozo no siempre da el peso por una cuestión de múltiplos (desperdicio). Para dar mayor claridad respecto de este punto, planteamos un sencillo problema:

Ejemplo: sea una barra de 6000mm de longitud de la cual tenemos que cortar trozos de 75mm de largo. Calcular el porcentaje de pérdida de material por despunte y desperdicio.

Nuestra barra tiene 6000mm. Restado 30mm por despunte quedan = 5970mm / 75mm= 79.6 piezas cortadas.
En consecuencia, obtenemos 79 cortes y un excedente (desperdicio) de 45mm. En este caso la pérdida de material (scrap), representa cada 79 piezas cortadas un desperdicio total cuya longitud es de (30 + 45)mm = 75mm, es decir una cantidad de 1,25% del total de la barra, resultando un valor similar al indicado en la tabla 1.IV.

Otra tabla estrictamente necesaria para poder llevar adelante nuestros cálculos, corresponde a la de pesos específicos, en función del material (ver Tabla 1.V). Con el objeto de dar un amplio panorama referido a esta importante variable, se incluyen los pesos específicos en kg/dm^3, de una nómina bastante completa de materiales que se utilizan en la forja.

Tabla 1.V: Peso específico para distintos materiales (Fuente: Casillas)

Material	Peso específico (kg/dm^3)
Acero al carbono	7,85
Acero al cobalto	8,00
Acero al níquel	8,10 a 8,20
Acero al tungsteno	8,20
Aluminio	2,70
Aluminio (aleaciones)	2,60 a 2,80
Bronce al aluminio	7,70
Bronce fosforoso	8,80
Bronce al estaño	8,86 a 8,88
Cobre	8,90
Grafito	1,90 a 2,30
Oro	19,30
Plata	10,50
Platino	21,40
Plomo	11,30
Resina	1,05 a 1,10
Yeso	1,80 a 2,40

Aclaración: si bien en esta tabla están comprendidos algunos materiales que no son forjables (grafito, resina, yeso, plomo, etc), consideramos importante su inclusión dado que en nuestro trabajo diario nos prestan gran utilidad, tal como se analizará en el apartado denominado "Fabricación de la matricería", correspondiente al capítulo 6 denominado "Las matrices".

1d) Determinación del proceso, puntos de control, elección de máquinas, etc.
Aquí se deberán tener en cuenta los valores de energía y fuerza necesaria, los tiempos de forjado, la precisión requerida en el proceso, como también la estructura del material.

Toda máquina de forja ejerce sobre la pieza a elaborar una fuerza determinada, durante un tiempo limitado, y la energía necesaria para desarrollar esta capacidad de deformación, se toma de un mazo pilón (martillo), un volante giratorio (prensa a tornillo o fricción), un sistema cigüeñal-biela (prensa mecánica) o la presión de un cilindro hidráulico (prensa hidráulica).

1e) Proyecto de matrices, rebabadores, acuñadores, etc.

2) **Tipo de material:** Acero, latón, cobre, etc.

3) **Cantidad de piezas a producir:** en el estudio y proyecto de un herramental es fundamental el costo. Según sea la pieza de baja, media, o alta producción, dependerá la complejidad de la matriz a diseñar y fabricar.
En la figura 1.25 puede apreciarse esta situación.

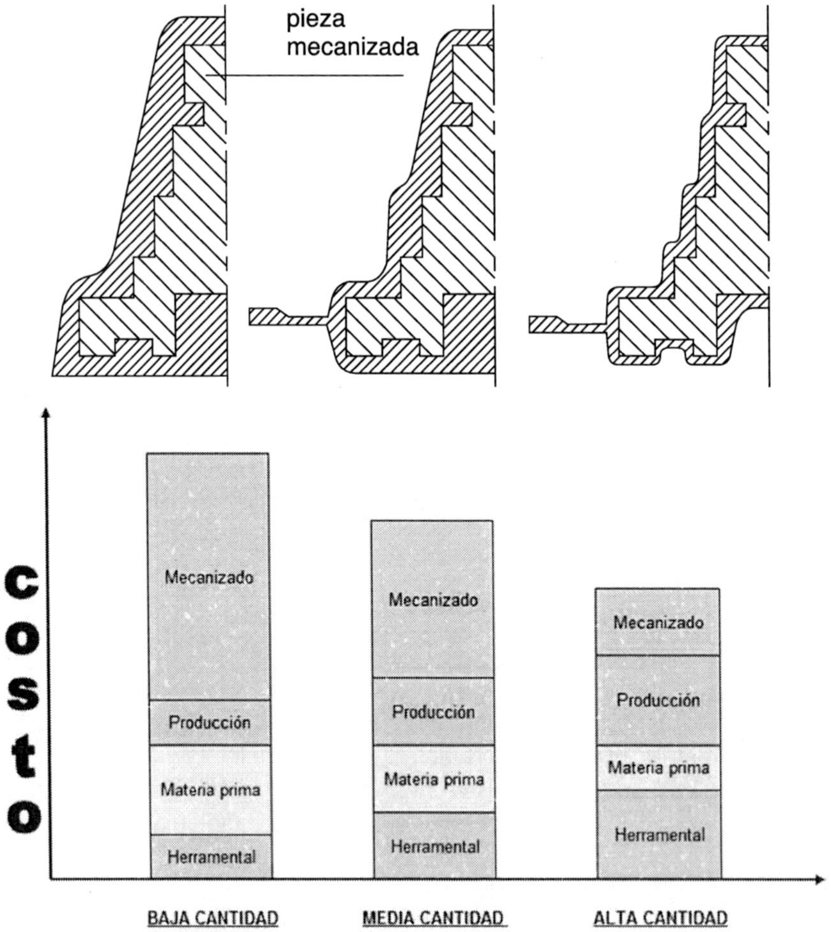

Figura 1.25: Forma de la matriz y composición del costo por pieza, según sea la cantidad a producir (Fuente: Lirio Schaeffer)

Del análisis del gráfico precedente resulta evidente que, para producir un lote constituido por una baja cantidad de piezas forjadas, se fabrica una matriz con poco grado de detalle, de la cual resultará una pieza conformada que posee una cantidad importante de sobrematerial a remover por mecanizado. De ahí que el costo de mecanización, en estos casos, constituye el componente principal del costo total.
Por el contrario, a medida que el tamaño del lote se incrementa, es posible construir una matriz con mayor grado de aproximación al producto terminado (se habla en estos casos de un proceso "Near net shape" o forma muy aproximada, aunque este concepto se usa con mayor habitualidad en el proceso de forjado en frío), de manera que se reduce drásticamente el sobrematerial a quitar por arranque de viruta, y como consecuencia de ello, disminuye radicalmente el costo de mecanizado. Por otra parte, el aumento de la cantidad de piezas iguales a producir, permite prorratear los demás componentes del costo (producción y herramental), en un mayor número de piezas, promoviendo las reducciones de los componentes del costo respectivos.

4) **Requisitos especiales:**

Son aquellos que acuerdan el forjador con el cliente, y que para su mejor comprensión, los clasificaremos en:

a) Requisitos antes de forjar.

b) Requisitos durante el proceso de forjado.

c) Requisitos con la pieza terminada.

Es decir, los requisitos especiales involucran todas las fases del proceso de forja.

Seguidamente, desarrollaremos con mayor grado de detalle, los items mencionados anteriormente.

4a) Requisitos antes de forjar:
En la compra de la materia prima se deben solicitar los certificados de colada, como también de los análisis físicos y químicos correspondientes. Por citar algunos ejemplos de análisis físicos: Curva de templabilidad (ensayo Jominy), ensayo de tracción, ensayo de aplastamiento (se comprueba la aptitud del material para ser forjado, y la aparición de fisuras). En el caso de los análisis químicos, el más común suele ser solicitar la verificación de los elementos constitutivos, del material a forjar.

Las barras o palanquillas de acero, deberán solicitarse dentro de alguno de los siguientes grados de certificación (se presentan ordenados de menor a mayor grado de requisitos):

Grado común: el productor siderúrgico certifica la composición química dentro de Normas de análisis de comprobación (por ejemplo grado SAE o AISI).

Grado forja: el material se separa e identifica por colada. Esta identificación se debe mantener y asegurar, desde que el material llega a la playa o deposito de la forja, como durante todo el proceso de producción, y también en la entrega o despacho al cliente.
Se remite certificado de análisis de colada, y se agregan los siguientes requisitos: tamaño de grano (conveniente 5 a 8), y nivel de inclusiones según ASTM E-45 (es favorable sea ≤ a N° 4).

Grado de forja H: idem anterior, más la curva de templabilidad según ensayo Jominy.

Grado de forja certificada: Se incrementan aún más el número de requisitos que se certifican en cada colada. Para un material grado de forja calidad certificada, se debe pedir:

Composición química de la colada (elementos constitutivos normales y residuales).
Análisis de control sobre la cabeza y el pie del lingote que le dio origen, según la Norma SAE J- 409.
Macrografía según la Norma Military Standards 430.
Dureza en el estado de entrega.
Inclusiones según la Norma ASTM E-45.
Tamaño de grano según la Norma ASTM E- 112.
Curva de templabilidad según ensayo Jominy.
Adicionalmente, y a pedido especial se pueden solicitar:
Ensayos de resistencia mecánica.
Ensayos de tenacidad o resiliencia del tipo Charpy.
Límite de fatiga a la flexión rotativa.
Ensayo SAE J – 421: Grado de limpieza del acero por el método de partículas magnéticas.
Descarburación superficial en las barras.

En referencia a las calidades de la superficie del material a comprar, debemos realizar una serie de consideraciones. En el caso de utilizar palanquillas, corresponderá solicitarlas de acuerdo a la siguiente clasificación, ordenadas en forma de calidad superficial decreciente:

- Palanquilla con mejoramiento total: se trata de barras peladas con máquina de amolar en sus cuatro caras, y controladas por un método continuo para detección de fisuras, empleando la técnica de partículas magnetizables. A manera de ejemplo, una pieza de seguridad, como puede ser un extremo de dirección, se forjará a partir de palanquillas con mejoramiento total.
- Palanquilla con mejoramiento local: se trata de una palanquilla cuya superficie es corregida con amoladora manual, pero en este caso, eliminando aquellos defectos, cuya profundidad sea mayor a 1mm. Se considera superficie apta para forja.
- Palanquillas inspeccionadas visualmente: solamente se eliminan por amolado los defectos groseros.

- Palanquillas sin inspección de superficie: se trata de barras redondas o cuadradas de cantos redondeados, sobre cuyas superficies, no se realizan controles.

IMPORTANTE: para el conformado de piezas forjadas, recomendamos **no** utilizar palanquillas sin inspección de superficie.

De acuerdo al grado de perfección superficial requerida, las barras deberán solicitarse dentro de las calidades de superficie B1 a B4 (según denominación de Aceros Zapla). Estas se establecerán mediante ensayos de aplastamiento en caliente realizados por forja libre. El ensayo de aplastamiento tiene por objeto poner en mayor evidencia la aparición de fisuras sobre la superficie analizada (cuando el material se aplasta, la fisura se abre, y el ancho a considerar es el de la abertura obtenida). En la realización de estos ensayos, se debe tener en cuenta lo siguiente:

- La altura de las probetas debe ser igual al diámetro o lado de la palanquilla.
- Altura después del aplastamiento = mitad de la altura inicial.
- Las fisuras se clasifican, según resulte su ancho, el cual es medido con sondas de espesor.
- Según sea el resultado de este ensayo, se admitirán en el material los defectos superficiales tabulados en el siguiente cuadro a la calidad superficial requerida (B1 a B4), y al diámetro o lado de las barras ensayadas.

Tabla 1.VI: Dimensiones de fisuras aceptables en ensayos de aplastamiento en caliente (Fuente: Aceros Zapla)

Ancho máximo admisible de las fisuras en las probetas aplastadas (mm)						
Diámetro o lado (mm)	30 a 50,8		> 50,8 a 76,2		> 76,2	
Calidad superficial	90%	10%	90%	10%	90%	10%
B1	0,25	0,50	0,40	0,65	0,65	0,90
B2	0,50	> 0,50	0,75	> 0,75	1,00	> 1,00
B3	1,00	> 1,00	1,50	> 1,50	2,00	> 2,00
B4	Uso estructural sin control por aplastamiento					

Respecto de la cantidad de muestras a controlar durante los ensayos, la unidad de muestreo será:

- Para material no separado por colada: deberá ser un lote de 10tn.
- Para material separado por colada: el número total de barras correspondientes a cada colada.

De cada unidad de muestreo, se extraerán muestras correspondientes al 10% del total de las barras que la constituyen. Este número nunca deberá ser menor a 5 muestras ni mayor a 20.

A modo de ejemplo, en la Figura 1.26 se observan probetas con distintos grados de aplastamiento.

Figura 1.26: Ensayos de aplastamiento

Con el objeto de presentar una aplicación de la Tabla 1.VI, consideraremos el siguiente caso:

Contamos con una partida de 200 barras de 40mm de diámetro, con requerimientos de superficie B2. En consecuencia, sobre un total de veinte probetas aplastadas (10% del total de las barras), dieciocho de ellas (es decir, el 90% de las barras ensayadas), podrán presentarse sin fisuras o con fisuras de hasta 0,5mm de ancho, controladas con sondas de espesor. Finalmente, dos de las veinte probetas (10%), podrían presentar fisuras mayores a 0,5mm de ancho.

Queda claro entonces que, el trabajo previo a iniciar la producción es muy importante, es decir, no se deberán comenzar las actividades de forjado, hasta tanto no se hayan realizado todos los ensayos, y para poder mantener la trazabilidad del proceso, es fundamental mantener las coladas identificadas y separadas en la playa o depósito de la planta de forja.
Con el ensayo de aplastamiento realizado por el forjador, podrá este analizar que destino le da al material. Si la pieza es de seguridad, no se debe tomar ninguna clase de riesgo.

Ante una eventual necesidad del forjador, de realizar un reclamo sobre el acero comprado, es esencial no abrir el paquete recibido de la acería. Para proceder entonces a efectuar el ensayo de aplastamiento, se deberá exponer el extremo de una barra del paquete, cortar con soplete, y luego mejorar el corte por aserrado, para alcanzar una preparación conveniente de la probeta.

El orden en una zona de depósito de materiales, en una planta de forja, sólo podrá mantenerse, si se dispone de: espacio suficiente, accesos adecuados, y medios para el movimiento de los paquetes de barra (puente grúa, autoelevador), tal como puede observarse en la figura 1.27.

Figura 1.27: Zona de depósito de materiales (Fuente: Forja Sudamericana)

4b) Requisitos durante el proceso:
Iniciado el proceso de forja, reviste radical importancia la actividad de control sobre el corte de las barras (trozo inicial), como también la identificación de la colada, para conservar la trazabilidad. Dado que el material en barras se convierte en trozos al ser cortado, se deberán aumentar los cuidados, con el objeto de evitar la posible mezcla de coladas (se recomienda comenzar a cortar la barra, por el extremo no pintado por la acería. De este modo, tanto el operador de la máquina de corte, como el supervisor, saben que material se está cortando).

Calentado el material a forjar, se procederá a controlar su temperatura con pirómetro, verificando que se encuentre en el rango de temperatura mínima – temperatura máxima aceptable, establecido por la oficina de ingeniería.

Respecto de los controles sobre la pieza terminada, un criterio será verificar las cotas principales, con los elementos o calibres adecuados, después de efectuada la operación de rebabado, y durante períodos a determinar por ingeniería (habitualmente estos tiempos suelen ser cada una hora, y sobre una cantidad de 5 a 10 piezas). Para realizar estos controles debe tenerse en cuenta, que las piezas se encuentran a una temperatura cercana a los 1000°C. Por lo tanto, para verificar algunas de ellas debemos esperar que la pieza se enfríe, o de lo contrario, sacrificar una, enfriándola bruscamente, para poder proceder a su evaluación rápida. Todas las actividades de control, deberán dejar evidencia escrita de sus resultados (registros de calidad), para poder observar así posibles tendencias, que por ejemplo, permitan presumir el grado de deformación de la estampa, con el avance de la producción. Con este historial, se podrá rever y mejorar, el próximo plan de control.

4c) Requisitos con la pieza terminada:
En el caso que la pieza lleve tratamientos térmicos, generalmente un normalizado, se lo efectúa, una vez concluida la última operación de forja. En consecuencia, con la pieza aún caliente, y cinta transportadora mediante, se la introduce en un horno o túnel, en donde recibe un tratamiento, cuya temperatura y tiempo variarán según el material a tratar. Como debe suceder en cualquier fase del proceso de forja que se analice, durante y después de este proceso, se aplicarán los controles y registros correspondientes (metalografía, dureza, etc).

Una vez tratada la pieza, se pasa a la fase de granallado, operación donde se impactan las superficies de las piezas, utilizando pequeñas esferas de acero, comúnmente llamadas granallas, para limpiar la cascarilla resultante del proceso de oxidación.

En la figura 1.28 podemos observar un equipo de granallado, provisto de un tambor donde se colocan las piezas a granallar, una turbina que impulsa las granallas, y hacia la salida del equipo, un depósito donde se acumulan las piezas que ya recibieron el proceso de granallado.

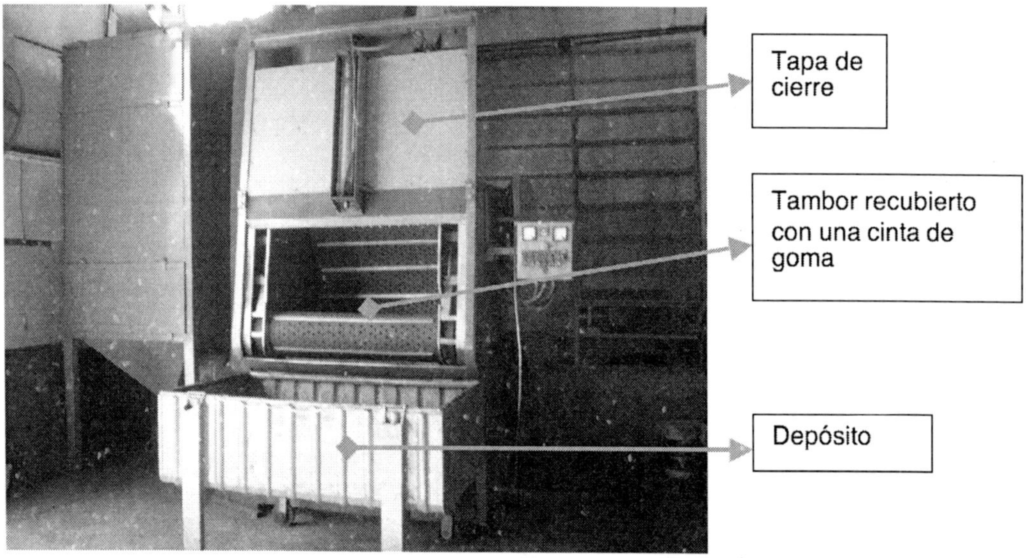

Figura 1.28: Maquina granalladora (Fuente: Forja Sudamericana)

El paso siguiente, si la pieza lo exige, consiste en la operación denominada de acuñado, que se efectúa en frío y sirve entre otros aspectos para: obtener una mejor superficie de apoyo, enderezar la pieza, alcanzar una mayor exactitud de una o más caras planas, proveer de superficies moleteadas, etc.

Figura 1.29: Matriz de acuñar (Fuente: Forja Sudamericana)

En la figura 1.30, se muestra una pieza que presenta varios sectores moleteados, obtenidos mediante una operación de acuñado.

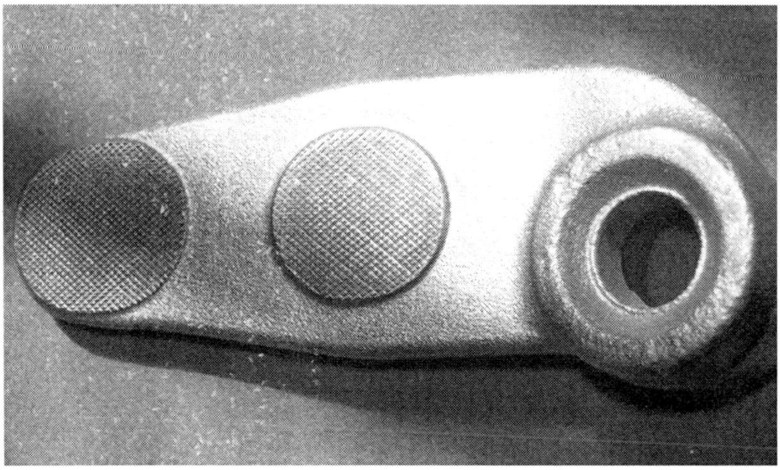

Figura 1.30: Pieza acuñada y moleteada por forja en frío (Fuente: Forja Sudamericana)

Posterior a esta última actividad, restarán algunos requisitos finales como ser: la toma de dureza, control de fisuras por partículas magnetizables, y en casos muy especiales, la clasificación de las piezas por peso (por citar algunos casos, bielas, cigüeñales, etc).

5) **Máquinas disponibles:**
Si bien este tema será tratado con la debida profundidad en el capítulo respectivo, en esta instancia, nos interesa presentar algunas de las posibles combinaciones, en celdas o líneas de producción.
Para proceder del mejor modo, antes de proyectar un lay-out de planta, con las máquinas y equipos necesarios, y la línea de producción debidamente balanceada, es indudable que lo correcto seria conocer el grupo de distintas piezas a fabricar. Algunas de las principales configuraciones, según sea el tipo de pieza a forjar, podrían ser las que se presentan a continuación:

- Horno, martillo y balancín (a utilizar en el caso de piezas como engranajes, bridas, rótulas, etc). Este sistema puede funcionar con cuatro operarios.
- Horno, martinete, martillo y balancín (a las piezas antes mencionadas podemos agregar: brazos de suspensión, ejes de cajas. Se tratan de piezas largas, que requieren de una operación previa que podemos preparar en el martinete y forjar en el martillo). En este caso, el estándar es trabajar con cinco operarios.
- Horno, recalcadora, prensa y balancín (a emplear en el caso de palieres, horquillas cardánicas, etc). Personal requerido: cinco operarios.
- Horno, rodillo laminador, prensa y balancín (brazos de suspensión, bielas, etc). Se trabaja con cinco operarios.
- Horno, prensa de extrusión, prensa, y balancín (alojamiento de rotulas de suspensión, repuestos de motos y bicicletas, etc). Esta configuración requiere de cinco operarios.

Por supuesto, las configuraciones presentadas, son sólo algunas de las posibles líneas. Siempre puede ser factible y/o necesario colocar alguna máquina auxiliar más, como pueden ser: una electroforja, dispositivos de enderezado o doblado, etc.
Todos los sistemas de producción mencionados, son aplicables para piezas en el rango de 0,25 kg a 6kg de peso.
Por el contrario, cuando tenemos líneas constituidas por máquinas de gran tamaño, como pueden ser prensas de 2500 a 4000tn, martillos de 3000 a 8000 kg de maza batiente, o recalcadoras de 8", la disposición de las máquinas cambia significativamente. Para las del primer grupo tratado (el de las piezas livianas), tenemos que tener en cuenta la velocidad del proceso, por lo cual, los espacios entre las máquinas, deben ser necesariamente reducidos, y la evacuación de las piezas calientes debe ser sencilla y rápida.
En cambio, para las piezas pesadas, se debe priorizar en el lay-out, el manipuleo de las piezas, ya que por su tamaño (peso), e irradiación de temperatura, se convierten en un serio problema.

Se debe tener en cuenta para los dos casos que, tanto en las estaciones intermedias, como en las ubicadas hacia el final del proceso, las piezas deben ser ubicadas lejos, o en su defecto, protegiendo las máquinas y sus motores, de las altas temperaturas.
La operación de corte, la dejamos como sección independiente, aunque en series de producción muy altas, debiera ser incorporada junto a la playa de materiales, como celda de producción.

6) **Cotización:**
Esta actividad consiste en estimar el proceso a realizar, partiendo del cálculo del peso neto, del peso necesario o de corte, y del comercial, como también evaluar la máquina, o grupo de máquinas a utilizar con sus alternativas, así como los herramentales necesarios, las horas de proyecto, y la construcción de dispositivos de control, el embalaje, etc.
Con todos estos datos estimados, podremos definir la producción horaria aproximada. Seguidamente, se tendrán en cuenta la base contable de sueldos, energía, insumos, materias primas, impuestos, gastos fijos y amortizaciones, alcanzando así la cotización correspondiente.
Evidentemente, si este trabajo se efectúa concienzudamente, ventas podrá llegar a un acuerdo con el cliente (ver planilla tipo al final del capítulo).

7) **Proyecto:**
Para encarar el proyecto es preciso recordar algunos de los pasos anteriores.

7a) Plano de pieza homologado por el cliente: es preciso tomar conocimiento de todos los requerimientos solicitados y acordados con el dueño de la pieza.

7b) Ajustar por forma y peso la materia prima a utilizar, es decir, se requiere recalcular el peso de corte, la sección de material a utilizar, ajustando así los cálculos, a las secciones comerciales existentes, y verificando que con esta nueva sección, el pandeo sea admisible.
Se usan las siguientes fórmulas:

Peso = volumen x peso especifico
Volumen = sección x largo
Peso especifico (en el caso del acero 7,85kg/dm^3)

Una formula de pandeo abreviada es:

$$Pandeo = \frac{largo}{lado} \quad (4)$$

Se entiende por sección, a la medida que calculamos, y luego se ajusta a las dimensiones comerciales existentes (suelen ser barras cuadradas, y en este caso, las barras de denominan palanquillas, o barras redondas).

Para fijar los conceptos expresados, vamos a presentar un ejemplo:
Sea el caso de tener que forjar una pieza de 2,5kg. Se estima necesario emplear para ello una palanquilla de 63,5mm de lado.
Resulta entonces:

$$\text{Volumen} = (2{,}5 \times 1000000) / 7{,}85 = 318471{,}34\text{mm}^3$$

$$largo = \frac{volumen}{seccion} = \frac{318471{,}34}{63{,}5 \times 63{,}5} = 78{,}98 \longrightarrow ajustamos 79$$

$$pandeo = \frac{largo}{lado} = \frac{79}{63{,}5} = 1{,}24$$

Esta relación es correcta, por cuanto es inferior a 3, el máximo aconsejable.

7c) Se recomienda a partir de analizar el plano de la pieza a forjar, presentar un corte donde se aprecie la parte más profunda o más alta de la pieza. Seguidamente se establece cual será la parte inferior y superior, según sea la maquina principal elegida para el forjado. En el caso de ser un martillo, la superior será la más profunda, y si se trata de una prensa, se aconseja lo inverso. Aclaración: recordar que, cuando leemos profundidad, estamos hablando de una distancia medida desde la línea de cierre, hasta la parte más profunda de la pieza.

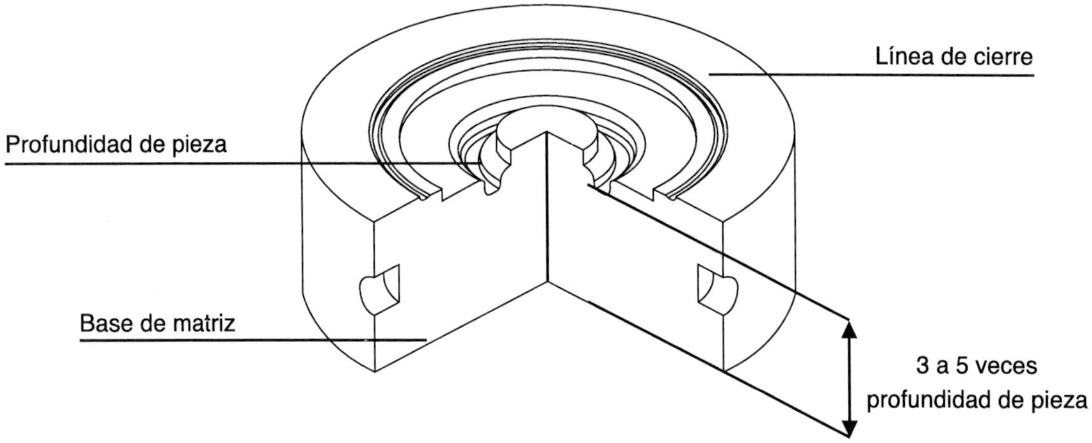

Figura 1.31: Elementos de una matriz y relaciones geométricas recomendadas.

En el caso que la pieza no sea axisimétrica, como la mostrada en la figura 1.6, se debe efectuar el análisis trabajando con tres vistas: 1) vista en planta, 2) un corte donde se pueda apreciar la parte más profunda, y 3) un corte con aquella parte de la pieza más alejada. Es muy importante poder estimar a partir de toda esta información, cual será el sector más difícil de deformar, para ubicarlo a la menor distancia posible, del eje de golpe de la máquina, logrando así un cierre más estable de la estampa.
Para más detalles ver el capítulo 6 referido a las matrices.

8) **Construcción de matrices y dispositivos de fabricación o de control:**
Ver capítulo 6.

9) **Programación de fabricación de muestras:**
Esta actividad representa una tarea compleja, ya que se debe coordinar la fecha comprometida o solicitada por el cliente, con la disponibilidad de producción. No hay que olvidar que, fabricar muestras, significa producir una pequeña cantidad de piezas. Sin embargo, la preparación de las máquinas y herramentales que intervendrán en esta mini-producción deben ser las definitivas (a pesar de ello, es muy común tener que efectuar algunas correcciones, luego de la pequeña serie).

Las siguientes, son una serie de recomendaciones básicas a tener en cuenta:

- Disponer de los equipos de forja. En el caso que la pieza sea sencilla, luego de cuatro a cinco horas, las maquinas estarán libres. Por el contario, si la pieza es de alta complejidad o intervienen varias maquinas durante el proceso, la actividad puede llevar uno o más turnos.
- Verificar con anterioridad el estado de las certificaciones solicitadas respecto de la materia prima.
- Efectuar los controles necesarios del herramental, dimensional de la pieza, sistema de sujeción y alineación, etc.
- Verificar el estado de las maquinas que intervienen en la producción de las muestras.
- Requerir la presencia del responsable de nuevos productos o proyectista, como también de los responsables de metrología, control de calidad y producción.
- Disponer del plano homologado por el cliente.
- Una vez conformada la serie, se miden todas las cotas, registrándolas en formularios entregados por el cliente o en los propios del forjador. Una vez analizados los resultados, los mismos son enviados al cliente. En el caso que la pieza lleve tratamientos térmicos, se completará con un informe métalográfico. Todos los requisitos solicitados, deben quedar asentados por escrito.
- Si hubieran resultado variaciones o no conformidades, las mismas deberán quedar registradas para estudiar su reparación, y determinar los motivos que las produjeron. Este análisis es de fundamental importancia, para corregir los defectos, y que en el futuro no vuelvan a suceder.
- Por último, se necesita comparar y marcar las diferencias, si las hubiere, con la cotización realizada oportunamente, para comunicárselas al responsable o contacto con el cliente, y de ese modo, determinar si se revé o no el contrato original.

10) **Informes y aprobación del cliente:**
Remitido al cliente el lote prototipo, conformado habitualmente por 10 a 50 piezas, junto con los informes químicos, físicos y dimensionales correspondientes, se deberá esperar su respuesta.

Es normal que el forjador, presente al cliente las no conformidades observadas, para facilitar el trabajo del usuario, sobre la evaluación de las muestras e informes.
El informe dimensional, lo realiza personal de la empresa que no pertenece a producción. Se miden todas las cotas de 5 ó 6 piezas, se registran (ver planilla tipo al final del capítulo), y comparan contra el plano de forja. Luego, el cliente define.

Si las muestras no son aceptadas, se establecen en forma conjunta las modificaciones, repitiendo el proceso de fabricación de muestras, hasta alcanzar la aprobación.
Dado que en muchos casos, las matrices las lleva el cliente a la forja, el forjador deberá tener en cuenta para cotizar el trabajo, que la matriz debe ser devuelta en condiciones de uso. En consecuencia, se deberán incluir los costos del regrabado correspondiente.

Cuando los lotes a forjar son pequeños (mucho cuidado con equivocar el largo de corte¡¡¡), y el cliente está dispuesto a pagar el precio definido por el forjador, el proceso de fabricación y control de las muestras, se debe realizar con presencia del cliente, con el objeto de acortar los plazos, y alcanzar la aprobación lo más pronto posible.

En esta etapa del trabajo, es muy importante llevar adelante una adecuada revisión del contrato, ya que, disponer de un registro con la totalidad de las conversaciones efectuadas con el cliente, como de los acuerdos alcanzados, es imprescindible para evitar malos entendidos.

Para tener en cuenta: respecto de la evaluación de las no conformidades, es necesario diferenciar entre un cliente que mecanizará la pieza forjada, y otro que también terceriza el mecanizado.
En el primer caso, el cliente toma decisiones sobre como reparar la no conformidad, e incluso, si puede utilizar la muestra tal como resultó, a pesar de no haberse cumplido algún requisito del plano de forja (en ocasiones la no conformidad puede no afectar el proceso posterior de forma significativa).
En el segundo caso, lo normal es que la pieza sea rechazada, sin mediar ningún tipo de análisis.

11) **Programación de la producción:**
Algunos conceptos a tener en cuenta son los siguientes:

- Es prioritario cumplir con la fecha prometida al cliente.
- Se deben verificar que todos los elementos necesarios, es decir, herramentales, materias primas, y maquinarias, estén disponibles en tiempo y forma para la fecha programada.

Otorgándole principal importancia a estos factores, comienzan a aparecer otros puntos a considerar:

- Que pieza estamos forjando?.
- Cuanto pesa?
- Que grado de complejidad tiene?.
- La pieza que se encuentra en producción y la que le sigue, van en el mismo portainserto?. Usan el mismo balancín?. La bobina del horno de inducción es la misma?.

Si tenemos en cuenta estas preguntas, el tiempo de set-up (preparación), será aceptable si y sólo si, la pieza anterior y la siguiente a forjar, son de características similares. De esta manera, los operarios se adaptaran mas rápidamente al ritmo de producción, dado que no es lo mismo estar forjando una pieza de 10kg, y pasar a producir una de 0,2kg (el operario tendrá alguna dificultad inicial de adaptación, hasta que acomode toda su musculatura, y tome la sensibilidad que la nueva pieza requiere).

12) **Producción:**
A manera de definición podemos decir que: "Producción es el acto donde una empresa pone a prueba acciones y trabajos, realizados por todos los sectores de la organización, y efectuados de manera coordinada".

Esta claro que si todos los sectores de una empresa operan de manera independiente, el resultado suele ser muy malo, dado que producción debe consumir mucho de su tiempo, en resolver las no conformidades que otros generaron.

Vamos a citar un par de ejemplos:

- Si Mantenimiento no trabajase en forma mancomunada con Producción, o sino existiese una planificación adecuada, lo más probable es que Producción no disponga de las máquinas en condiciones, en el momento necesario.
- Si Compras no cumple con la entrega del material a forjar, en el inicio del proceso, difícilmente se podrá cumplir con la fecha de entrega, comprometida con el cliente.

En resumen, Producción debe ser el centro de la empresa (tal como lo indica el modelo japonés), y en consecuencia, deberá organizar y administrar todos los recursos disponibles, con cuidado y esmero, para llegar al fin deseado: el conformado de piezas buenas, y la satisfacción del cliente.

Otro tema muy importante a tener en cuenta se relaciona con el ambiente de trabajo. El de las forjas es particularmente duro: calor, ruido, y humos. Será responsabilidad de quienes dirigen el sector de Producción, proveer al personal de todos los elementos de seguridad (anteojos, protección auditiva, ropa y calzado de trabajo, polainas, casco), como también de "humanizar" las actividades. Para ello, durante los últimos años, la tendencia mundial

consiste en, reemplazar los martillos por prensas, promoviendo así una gran disminución del ruido, y los hornos de mufla, por los de inducción.
Por otro lado, la incorporación de Controladores Lógicos Programables (PLC), aplicados principalmente a las prensas de fricción, facilitan el trabajo de los operarios, por cuanto pueden ser automatizados diferentes tipos de golpes, según sea la pieza a conformar, como también sirven para programar la lubricación de partes comprometidas de estas máquinas, como son, el conjunto tornillo-tuerca, los cojinetes del eje superior y las colizas.

13) **Tratamiento térmico:**
Este proceso será necesario efectuarlo, en el caso que sea pedido en el plano de forja de la pieza, o se haya detectado la necesidad con posterioridad, quedando documentada en la revisión de contrato (conversaciones entre el cliente y el forjador).
Habitualmente, y de ser preciso un tratamiento, se solicita el denominado "Normalizado".
Muchas veces, se dispone el horno continuo de tratamiento térmico, a la salida del balancín de rebabado, dado que allí la pieza todavía posee una temperatura importante (aproximadamente entre 850°C a 900°C), y de esta forma, se hace un uso más racional de la energía.
El normalizado se emplea para dar al acero una estructura y unas características tecnológicas que se consideran el estado natural o inicial del material, que fue sometido a los trabajos de forja.
Sencillamente, el procedimiento consiste en calentar la pieza a una temperatura que depende del tipo de acero a forjar (ver información técnica del fabricante del acero), y mantener esa temperatura el tiempo suficiente para conseguir la transformación completa, de toda la masa de acero en austenita. A continuación se deja enfriar en aire tranquilo, obteniéndose una estructura uniforme, y un acero más tenaz.

14) **Granallado:**
Es un proceso de bombardeo mecánico con perdigones (granallas) metálicos, sobre la superficie de la pieza forjada, cuya misión principal reside en limpiar la cascarilla de óxido de hierro, que se forma por oxidación del acero, a la temperatura de forja utilizada.
Otra función adicional, a veces solicitada al granallado, consiste en producir un ligero aumento de la dureza superficial, por ejemplo, en las barras de bombeo de petróleo. A este proceso, se lo suele conocer con su denominación en inglés como "shot peening".
Un efecto positivo producido por el granallado, resulta de generar tensiones de compresión sobre la superficie bombardeada. Se sabe que, muchas de las fallas de piezas en servicio, se inician en la superficie, cuando estas se encuentran sometidas a cargas cíclicas (fatiga).
En esos casos, la tensión de compresión superficial resultante, produce un aumento beneficioso de la resistencia a la fatiga, del material de la pieza en cuestión, prolongando su vida útil en servicio.
Se debe controlar que las piezas no sean sobreexpuestas a la acción de granallado, porque el proceso abrasivo que este produce, puede ocasionar alteraciones de formas y dimensiones, de una manera no deseada.

Habitualmente, se granallan todas las piezas.
En algunas ocasiones, el cliente puede solicitar la utilización de un determinado tipo de granalla, ya que existen distintas calidades (nos referimos a material, dureza, forma y dimensión), de acuerdo a la "piel" que se desea obtener, sobre la pieza forjada. Para más detalles ver tabla 4.VII capítulo 4.

15) **Acuñado:**
Se trata de un proceso de forjado en frío, y se aplica a aquellas piezas que ya fueron tratadas térmicamente (si la pieza lo requería), y granalladas.
El objetivo de esta operación, como ya fue comentado con anterioridad, puede ser uno o más de los que se citan a continuación:

- **Enderezado:** las piezas forjadas, según sean sus formas y dimensiones, durante el enfriamiento, pueden alabearse. Cuanto más compleja la forma de la pieza, y mayor haya sido la temperatura de forja, peor.
- **Moleteado:** se requiere un marcado mecánico sobre algún sector de la superficie de la pieza (ver figura 1.30). Es un proceso poco utilizado.
- **Mejora de la superficie o de la tolerancia dimensional.**

16) **Control final y despacho:**
Una vez enfriadas al aire las piezas, ubicadas estas en los "capachos" (recipiente de chapa metálica, con forma de paralelepípedo, y con orejas o agujeros para su manipulación. Dimensiones aproximadas: 1m x 1m x 0,8m), se procede a efectuar una inspección visual del 100% de las piezas, que componen el lote forjado.
En este proceso de inspección, se buscan defectos como ser: pliegues, excentricidades exageradas, marcas, fisuras, golpes de superficies que no serán mecanizadas (suelen producirse cuando el balancinero arroja la pieza al capacho, impactando con otras piezas).
En algunas piezas más precisas, y por pedido del usuario, se suelen efectuar controles en forma porcentual, del tipo pasa-no pasa.

En referencia al despacho, son vitales dos actividades: 1) el conteo de las piezas a entregar, y 2) la forma de embalado, que resulta de conocer los medios de descarga que dispone el cliente (autoelevador, puente grúa, etc).

Los medios de disposición de piezas son los siguientes:

- En capacho.
- En tambores cilíndricos de 200 litros de capacidad.
- En pallets de madera.
- En cajas de madera.

En aquellos medios que se realizan con madera, el cliente suele solicitar que la misma posea tratamiento (de incombustibilidad y eliminación de insectos), o que no tenga tratamiento. Normalmente para exportación se utilizan las del primer caso mencionado, y su precio suele ser no menor al doble de aquellos conformados con madera sin tratar.

Algunas recomendaciones para el mecanizado de piezas forjadas:
En el caso de tratarse de piezas de revolución que serán mecanizadas en el torno, como ya se comentó anteriormente, nunca se debe efectuar la toma con mordazas, sobre la línea de rebaba, dado que se trata de un sector irregular.
Por otra parte, dada la conicidad de las superficies de piezas forjadas, existen para su amarre seguro dos alternativas posibles: el uso de mordazas cónicas, como también el empleo de mordazas templadas, que disponen en su superficie de apriete, de una gran cantidad de áreas dentadas, aumentando la presión de sujeción, y otorgando mayor firmeza en el agarre.
En ningún caso, el amarre debe ser menor a 3mm de longitud de contacto mordaza-pieza, y a medida que aumenta el tamaño de pieza, y/o su excentricidad, se debe incrementar esta longitud.

Planillas:
A continuación se adjuntan una serie de formularios tipos que se emplean para distintas actividades, en una planta de forja, y se da un detalle de su utilización:

- Solicitud de cotización:

Es una planilla que en principio, nos ayuda a ordenar varios datos (nombre de la pieza, cliente, fechas, etc). Seguidamente, cada sector involucrado, y de manera más detallada, aportará los datos necesarios para definir paso por paso, el proceso de la futura pieza, persiguiendo como finalidad entregar al sector o persona responsable, encargado de "traducir" todas estas acciones productivas en un costo, es decir, una valorización en dinero, que ventas negociará con el cliente (precio).
El sector de Ingeniería realiza las estimaciones necesarias para establecer: pesos, secciones de material, operaciones a realizar, matricería a construir, cantidad de materiales para la matricería, horas dedicadas a la construcción de las matrices, vida útil de las mismas, y fecha probable de entrada en producción.
Es también muy importante, que el responsable de Calidad, fije sus necesidades, basándose en el proceso diseñado por Ingeniería: Qué tipo de controles necesito?, tengo los elementos necesarios?, debo fabricar dispositivos?, puedo satisfacer y garantizar los requisitos del cliente?.
En resumen, esta primera planilla, también debe servir como base para establecer el plan de calidad.

- Plan de calidad:

Constituye un detalle del proceso de fabricación, desde la recepción del material, hasta el despacho de la pieza terminada.

- Ingreso de materiales:

Se sugiere dar a esta planilla una importancia muy especial, por cuanto, su información será la que nos ayude a mantener la trazabilidad, desde el momento que el material ingresó al depósito. En este paso se llena la tarjeta de identificación de materia prima.

- Tarjeta de identificación de materia prima:

Esta tarjeta debe acompañar al material, mientras se encuentre en el depósito de materia prima.

- Nota de pedido de fabricación:

En la planilla pedido de fabricación u orden de fabricación (se la denomina indistintamente, según el criterio de la empresa) debe figurar, la secuencia completa de las distintas operaciones. También es aconsejable determinar el equipo a usar y la forma de operarlo, es decir, los parámetros que se deben respetar para cada paso, adjuntando el plan de control a realizar en cada operación: características, valor solicitado, instrumento, frecuencia, responsable y donde debe registrarse (en que formulario).

- Registro de control:

De acuerdo a lo indicado en la nota de pedido de fabricación (NPF), se efectúan los controles y registros correspondientes. Además de las particularidades de la producción, se deben completar los datos de los operadores (nombre y función), la cantidad de piezas forjadas, las horas trabajadas, y los tiempos improductivos, con su respectiva causa.

- Solicitud de corte:

En la solicitud de corte es importante llenar con claridad los siguientes ítems: encabezamiento, producto, cliente, colada, cantidad a cortar, material, sección y peso, y procedimiento de control.

- Tarjeta de identificación de capacho:

Esta tarjeta deberá acompañar al material cortado y forjado, durante todo el proceso.

- Estado de matrices:

Tiene la función de dejar documentado el estado del herramental una vez terminada la producción. Siempre que sea posible, se deberá separar la última pieza, y controlar sobre ella, las cotas más importantes y compararlas con lo solicitado en el plano. También se pueden asentar aquellos problemas que hayan surgido durante la producción, como ser: enganches, desafilado del cortante, etc. Una vez cumplimentada esta primera parte, debemos ordenar las tareas de reparación, para que matricería actúe en este sentido, e informe sobre los tiempos que utilizó para realizarlos. Los costos horarios emergentes de esta actividad, servirán para ir formando un historial de gastos en herramentales.
Se deberá fijar una fecha estimada para la nueva entrada de esta pieza en producción. De este modo, le indicamos al responsable de matricería, cuales son las prioridades.

Matricería, una vez terminada la reparación y controlada la misma, cierra esta planilla y la pone a disposición del encargado de programación, quien de esta forma se da por enterado que el herramental, esta en condiciones de volver a ser utilizado.

- Certificado de calidad y conformidad:

Es un documento que emite la forja, que tiene por objeto presentar al cliente, un panorama general de los controles realizados y sus valores respectivos. Esta tarea es realizada por uno de los responsables de aseguramiento de la calidad. Este certificado viaja al cliente, junto con el remito de entrega de piezas.

- Certificado de ensayos físicos y químicos

Otro documento que se envía al cliente con datos sobre la materia prima utilizada durante la fabricación.

EMPRESA	**Solicitud de cotización**	**Nº:**

Cliente:	**Producto:**	**Fecha pedido:**
Plano Nº (Revisión):	**Nuevo producto ( )**	**Modificación ( )**

Ventas

Contacto en el cliente para consultas:

Documentos entregados por el cliente / Especificaciones:

Cantidad estimada de piezas a entregar:

Fechas:	Presentación de muestras:	Entrada en Producción:

Entrega:	En cliente		En Empresa		Transporte a cargo de:

Embalaje solicitado:	Propio		Cliente	
Materia Prima a utilizar: M. P. provista por:	Empresa		Cliente	

Comentarios adicionales (Características especiales de control, documentos a generar, registros, otras):

Fecha:	Firma:

Ingeniería

Fabricación

Pesos (Kg.)	Corte:	Neto:	Venta:	Cant. Prom. x hs:

Sección MP ideal:	1° Alternativa:	2° Alternativa:	3° Alternativa:

Operaciones y máquinas a utilizar:

Controles adicionales a los standard:

Matricería

Tipos de matrices a construir:

Dimensiones de los bloques / Calidad:

Realización electrodos:	Sí		No		Cant. Estimada de regrabados:	Horas:

Vida útil del herramental:	Horas totales de matricería:

Comentarios adicionales:

Tiempo total estimado de desarrollo hasta entrada en producción:

Fecha:	Firma:

Calidad

Elementos de control adicionales a adquirir / fabricar:

Tipo de control (operaciones):

Controles adicionales solicitados por el cliente:

Análisis de M. P:	Químico		Tracción		Dureza:		Otro:

Comentarios adicionales:

Los requerimientos del cliente se consideran satisfechos:	Sí		No	
Las dudas y discrepancias fueron solucionadas:	Sí		No	

Fecha:	Firma:

Ventas

Observaciones:

Fecha envío cotización:	Firma:

F-12

EMPRESA	PLAN DE CALIDAD	Revisión N°: Fecha Revisión: Hoja N°:
Denominación del Producto:	N° Plano: N° ó Fecha de Revisión Plano:	Realizó: Revisó: Aprobó:

Operación N° (1)	Denominación de la Operación (2)	Máquina o Instrumento (3)	Máquina o Instrumento Alternativo (4)	Característica a Controlar (5)	Método de Control (6)	Procedimiento Aplicable (7)	Registro (8)	Observaciones

(1) y (2) Operaciones de fabricación y control (desde recepción a despacho inclusive); (3) Elemento que ha de utilizarse para la fabricación o control (máquina / Instrumento)
(4) Alternativa de producción. Solo completar si es menester; (5) Características del proceso y/o del producto a controlar
(6) Auditoria, inspección, autocontrol. Puede incluir el responsable; (7) Procedimiento o Instrucción aplicable
(8) Formulario o planilla en donde ha de llevarse el registro. Si no ha de registrarse colocar N/A

F-36

EMPRESA					*Ingreso de Materiales*					Cliente:		
Fecha Ingreso	**Remito**	**Proveedor**	**Material**	**Sección**	**Pieza**	**Cantidad Ingresada**	**Número Colada**	**Cód. de Col. Int.**	**Aprob.**	**Rech.**	**Controló**	**Observación**

F-05

Tarjeta de identificación de materia prima

EMPRESA		**NPF Nº**
CLIENTE		**PIEZA**
MATERIA PRIMA		**COLADA**
OPERACION	**REALIZADO**	**RESPONSABLE**
CORTE		
FORJADO		
REBABADO		
GRANALLADO		
MAGNAFLUX		
AMOLADO		
ACUÑADO		
CONTROL FINAL		

EMPRESA	**Nota de Pedido de Fabricación**			**NPF Nº**
Producto: ALOJAMIENTO PIVOTE	Nº Plano: XXXX		Rev: 0	
Cliente:	Fecha entrega:	Cantidad:	OT/OC:	

Material:	Sección:	Peso: Kg.	Colada:

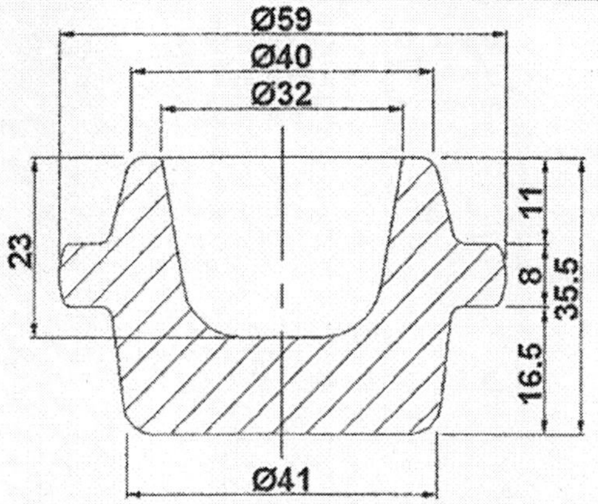

Nº	Denominación	Máquina	Parámetros			Seguridad: Elementos a usar en cada puesto
20	Calentamiento	HORNO ELECTRICO	Vel:	Tiempo: seg		Casco; Guantes; Botín; Anteojos; Protector Auditivo; Delantal
			Bobina:			
			Kw:	Volts:		
			Tº pieza: 1000°C			
30	Forjado	PRENSA 400 Tn	Golpes	Desc.	Asc.	Casco; Guantes; Botín; Anteojos; Protector Auditivo; Delantal; Pinzas
			Aplastado: mm			
			Desmoldante:			
40	Rebabado	BALANCÍN 80	Altura: mm			Casco; Guantes; Botín; Anteojos; Protector Auditivo; Delantal; Pinzas
50	Granallado	GRANALLADORA	tiempo: min	Pzas:		Casco; Guantes; Botín; Anteojos; Protector Auditivo; Delantal; Barbijo
60	Tratam. Térmico	TERCEROS	Normalizado HB 143 - 193			
70	Recepción de piezas de Tratam. Térmico	N/A	Dureza HB 143 - 193			Casco; Guantes; Botín; Anteojos; Protector Auditivo; Delantal
80	Granallado	GRANALLADORA	tiempo: min	Pzas:		Casco; Guantes; Botín; Anteojos; Protector Auditivo; Delantal; Barbijo

Acciones de Contención: Producto: Comunicar al supervisor / Proceso: Corregir parámetros de máquina

EMPRESA	**Nota de Pedido de Fabricación**			**NPF Nº**
Producto: ALOJAMIENTO PIVOTE		Nº Plano: XXXX	Rev: 0	
Cliente:	Fecha entrega:	Cantidad:	OT/OC:	

Secuencia de Operaciones					**Seguridad**
Nº	**Denominación**	**Máquina**	**Parámetros**		**Elementos a usar en cada puesto**
90	Detectar fisura	MAGNAFLUX	Intensidad: 8		**Casco; Guantes; Botín; Anteojos; Protector Auditivo; Delantal; Barbijo**
100	Granallado	GRANALLADORA	tiempo: min	Pzas:	**Casco; Guantes; Botín; Anteojos; Protector Auditivo; Delantal; Barbijo**
110	Aceitado	Dispositivo	Tipo de Aceite:		**Casco; Guantes; Botín; Anteojos; Protector Auditivo; Delantal; Barbijo**
120	Control Final y Despacho	N/A	Cantidad, Remito, Caract. Dimensionales		**Guantes; Botín**

EMPRESA	**Nota de Pedido de Fabricación**			**NPF Nº**
Producto: ALOJAMIENTO PIVOTE	Nº Plano: XXXX		Rev: 0	
Cliente:	Fecha entrega:	Cantidad:	OT/OC:	

Plan de Control

Op. Nº	Característica	Valor Solicitado	Instrumento de Control	Frecuencia de Control	Responsable	Registro
20	Temperatura de Pieza	1000°C	Pirómetro	Inicio	Insp. Calidad	N/A
	Temperatura de Pieza	1000°C	Pirómetro	C/5 horas	Insp. Calidad	N/A
	Tiempo	seg	Cronómetro	Inicio	Insp. Calidad	N/A
	Tiempo	seg	Cronómetro	C/5 horas	Insp. Calidad	N/A
30	T° Matriz 180ºC	170ºC – 200ºC	Pir. Digital	Inicio	Operador	N/A
	Term. Superficial	Sin Escorias	Visual	100 %	Operador	N/A
40	Diámetro (59)	58.5 – 59.5	Pie de Rey	Inicio	Insp. Calidad	F-03
	Diámetro (40)	39.5 – 40.5	Pie de Rey	Inicio	Insp. Calidad	F-03
	Diámetro (32)	31 – 32.5	Pie de Rey	Inicio	Insp. Calidad	F-03
	Diámetro (41)	40.5 – 41.5	Pie de Rey	Inicio	Insp. Calidad	F-03
	Cota (35.5)	34 – 37	Pie de Rey	Inicio	Insp. Calidad	F-03
	Cota (16.5)	16 – 17	Pie de Rey	Inicio	Insp. Calidad	F-03
	Cota (8)	7.5 – 8.5	Pie de Rey	Inicio	Insp. Calidad	F-03
	Cota (11)	10.5 – 11.5	Pie de Rey	Inicio	Insp. Calidad	F-03
	Cota (23)	22.5 – 23.5	Pie de Rey	Inicio	Insp. Calidad	F-03
	Desplazamiento	0.5 MAX	Comparador	Inicio	Insp. Calidad	F-03
	Falta de llenado	Lleno	Visual	Inicio	Operador	N/A
	Diámetro (40)	39.5 – 40.5	Pie de Rey	5 x hora	Insp. Calidad	F-03
	Cota (35.5)	34 – 37	Pie de Rey	5 x hora	Insp. Calidad	F-03
	Cota (16.5)	16 – 17	Pie de Rey	5 x hora	Insp. Calidad	F-03
	Desplazamiento	0.5 MAX	Comparador	5 x hora	Insp. Calidad	F-03
	Falta de llenado	Lleno	Visual	5 x hora	Insp. Calidad	F-03
50	Term. Superficial	Sin Escorias	Visual	100 %	Operador	N/A
60	Cantidad	Según O/C	Conteo Manual	Lote	Insp. Calidad	N/A
	Normalizado HB	143 – 193 HB	Durómetro	N/A	Operador	N/A
	Material SAE 1040	SAE 1040	Según Cert. Col.	En C/ Envío	CAQ	N/A
	Nº de Colada		Según Cert. Col.	En C/ Envío	CAQ	N/A
	Remito de Traslado	N/A	Visual	En C/ Envío	J. Compras	N/A
70	Cantidad	Según Enviado	Conteo Manual	Lote	R. Recepción	F-5
	Fecha de ingreso	Día de Ingreso	N/A	En C/Recep.	R. Recepción	F-5
	Remito / Factura	N/A	Visual	En C/Recep.	R. Recepción	F-5
	Cert. Tratam. Térm.	N/A	Visual	En C/Recep.	R. Recepción	F-5
	Dureza HB	143 – 193 HB	Durómetro	En C/Recep.	R. Recepción	F-5
	Material SAE 1040	SAE 1040	Según Cert. Col.	En C/ Envío	CAQ	N/A
	Nº de Colada		Según Cert. Col.	En C/ Envío	CAQ	N/A
80	Term. Superficial	Sin Escorias	Visual	100 %	Operador	N/A
90	Fisuras y/o Pliegues	Sin Fisura ni Pliegues	Magnaflux	100 %	Insp. Calidad	F-03
100	Term. Superficial	Sin Escorias	Visual	100 %	Operador	N/A
110	Aceitado	Inmersión	Visual	100 %	Operador	N/A

Acciones de Contención: Producto: Comunicar al supervisor / Proceso: Corregir parámetros de máquina

ENPRESA	**Nota de Pedido de Fabricación**			**NPF Nº**
Producto: ALOJAMIENTO PIVOTE	Nº Plano: XXXX		Rev: 0	
Cliente:	Fecha entrega:	Cantidad:	OT/OC:	

Plan de Control

Op. Nº	Característica	Valor Solicitado	Instrumento de Control	Frecuencia de Control	Responsable	Registro
120	Diámetro (59)	58.5 – 59.5	Pie de Rey	5 x Lote	CAQ	F-15
	Diámetro (40)	39.5 – 40.5	Pie de Rey	5 x Lote	CAQ	F-15
	Diámetro (32)	31 – 32.5	Pie de Rey	5 x Lote	CAQ	F-15
	Diámetro (41)	40.5 – 41.5	Pie de Rey	5 x Lote	CAQ	F-15
	Cota (35.5)	34 – 37	Pie de Rey	5 x Lote	CAQ	F-15
	Cota (16.5)	16 – 17	Pie de Rey	5 x Lote	CAQ	F-15
	Cota (8)	7.5 – 8.5	Pie de Rey	5 x Lote	CAQ	F-15
	Cota (11)	10.5 – 11.5	Pie de Rey	5 x Lote	CAQ	F-15
	Cota (23)	22.5 – 23.5	Pie de Rey	5 x Lote	CAQ	F-15
	Desplazamiento	0.5 MAX	Comparador	5 x Lote	CAQ	F-15
	Copia Cert. Colada	N/A	Visual	En C/ Envío	CAQ	F-15
	Copia Cert. Tratam. Térm.	N/A	Visual	En C/ Envío	CAQ	F-15
	Cantidad	Según AE	Conteo Manual	Lote	Insp. Calidad	F-15
	Remito Confeccionado	N/A	Visual	En C/ Envío	J. Administración	N/A

Acciones de Contención: Producto: Comunicar al supervisor / Proceso: Corregir parámetros de máquina

Revisión NPF: 0

EMPRESA	**Registros de Control**	**NPF Nº:**

Denominación del Producto	Nº de Plano	Fecha realización	Nº Colada	Hoja

Características de Control

Op.	Característica	Hora/ Nº Pieza	Medido	Ok	NOk	Op.	Característica	Hora/ Nº Pieza	Medido	Ok	NOk

Observaciones ______________________

Operadores	Puesto

Cantidad de piezas:	Horas trabajadas:	Peso de corte:	Peso neto:

Tiempos improductivos

Horario (de .... a ....)	CTI	Motivo

Códigos de tiempo improductivo (CTI)								
	1	Cambio herramental	2	Reparación htal.	3	Reparación maq.	4	Falta mat. prima
	5	Falta calentamiento	6	Falta energía Elec.	7	Falta personal	8	Otros

Controló:

F-03

EMPRESA	**Solicitud de Corte**	**NPF N°:**

Producto:	**Cliente:**

Material:	**Peso:**	**Sección:**	**Colada:**

Cantidad a Cortar:	**Autorizó:**

Op. N°	Característica	Valor Solicitado	Instrumento de Control	Frecuencia Control	Responsable	Registro	Acción de Contención
10	Peso de corte	Kg	Balanza	2 al Inicio 1x c/ barra c/ modific.	Operador	F-FS-14 (solo se registra la cant. cortada)	Corregir parámetros
	Estado de cuchilla	Filos	Visual	Inicio Final	Operador	N/A	Comunicar al Supervisor
	Estado del corte	Sin rebabas	Visual	2 al Inicio 1x c/ barra	Operador	N/A	Comunicar al Supervisor
	Estado del corte	Sin rebabas	Visual	5 x Inicio 5 x horas	Inspector de Calidad	F-FS-14	Comunicar al Supervisor
	Peso de corte	Kg	Balanza	5 x Inicio 5 x horas	Inspector de Calidad	F-FS-14	Comunicar al Supervisor

Fecha	Cantidad Cortada	Peso	Elementos de Seguridad
			Casco; Guantes; Botín; Protector Auditivo; Anteojos

Característica	Hora / N° Pieza	Ok	NOk

MODIFICACIONES AUTORIZADAS DE PESO				
Fecha	Peso anterior	Peso actual	Autorizó	Firma

Tolerancia de peso: ±0.050 Kg

F-14

EMPRESA	**ESTADO DE MATRICES**		
Producto	Cliente:	Matriz N°:	**NPF N°**
	Plano:	Denominación:	

Características Controladas sobre el Producto						
1. Solicitado		1. Medido		Corregir	Si	No
2. Solicitado		2. Medido		Corregir	Si	No
3. Solicitado		3. Medido		Corregir	Si	No
4. Solicitado		4. Medido		Corregir	Si	No
5. Solicitado		5. Medido		Corregir	Si	No
6. Solicitado		6. Medido		Corregir	Si	No
7. Solicitado		7. Medido		Corregir	Si	No
8. Solicitado		8. Medido		Corregir	Si	No
9. Solicitado		9. Medido		Corregir	Si	No
10. Solicitado		10. Medido		Corregir	Si	No

Fecha de Control	Firma Inspector de Calidad	Resultado final	Aprobado ☐
			Rechazado ☐

Estado General					
Matriz de preforma	OK	NOK	Matriz Final	OK	NOK
Rebabado y Punzonado	OK	NOK	Acuñado	OK	NOK

Ítem	**Tareas a Realizar**	Horas	Operario	OK	NOK

Fecha de Control	Firma Jefe Producción	Resultado final	Aprobado ☐
			Rechazado ☐

Fecha Estimada de Entrega		Firma Gerente de Planta	

Matricería y Aprobación de Reparación

Observaciones: ______________________________

____

____

Medición sobre: plomo ☐ matriz ☐	Aprobación Final y Envío a Depósito	
Horas Totales de Matricería:	Fecha	Firma
Regrabado: ………… mm		

F-13

EMPRESA	CERTIFICADO DE CALIDAD Y CONFORMIDAD	NPF Nº:

Cliente:	TIPO DE CONTROL REQUERIDO						
Pieza							
Nº Parte:	DIMENSIONAL		LAB. FISICO		LAB. QUIMICO		FUNCIONAL
Cod.Prov.							

Nº	Características controladas	Valores Prescriptos	N	Valores max. y min. de las N controladas	Valores individuales de las cinco muestras 1	2	3	4	5	Decisión
1										
2										
3										
4										
5										
6										
7										
8										
9										
10										
11										
12										
13										
ASPECTO VISUAL										
CONTROL DE DISCONTINUIDADES										
DISPOSITIVO										

Observaciones:	Cantidad de piezas para su envío	
	Orden de Compra	
	Recipientes en devolución	

C. De Calidad	Por la presente certificamos que las piezas de referencia se han fabricado de acuerdo a las prescripciones de planos, normas y/o patrones homologados y garantizados mediante los controles de proceso adecuados					
			dd	mm	aaaa	Hoja: 1 / De: 1
	Controló	Responsable de control	Fecha			

F-15

EMPRESA

CERTIFICADO DE ENSAYO FISICO Y QUIMICO

CLIENTE: **XXXXXX** PIEZA: **XXXXXX** Nº PLANO: **XXX-XXX-XX**

FECHA: **XX/XX/XXXX** ORDEN DE COMPRA: **XXXXXXXX** NPF Nº: **XXXX-XX** NORMAS APLICABLES: **XXXXXXXXXX**

ITEM	CODIGO	COLADA	CANTIDAD	MATERIAL	TRATAMIENTO TERMICO

ENSAYO FISICO

ITEM	DIMENSION DE PROBETA	TRACCION	LIMITE DE ELASTICIDAD	ALARGAMIENTO	ESTRICCION	DUREZA

ENSAYO QUIMICO

ITEM	C%	SI%	Mn%	P%	S%	Cr%	Ni%	Mo%	Cu%	V%	Nb%	CE%

Observaciones:

.... Controló

.... Responsable del Control

Bibliografía y Páginas webs consultadas

- Mario Rossi, **Estampado en caliente,** Editorial Hoepli, España, 1971 (libro).

- Joseph Billigmann, **Estampado y prensado a máquina**, segunda edición, Editorial Reverté, 1979, Barcelona, España (libro).

- Lirio Schaeffer, **Forjamento. Introducao ao processo**, Edtorial Imprensa Livre, Brasil, 2001 (libro).

- Arcadio Lopez Casillas, **Máquinas. Cálculos de taller**, Editorial Casillas, España, 2008 (libro).

- Robert Lenhert, **La construcción de herramientas**, Editorial Reverté, 1979, Barcelona, España (libro).

- Catálogo Boehler de Aceros para herramientas (catálogo).

- Catálogo sobre forjadoras de rodillo de la firma Eumuco, Alemania (catálogo).

- Catálogos de la empresa Carlos Arrigoni (Argentina), sobre martinetes y balancines (catálogo).

- Manual de productos, Aceros Zapla (catálogo).

- Tolerancias dimensionales para piezas de acero forjadas en martillos y prensas, Cámara Argentina del Forjado, CAFOR, Argentina, 2010 (Norma).

- http://www.gamei.com

- www.jdmcl.com.tw

- www.lasco.de

CAPITULO 2

MATERIALES APTOS PARA LA FORJA EN CALIENTE

"No tengo talentos especiales, pero sí soy profundamente curioso"

Albert Einstein

Generalidades:

En la conformación de piezas por forjado en caliente, el acero ocupa un rol principal, dado que como dice Maroni: "las propiedades de los aceros pueden variarse mediante tratamientos, ya sean estos térmicos o mecánicos. Con ellos se reduce el número de materiales disponibles, tanto más, cuanto más se puedan variar estas propiedades". A estas bondades se suman su conformabilidad, elevada resistencia mecánica y bajo costo.

A pesar de lo comentado, por razones de precios de los elementos de aleación, y una disponibilidad limitada de los mismos, en Argentina, con el objeto de racionalizar la utilización de los aceros, se realizó en el año 1975, la tercera "Convención Nacional de Racionalización de Aceros". En ella, se seleccionaron 45 grados cuyo uso se recomienda, y que satisfacen el 95% de la demanda en toneladas para nuestro país.

Siguiendo los lineamientos dados en el "Manual del acero", y desde la mirada del proyectista de la pieza, que en ningún momento de su proceso, debe perder de vista que, la elección del material a utilizar para conformar una pieza por forjado en caliente, depende según sea el destino de la pieza (ver tablas 2.V a 2.VIII), para la selección más eficaz del tipo de acero a utilizar, existen dos factores principales a considerar:

a) Desempeño.
b) Economía.

Analicemos en detalle los factores citados.

a) Desempeño:
La última palabra para definir la selección de un acero, y sobre todo en piezas críticas, se obtiene a partir de los llamados ensayos funcionales, o de servicio, caracterizados por someter a la pieza en evaluación, a las solicitaciones y exigencias reales, reproduciendo sus condiciones de uso.
Es en razón de estos requisitos, que el proyectista deberá considerar una serie de aspectos a tener en cuenta durante el diseño de la pieza. Son los siguientes:

a1) Resistencia mecánica:
Los valores de la resistencia de un acero, se obtienen a partir de un ensayo de tracción, que nos permite conocer, el límite de fluencia, la resistencia a la tracción, el alargamiento, y la estricción.
En el caso particular de los aceros aleados, dada su templabilidad mejorada, permiten altas resistencias, en grandes secciones.

a2) Tenacidad:
Se evalúa mediante el denominado ensayo de impacto (Charpy).
Desde el punto de vista funcional, son tres los factores que tienden a disminuir la tenacidad:

- La concentración de tensiones en sectores de la pieza, resultantes de cambios bruscos de sección, agujeros, entallas, etc.
- El descenso de la temperatura en servicio.
- El aumento de la velocidad con que se aplican las cargas a la pieza (impacto).

Los aceros aleados de medio carbono (entre 0,25% a 0,50%), templados y revenidos, son aquellos que tienen mejor resistencia y tenacidad, a temperatura ambiente y baja temperatura.

a3) Resistencia a la fatiga:
Es un factor muy importante a tener en cuenta, en toda pieza que se encuentre en servicio sometida a fuerzas cíclicas. Existe una estimación que el 80% de las fallas en piezas de máquinas, se deben a la fatiga.
Estas fallas se producen por tensiones de tracción en la superficie de la pieza.
Es evidente entonces que, los procesos de endurecimiento superficial, mejoran la resistencia a la fatiga, ya que desarrollan tensiones de compresión.

a4) Resistencia al desgaste:
Sobre la resistencia al desgaste influyen las siguientes circunstancias:

- El tipo de lubricación,
- Las condiciones de acabado de la superficie,
- La naturaleza de los materiales en contacto,
- Los recubrimientos antifricción.

Desde el punto de vista del acero, la resistencia al desgaste mejora cuando:

- A igual porcentaje de carbono, se usa un acero de mayor dureza,
- A igual dureza, se utiliza un acero de mayor porcentaje de carbono.

De esta manera, en los aceros endurecidos superficialmente, los mejores resultados, ordenados en sentido decreciente, se obtienen por nitruración, cementación, y temple superficial.

a5) Distorsión geométrica:
Se produce durante el tratamiento térmico, afectando el uso y la economía del proceso (impone procesos adicionales como ser el enderezado y rectificado). Constituye un factor preponderante para la selección de un material. A la distorsión contribuyen:

- La forma de la pieza,
- La severidad del medio de temple usado (del mejor al peor: aire, aceite, agua).
- Exceso de templabilidad en el material empleado.

Los métodos de nitruración y temple superficial, producen menor distorsión que la cementación.

a6) Maquinabilidad:
Cuando se requiere remover de la pieza forjada, mucho material por arranque de viruta, es preferible disponer de un material en estado de recocido.
El agregado al acero de elementos como el plomo, producen una mejora significativa de la maquinabilidad, sin alterar las propiedades mecánicas.

b) Economía:
Habitualmente, el costo inicial del acero, es poco significativo, respecto de los componentes que "suman" al costo final, y que aparecen como consecuencia de cada uno de los procesos que se efectúan sobre la pieza.
Una selección errónea del acero, traerá aparejada una serie de problemas, a saber:

- Falta de uniformidad de la partida,
- Baja maquinabilidad,
- Distorsión durante el temple,
- Forjabilidad reducida,
- Resistencia mecánica, a la fatiga, y tenacidad inadecuadas.

Estos inconvenientes influenciarán negativamente, sobre los costos del proceso de forja y también sobre los procesos posteriores.
Considerados todos los aspectos mencionados antes, el material elegido deberá ser tal que, una vez terminada la pieza en cuestión, ofrezca las características mecánicas solicitadas

por el usuario, que como sucede normalmente cuando se emplean aceros, no se hallan totalmente en el material de partida, sino que se obtienen posteriormente a la forja, mediante distintos tratamientos térmicos.
Una vez desarrollado el diseño inicial, se pondrá a consideración conjunta del forjador, y el usuario del producto. Alcanzado el consenso correspondiente, comienza el trabajo de este último, quien hará en primera instancia un análisis económico, que le indique que proceso de conformado será rentable, en función del tipo de pieza, y fundamentalmente de la cantidad a producir.
Volviendo sobre el material a forjar, la conformabilidad del acero dependerá de su composición química, y de la temperatura de forja, dado que, la resistencia a la deformación plástica de todos los materiales metálicos, disminuye con la temperatura.
Para los aceros al carbono la temperatura de forjado, depende del porcentaje de carbono, reduciéndose conforme aumenta este porcentaje (ver figura siguiente).

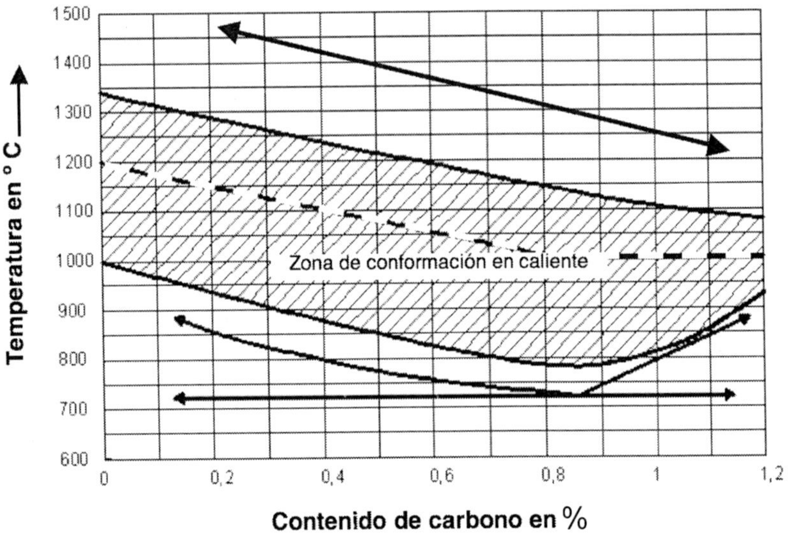

Figura 2.1: Temperaturas de conformación de aceros al carbono

En el caso de los aceros aleados, se da una situación similar, aunque en razón de su menor conductividad térmica, se los debe calentar a menor velocidad, para que la temperatura alcance en forma uniforme todo el volumen del material. De no hacerlo así, surgirán tensiones perjudiciales, que conducirán a la fisuración de la pieza.
Otra particularidad, es que a diferencia de los aceros al carbono, cuando aumenta el % de aleación, presentan un menor rango de temperatura de conformabilidad en caliente, con lo cual el proceso de calentamiento se torna necesariamente de mayor precisión.
Aclaramos que, a mayor temperatura de forja, mejor será la plasticidad del acero, y como consecuencia de ello, resultará un proceso más sencillo. Sin embargo, la mayor temperatura traerá aparejada una serie de riesgos por el sobrecalentamiento: mayor formación de cascarilla, y descarburación superficial.

Según Jesús del Río, los aceros de construcción pueden ser clasificados en aceros de dificultad de forja normal, o dificultad de forja superior, según su composición química:

1) Aceros dificultad de forja normal M1: C<0,65% y Mn+Ni+Cr+Mo+V+W < 5%
2) Aceros dificultad de forja superior M2: C>0,65% y Mn+Ni+Cr+Mo+V+W > 5%

Un dato de gran utilidad sobre el acero a forjar, consiste en disponer de resultados correspondientes a ensayos de "aplastamiento", en los cuales, se comprimen cilindros de altura "h" y diámetro "d", a distintas temperaturas. A partir de estas curvas, trazadas en función del factor de aplastamiento K=h/d, se pueden conocer para el material en cuestión, los valores de presión que son necesarios para iniciar la deformación.
En la figura 2.2 se puede observar las curvas umbrales de aplastamiento, para un acero de dificultad de forja normal.

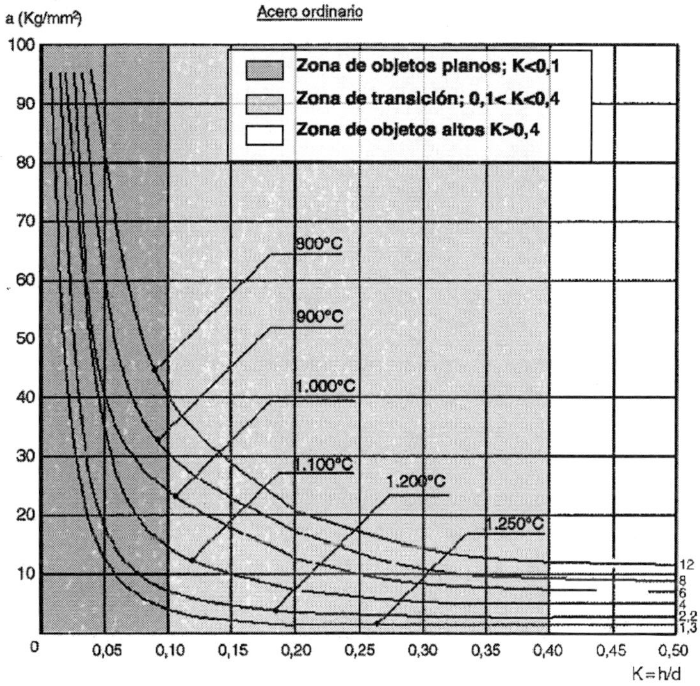

Figura 2.2: Umbrales de plasticidad para un acero ordinario (Fuente: Jesús del Río)

Para los aceros de dificultad de forja superior, estos valores aumentan al menos un 30%. Como regla general, en estas curvas se pueden diferenciar tres zonas:

a) Zona para valores de K<0,1 típicos de objetos muy planos. Para su deformación se necesitan grandes presiones. Claramente es más difícil aplastar un objeto plano, que uno alto.
b) Zona de transición para valores 0,1<K<0,4.

c) Zona para valores de K>0,4 es decir, objetos altos. Para su deformación se requiere muy baja presión.

Asimismo se observa que, las presiones disminuyen en todos los casos, con el aumento de la temperatura de forja, aunque como ya se comentó antes, se debe tener en cuenta que, todo incremento de la temperatura, aumenta la oxidación, la formación de cascarilla, y consecuentemente, la pérdida de material.

Respecto del tiempo de calentamiento, deberá ser el suficiente para permitir que el centro de la pieza a forjar, alcance la temperatura deseada.
Con el objeto de presentar un criterio para establecer el tiempo de calentamiento, en piezas de acero al carbono de hasta 76,2mm de diámetro, se recomienda un tiempo no mayor a 5 minutos por cada 25,4mm de longitud del trozo a calentar. En tanto, para igual diámetro, en aceros aleados, la exposición a la temperatura de forja, deberá ser de no más de 6 minutos por pulgada de longitud.
En trozos de 75mm a 230mm de diámetro, el tiempo de calentamiento no debe ser mayor a 15 minutos por cada 25,4mm de longitud.
A modo de ejemplo, a un material de 50mm de diámetro por 150mm de longitud, le corresponderá un tiempo de calentamiento de unos 30 minutos.

Para aceros de alta aleación y/o porcentajes de carbono mayores de 0,5% se requieren, como ya se comentó, menores velocidades de calentamiento, e incluso suele ser necesario un precalentamiento entre 650°C a 760°C, para evitar su fisuración.

Con el objeto de aportar mayor información sobre la cantidad de calor necesaria para volver plásticos los materiales, seguidamente transcribimos algunos párrafos del libro de Mario Rossi:

Tanto desde el punto de vista técnico como económico, es conveniente conocer las calorías necesarias para llevar una determinada masa de material, a la temperatura de forja, como también el tiempo requerido para ello. Estos datos son necesarios para la elección del tipo de horno adecuado.
Por la física sabemos que:

$$Q = c * p * \left(t_f - t_i\right) \quad (5)$$

En donde:
Q = cantidad de kilocalorías necesarias para calentar el cuerpo [kcal];
c = calor específico del cuerpo [kcal/(kg*°C)];
p = peso del cuerpo [kg];
t_f = temperatura de forja que se requiere alcanzar [°C];
t_i = temperatura inicial del trozo a forjar [°C].

Tabla 2.I: Calores específicos de algunos materiales (Fuente: Mario Rossi)

Material	**Calor específico c [kcal/(kg*°C)]**
Acero	0,118
Cobre	0,096
Bronce y latón	0,090
Aleaciones ligeras	0,240

Ejemplo 1:
Para llevar un kg de acero a una temperatura de 1200°C, desde una temperatura ambiente de 20°C se requieren:

$$Q = 0{,}118*1*(1200 - 20) = 139 \text{ kcal.}$$

Respecto del tiempo necesario para calentar el material introducido en el horno, depende de diversos factores, a saber:

- De la cantidad de calorías suministradas por el horno en una hora (potencia);
- De la pérdida de calor del horno (rendimiento);
- De la forma del trozo a calentar, de su peso, y de la extensión de su superficie;
- Del volumen total de los trozos introducidos en el horno;
- De la relación entre el volumen del horno, y el volumen de la carga.

Está claro que, a igualdad de peso, un material se calienta en menor tiempo, si presenta una superficie más extensa (un cubo respecto de un cilindro).
Es muy importante conocer la relación entre las calorías necesarias para llevar cierta cantidad de material a la temperatura de forja, y las calorías proporcionadas por el horno durante una hora. De este modo, se puede tener una idea del tiempo necesario para el calentamiento:

$$T = \frac{Q}{Q_f * \eta} \quad (6)$$

En donde:
Q = cantidad de calor necesario para calentar una carga de tochos a la temperatura t_f [kcal].
Q_f = Cantidad de calor suministrado por el horno en una hora [kcal/h].
η = rendimiento del horno (entre 0,5 a 0,7).
T = tiempo necesario para el calentamiento de la carga [horas].

Ejemplo 2:
Hay que calentar a la temperatura de forja de 1200°C, 20 trozos de acero de 2kg cada uno. Para ello se dispone de un horno que suministra 10.000 kilocalorías por hora. Se quiere conocer el tiempo que se necesita para calentar la carga, considerando el horno ya caliente, y un rendimiento térmico de 0,7.

$$Q = 0{,}118*40*(1200 - 20) = 5570 \text{ kilocalorías.}$$

En consecuencia, el tiempo de calentamiento T será:

T = 5570 / (10000*0,7) = 0,8 horas

Para finalizar, se puede calcular el consumo horario de gas dado por la siguiente ecuación:

$$M_c = \frac{Q_f}{C * \eta_c} \quad (7)$$

En donde:

M_c = cantidad de combustible consumido en una hora [m³].

Q_f = cantidad de calor suministrado por el horno en una hora [kcal/h].

C = poder calorífico del combustible (para el gas natural 10000 kcal / m³).

η_c = rendimiento del combustible (habitualmente se considera 0,5).

Ejemplo3:
Supongamos la necesidad de suministrar Qf = 100 kcal/h (sin considerar el rendimiento del horno), en un horno de gas natural. Calcule el consumo de gas.

$$Mc = 100 /(10*0,5) = 20\ m^3$$

Valiéndose de la tasa de servicio vigente, será posible entonces calcular el costo por el consumo horario de gas natural.

Composición de los aceros usados en Argentina y sus temperaturas de forja:

En Argentina, se utilizan alrededor de unos 25 tipos de aceros, para el forjado de piezas. Antes de presentarlos, basándonos en la Norma IRAM-IAS U500-600, en la tabla siguiente, se referirá a su clasificación, tipo, y designación correspondiente:

Tabla 2.II: Designación de los aceros utilizados en forja (Fuente: IRAM-IAS U500-600)

Clasificación	Tipo	Designación
Aceros al carbono	De bajo y medio manganeso	10XX
Aceros aleados	Cromo - Molibdeno	41XX
	Cromo - Molibdeno	42XX
	Níquel – Cromo - Molibdeno	43XX
	Níquel - Molibdeno	46XX
	Cromo	51XX
	Níquel – Cromo - Molibdeno	86XX
	Silicio – Manganeso	92XX
	Níquel – Cromo - Molibdeno	98XX
Aceros al carbono y aleados	Al Cromo con Plomo	51LXX

Nota: las XX corresponden al porcentaje de carbono.

A continuación, se los muestra agrupados como aceros al carbono, y aceros aleados, con el objeto de presentar sus composiciones químicas nominales, y sus temperaturas de forja aproximadas:

a) Aceros al carbono:

Tabla 2.III: Composición y temperatura de forja de aceros al carbono

Denominación	%C	%Si	%Mn	Rango temperatura de forja (°C) (*)
SAE 1020 / DIN C22	0,18 a 0,23	0,15 a 0,30	0,30 a 0,60	1270 a 1000
SAE 1022	0,18 a 0,23	0,15 a 0,30	0,70 a 1,00	1270 a 1000
SAE 1026	0,22 a 0,28	0,15 a 0,30	0,60 a 0,90	1270 a 1000
SAE 1038	0,35 a 0,42	0,10 a 0,30	0,60 a 0,90	1250 a 1000
SAE 1040 / DIN C40	0,37 a 0,44	0,15 a 0,30	0,60 a 0,90	1250 a 1000

b) Aceros aleados:

Tabla 2.IV: Composición y temperatura de forja de aceros aleados

Denominación	%C	%Mn	%Cr	%Ni	%Mo	Rango temperatura de forja (°C) (*)
1356	0,50 a 0,55	0,65 a 0,90	0,2 máx.	---	---	(***)
SAE 4130 / DIN 26CrMo4	0,28 a 0,33	0,40 a 0,60	0,80 a 1,10	---	0,15 a 0,25	1200 a 880
SAE 4140	0,38 a 0,43	0,75 a 1,00	0,80 a 1,10	---	0,15 a 0,25	1050 a 850
4227	0,14 a 0,22	0,50 a 0,80	0,80 a 1,30	---	---	(***)
DIN 18NiCrMo7 / SAE 4317	0,15 a 0,20	0,45 a 0,65	0,40 a 0,60	1,65 a 2,00	0,20 a 0,30	1230 a 1065
4521	0,15 a 0,23	0,50 a 0,80	0,65 a 0,85	1,50 a 1,90	0,28 a 0,38	(***)
SAE 4620	0,17 a 0,22	0,45 a 0,65	---	1,65 a 2,00	0,20 a 0,30	1200 a 830
DIN 20MnCr5 / SAE 5120	0,17 a 0,22	0,70 a 0,90	0,70 a 0,90	---	---	1200 a 870
SAE 5140 / DIN 41Cr4	0,38 a 0,43	0,70 a 0,90	0,70 a 0,90	---	---	1200 a 900
SAE 51L40	Idem anterior con agregado de plomo para mejorar maquinabilidad					
SAE 5160	0,56 a 0,64	0,70 a 0,90	0,70 a 0,90	---	---	1200 a 900
SAE 8620 / DIN 21NiCrMo2	0,18	0,70	0,40	0,40	0,15	1100 a 850
SAE 8640	0,38 a 0,43	0,75 a 1,00	0,40 a 0,60	0,40 a 0,70	0,15 a 0,25	1150 a 850
SAE 9260 (**)	0,56 a 0,64	0,70 a 0,90	---	---	---	1200 a 900
9818	0,14 a 0,20	0,60 a 0,90	0,80 a 1,20	1,20 a 1,70	0,10 a 0,20	(***)
DIN 19MnCr5 / ~SAE 5120	0,16 0,21	1,00 a 1,30	0,80 a 1,10	---	---	1150 a 900
DIN 17NiCrMo7 / ~SAE 4320	0,15 a 0,20	0,45 a 0,65	0,40 a 0,60	1,65 a 2,00	0,20 a 0,30	1150 a 900
DIN 20NiCrMo5 / ~SAE 8620	0,18 a 0,23	0,70 a 0,90	0,40 a 0,60	0,40 a 0,70	0,15 a 0,25	1100 a 900

(*) Siempre es conveniente iniciar la forja con el material caliente a la máxima temperatura, y terminar el proceso antes de alcanzar la mínima del rango.
(**) %Si 1,80 a 2,20.
(***) No se dispone de información, dado que se tratan de aceros formulados por automotrices.
Nota: todos estos aceros son de dificultad de forja normal.
Fuentes: Aceros Zapla, Acindar, Boehler, Olimpo, Norma IRAM-IAS U500-600.

Si bien respecto del rango de temperatura de forja, deben seguirse las recomendaciones dadas en (*), es conveniente realizar algunos comentarios.
En referencia al medio de calentamiento, si se trata de un horno de mufla, lo habitual es al principio de la jornada de trabajo, llevar al horno a la temperatura máxima. Una vez alcanzada en su interior, se disminuye un tanto, para no perjudicar los trozos a calentar.
Por otro lado, sobre la temperatura inferior, juega un importante papel el equipo principal de forja. En el caso de ser un martillo, dada su elevada velocidad de impacto, suele ocurrir que, tras los sucesivos golpes, la temperatura aumente. En cambio, en las prensas, dada su menor velocidad, y la diferencia térmica existente entre la estampa inferior (más caliente), y la superior (más fría), la velocidad de enfriamiento es mucho mayor. Incluso, es común ver una marcada diferencia en el color del material que se está forjando, entre su parte superior (más brillante), y la inferior (más oscura).

Los elementos de aleación:
Con el objeto de individualizar la influencia de los distintos elementos de aleación, utilizados en los aceros para forja, realizaremos a continuación un análisis de su efecto individual, siguiendo los lineamientos del "Manual del acero", y dejando constancia que, todo lo consignado sólo vale para los denominados aceros de construcción.

a) Carbono:
Es el aleante principal de todo acero, que en aquellos denominados de construcción, y que se utilizan en las piezas forjadas, puede alcanzar un porcentaje de hasta 0,65%.

El carbono proporciona al acero:

- Dureza y resistencia mecánica, proporcionales a su porcentaje, e independientes de cualquier condición en que se encuentre el acero (bruto de laminación, recocido, normalizado, o templado y revenido).
- El aumento de carbono disminuye la plasticidad del material (forjabilidad, soldabilidad, y resistencia al impacto), es decir, lo vuelve más frágil.

b) Manganeso:
Es uno de los elementos fundamentales en los aceros al carbono y aleados. Todo el grupo de aceros de construcción lo contienen, desde un mínimo de 0,3% hasta un máximo de 1,3%. Este elemento contribuye a:

- Mejorar la calidad superficial de los aceros al carbono.
- Aumentar la dureza, resistencia mecánica y al desgaste, en menor proporción que el carbono.
- Mejorar la tenacidad en los aceros de grano fino.
- Mejorar la forjabilidad, y la templabilidad.
- Incrementar la susceptibilidad a la fisuración durante el temple.

c) Cromo:
En los aceros de construcción no suele superar el 1%. Sus principales efectos son:

- Aumentar la templabilidad.
- Mejorar la resistencia al desgaste, especialmente con altos % de carbono.
- Facilitar la cementación.
- Mejorar la resistencia a la corrosión, a la oxidación, y la resistencia a alta temperatura.

d) Níquel:
Se utiliza con porcentajes diversos alcanzando hasta un 2%. Sus utilidades son:

- Aumentar la tenacidad, resistencia al impacto y a la fatiga, especialmente a bajas temperaturas.
- Disminuir la distorsión durante el temple.
- Mejorar la resistencia a la corrosión.
- Disminuir la tendencia al crecimiento de grano, como también las temperaturas de los tratamientos térmicos, propiciando incluso un aumento del rango aplicable de temperaturas.

Es un elemento de aleación que hace al acero particularmente apto para el tratamiento de cementación.
En los porcentajes mayores, permite templar piezas al aire, con mínima distorsión, y mayor tenacidad.

e) Molibdeno:
Elemento aleante, que produce apreciables mejoras en los aceros, como ser:

- Aumentar la templabilidad y el rango de temperatura en los tratamientos térmicos.
- Formar carburos estables, que inhiben el crecimiento de grano, y aumentan la resistencia al desgaste del acero.
- Junto con el cromo y el níquel, mejorar la resistencia a la corrosión.

f) Silicio:

- Aumenta la susceptibilidad a la descarburación superficial.
- Eleva las temperaturas de los tratamientos térmicos.
- Aumenta la resistencia mecánica de los aceros de baja aleación, sin disminuir la tenacidad.

g) Plomo:
Se agrega en porcentajes de entre 0,15% a 0,35%, con el único motivo de mejorar la maquinabilidad, y no afecta las propiedades mecánicas, ni la conformabilidad del acero.

Ejemplos de materiales a utilizar en función de la pieza y su destino:
Para completar la información referida a los materiales utilizados en la forja en Argentina, se presentan, una serie de tablas, ordenadas por cada sector industrial, en donde se indica, el tipo de pieza, su aplicación, y el material recomendado a utilizar.

Tabla 2.V: Piezas correspondientes al sector automotriz (Fuente: CAFOR)

Tipo de pieza	Aplicación	Material: denominación SAE y otras Normas
Engranajes	Caja de velocidad camión	8620 – 8620H
Directas	Caja de velocidad camión	4620 H
Ejes principales	Caja de velocidad camión	4620 H
Engranajes	Caja de velocidad camión / autos	5120 – DIN 20MnCr5
Directas	Caja de velocidad camión / autos	5120 – DIN 20MnCr5
Ejes principales	Caja de velocidad camión / autos	5120 – DIN 20MnCr5
Engranajes	Caja de trasmisión de tractor	5120 – DIN 20MnCr5
Planetarios	Diferencial de tractor	4317 - DIN 18NiCrMo5
Satélites	Diferencial de tractor	4317 - DIN 18NiCrMo5
Solares	Diferencial de tractor	4317 - DIN 18NiCrMo5
Bielas	Motor de auto	1038
Bielas	Motor de auto	1040 – UNI C40
Bielas	Motor de auto / camión	8640 H
Bielas	Camión	51L40
Extremos de dirección	Tren delantero auto / camión	1038
Brazos de suspensión	Tren delantero auto / camión	1040 – UNI C40
Brazos de suspensión	Tren delantero auto / camión	1038 – AFNOR XC38
Puntas de ejes	Tren delantero auto / camión	1038
Puntas de ejes	Tren delantero auto / camión	1041 H
Puntas de ejes	Tren delantero auto / camión / tractor	AFNOR 18CD4
Horquillas cardánicas	Auto / camión / tractor	1038
Horquillas cardánicas	Auto / camión / tractor	5140
Horquillas cardánicas	Auto / camión / tractor	8640
Cigüeñales	Auto / camión / tractor	1041 H

Algunas empresas automotrices, especifican la utilización de materiales especiales, para distintas aplicaciones. Entre los principales podemos citar: 4521, 1356 y 4227 para engranajes y ejes de cajas de velocidad; 9818 para coronas y piñones; como también DIN 19MnCr5 para componentes de caja de cambios (engranajes, ejes, directas), DIN 17NiCrMo7 para satélites, engranajes y DIN 20NiCrMo5 para ejes y engranajes.

Tabla 2.VI: Piezas correspondientes al Sector petrolero

Tipo de pieza	Aplicación	Material: denominación SAE y otras Normas
Tubing	Pozo	1020
Caños con cuplas	Conducción	1020
Trépano	Perforación	4140
Válvulas bombas de lodo	Limpieza de perforaciones	8620
Mandriles para inyección	Recuperación secundaria	4130
Mandriles para inyección	Recuperación secundaria	316
Pistones	Para bombas	8620
Varillas de bombeo	Extracción	4140
Varillas de bombeo	Extracción	8640
Cuerpo de válvulas	Conducción	1022
Bonetes	Conducción	1022
Bridas	Conducción	1022

Tabla 2.VII: Piezas correspondientes al Sector minero

Tipo de pieza	Aplicación	Material: denominación SAE y otras Normas
Perno cabeza oval	Molinos	1040
Punta de barra	Perforación	4140
Bolas	Molinos cementeros	4140
Bolas	Molinos mineros	1080 - 1090

Tabla 2.VIII: Piezas correspondientes al Sector ferroviario

Tipo de pieza	Aplicación	Material: denominación SAE y otras Normas
Ganchos	Tracción	4140
Resortes	Suspensión	9260
Paragolpes	Seguridad	1038
Clepes elásticos	Fijación de vías	5160
Clepes elásticos	Fijación de vías	9260
Tirafondos	Fijación de vías	1026
Tirafondos	Fijación de vías	1038
Eclisas	Unión de rieles	1026
Bulonería en general	Unión de rieles	1038

Con respecto a las medidas empleadas, varían de acuerdo con la pieza y el método utilizado. En la gran mayoría de los casos, se trata de barras redondas de 25,4mm a 100mm de diámetro, mientras que para las palanquillas, las medidas son de 50,8mm a 127mm por lado. Particularmente en el sector petrolero, los materiales pueden tener dimensiones mayores a las citadas, por el gran tamaño de sus piezas.

Continuando con los aceros, una clasificación con una mirada diferente, que aporta criterios de selección, se debe a J. del Río, quien agrupa los aceros empleados para la forja en "familias", a saber:

1) Los aceros de "temple y revenido":
Se emplean para la fabricación de piezas para máquinas y motores (bielas, cigüeñales, ejes, palancas, rótulas, crucetas, etc), sometidas a importantes solicitaciones mecánicas, que como consecuencia de ellas, requieren de un material de alta resistencia. Se tratan de aceros con porcentajes de carbono de 0,3% a 0,4% y elementos de aleación varios (como se cromo, níquel y/o molibdeno), cuya suma total no supera el 5%.

2) Los aceros de "cementación y nitruración":
Para usos similares a los anteriores, pero si además, las superficies de apoyo de las piezas estarán sometidas a grandes esfuerzos de rozamiento y abrasión (engranajes, ejes, tornillos, piñones, satélites, planetarios, etc), se utilizan aceros que admiten los tratamientos de endurecimiento superficial, como pueden ser la cementación o nitruración. Son aceros con contenidos de carbono entre 0,1% a 0,8% en el caso de aquellos que se deseen cementar, y de 0,3% a 0,4% para los de nitruración, con elementos de aleación varios (como ser cromo, níquel y/o molibdeno, e incluso vanadio y aluminio), cuya suma total no supera el 5%.

3) Los aceros para "resortes":
Para la fabricación de piezas que estarán sometidos a grandes esfuerzos de flexión, torsión, y fatiga (como ser ballestas, muelles, elementos de fijación de vías de ferrocarril, etc), se usan aceros con contenidos de carbono de 0,45% a 0,65%, a los que se conoce habitualmente como aceros para resortes. Estos materiales contienen alrededor de un 1,75% de silicio.

4) Los "hierros comerciales":
Si las piezas a construir no requieren de altas resistencias mecánicas (como ciertos perfiles para la construcción civil, o barras redondas para ser usadas con hormigón), se emplean aceros de bajo carbono, sin alear.

5) Los aceros de "fácil mecanizado":
Estos aceros se seleccionan para piezas con gran contenido de mecanizado, y poco compromiso mecánico, con el objeto de facilitar su arranque de viruta. Como elementos mejoradores de la maquinabilidad se suelen emplear plomo, azufre, teluro, selenio y bismuto.

Por otro lado, Maroni contribuye con otro punto de vista diferente para la clasificación de los aceros. Según sus criterios, *"denomina como "Acero de construcción", aquellos aceros cuyo porcentaje de carbono, no supera el 0,65%. Dentro de ellos, podemos todavía efectuar una subdivisión basada en el hecho que los aceros con menos de 0,25% de carbono se usan con tratamientos térmicos superficiales, que posibilitan su endurecimiento superficial. Estos aceros se emplean en piezas que deben soportar una gran resistencia al desgaste. Son los denominados aceros de "Cementación".*

En cambio, los aceros de más de 0,25% de carbono se utilizan en general, en piezas en cuyo desempeño interesa la resistencia mecánica que adquieren homogéneamente en toda su sección, y que alcanzan fundamentalmente mediante el tratamiento térmico de temple y revenido, que comercialmente se conoce como "Bonificado" o "Refinado". Son los llamados "Aceros bonificables o de refinación" (aceros de temple).
Cuando las propiedades naturales de los aceros de cementación satisfacen las exigencias mecánicas de la pieza en su funcionamiento, se usan directamente, sin el tratamiento termoquímico. De todos modos, las piezas cementadas, además de actuar con el tratamiento superficial por su resistencia al desgaste, actúan también por la resistencia mecánica de la sección no tratada (núcleo resistente). Es decir que, en esas piezas, es importante determinar las propiedades resultantes en el núcleo, que se adquieren durante el tratamiento térmico".

En consecuencia, en el estudio que estamos llevando a cabo, nos interesa abarcar completamente la gama de los aceros de construcción. Resumiendo, podemos expresar en un cuadro, la clasificación propuesta:

- Aceros de construcción (C<0,65%)
  - Cementables (C<0,25%)
    - Al carbono
    - Aleados
  - Bonificables (C>0,25%)
    - Al carbono
    - Aleados

Para finalizar, y en referencia a otros materiales que se emplean en el forjado de piezas, como pueden ser algunos aceros inoxidables y aleaciones de cobre, queremos destacar que, en el caso de los primeros, presentan una dificultad al forjado muy superior a los aceros ya mencionados. Esto se debe fundamentalmente a la necesidad de mayores esfuerzos para deformarlos, y a una menor temperatura de forja a que deben ser calentados, para no producirles deterioros importantes.
Si bien en orden de dificultad son los austeníticos los más difíciles de forjar (aceros de la serie 300, como ser el AISI 304 y AISI 316), los martensíticos de dificultad media (aceros de la serie 400 como pueden ser los AISI 420 y AISI 440), y los ferríticos los más sencillos, en Argentina es habitual el forjado de aquellos de tipo austenítico.
Para dar una referencia de su mayor resistencia, un acero inoxidable requiere una presión de aplastamiento del orden de tres veces la de un acero SAE 1020, a una temperatura común de 1000°C.
En todos los casos el calentamiento deberá realizarse de manera muy cuidadosa, por su mala conductividad térmica, causante de la tendencia a la fisuración de estos aceros.
Los aceros inoxidables se suelen emplear para la fabricación de tuberías, bridas, válvulas, fundamentalmente para la industria petrolera.

También se utilizan para la fabricación de piezas para la industria alimenticia, donde se manipulan líquidos corrosivos, en la industria naval, y en la nuclear.

Respecto de las aleaciones de cobre, tienen la particularidad que, en razón de su baja resistencia mecánica, muchas piezas pueden ser conformadas en un solo golpe.
Desde el punto de vista metalúrgico, las aleaciones de cobre más utilizadas son aquellas aleadas con estaño, denominadas bronces, o las aleadas con zinc, llamadas latones.
A modo de ejemplo, en la figura 2.3 se presentan los umbrales de plasticidad para el denominado latón de forjar, material que presenta una forjabilidad similar a los aceros al carbono, aunque se realiza a menor temperatura.

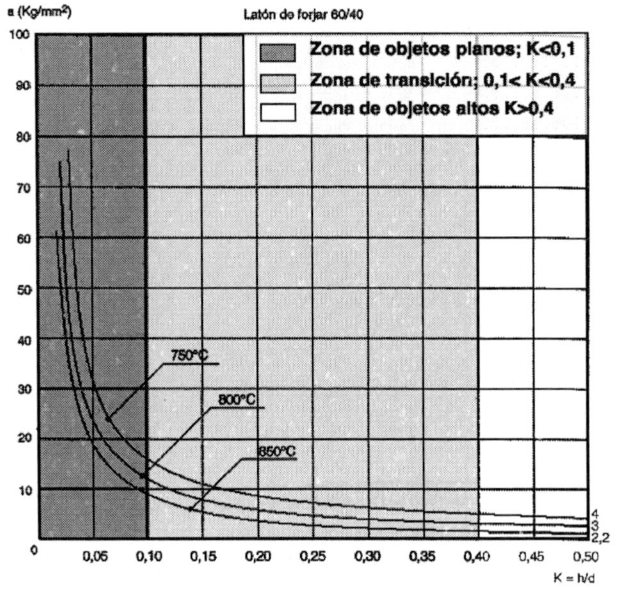

Figura 2.3: Umbrales de plasticidad para el latón de forja (Fuente: Jesús del Río)

Es muy importante en el forjado de estos últimos materiales no excederse ni en la temperatura, ni en el tiempo de permanencia a la temperatura de forjado, porque el tamaño de grano crece de manera excesiva, y el material se "quema".

Bibliografía y Páginas webs consultadas

- Jesús del Río, **Conformación plástica de materiales metálicos**, Editorial Dossat, Madrid, España, 2005 (libro).

- Joseph Billigmann, **Estampado y prensado a máquina**, segunda edición, Editorial Reverté, 1979, Barcelona, España (libro).

- IRAM-IAS U500-600, **Aceros al carbono y aleados para construcciones mecánicas.** Designación y composición química (Norma).

- Aceros Olimpo, **Manual del acero para construcciones mecánicas**, Cuarta Edición, 2008, Buenos Aires, Argentina (Manual).

- P.J.Maroni, Templabilidad. **Un método para seleccionar aceros**, Editorial Librería Mitre, 1976, Buenos Aires, Argentina (libro).

- Mario Rossi, **Estampado en caliente de los metales**, Editorial Hoepli, 1971, Barcelona, España (libro).

- www.acindar.com.ar

- www.zapla-arg.com.ar

- www.acerosboehler.com.ar

- www.acerosolimpo.com.ar

CAPITULO 3

LAS MAQUINAS DE FORJADO

"Dar el ejemplo no es la principal manera de influir sobre los demás; es la única manera"

Albert Einstein

Generalidades:

Los equipos cuyo trabajo se relaciona en forma directa con las operaciones de forjado, pueden ser clasificados, al menos, desde tres puntos de vista. En el primero, bajo la óptica del tipo de flujo de material que producen sobre la pieza, mientras que el segundo centra la mirada sobre el proceso principal. Finalmente, el tercero, lo hace desde una perspectiva global, considerando la totalidad del proceso de conformado.

Para el primer agrupamiento, la distinción surge de diferenciar los procesos de forja según el modo en que los equipos atacan la superficie del metal a conformar. Mientras los martillos y martinetes, lo hacen con golpes rápidos, las prensas de forja, someten al metal a una fuerza de compresión de baja velocidad. Como consecuencia de estas diferencias, en la forja por martillado, la presión alcanza su intensidad máxima en el mismo momento que la maza del martillo golpea el metal, para disminuir luego rápidamente, cuando la energía del choque se consume en deformar el material. Por lo explicado, se desprende entonces que, el martillado, produce la deformación de las capas superficiales del material, y que el único modo de lograr un llenado completo de la cavidad de la estampa, es a través de realizar varios golpes consecutivos con la maza batiente (normalmente entre 2 a 5 golpes).

En cambio, al forjar en la prensa, la presión aumenta paulatinamente mientras el metal se está deformando, alcanzando su valor máximo un instante antes de liberar el esfuerzo. De este modo, la forja en prensa, produce una zona deformada más profunda. Todo lo comentado se puede apreciar en la Figura 3.1.

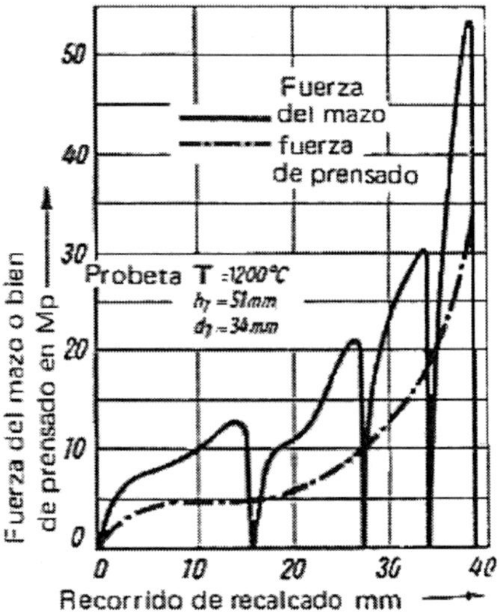

Figura 3.1: Comparación entre el martillado y prensado (Fuente: Billigmann)

En este gráfico se presentan los resultados del recalcado por forja libre realizado sobre cilindros de 34mm de diámetro por 54mm de longitud, y precalentados en todos los casos a 1200°C. De su análisis se desprende que, para producir el mismo efecto empleando un martillo y una prensa, con el primero se necesitó un esfuerzo superior, y cuatro golpes de maza, contra uno solo de la prensa. Es evidente que esta situación establece un mayor grado de productividad de la prensa respecto del martillo. Adicionalmente, se observa un incremento paulatino del esfuerzo en el prensado, mientras que este aumento es mucho más brusco en el martillado (la unidad de fuerza Mp, indicada en el eje de ordenadas del gráfico anterior, se refiere a "Mega pondio". En latín "pondus" significa peso. En España, pondio es sinónimo de kilogramo).

En la figura 3.2 se refleja en un cuadro, la clasificación de las máquinas más difundidas empleadas en la forja industrial, reunidas según sea el tipo de flujo que producen sobre el material a trabajar.

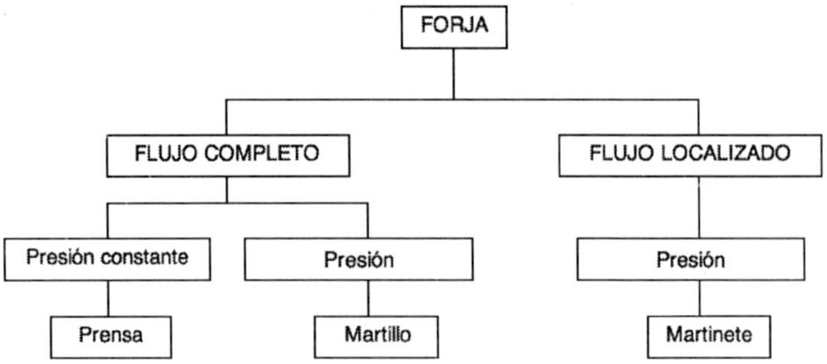

Figura 3.2: Clasificación de las máquinas para forja según el flujo de material.

Conceptualmente, la idea de flujo completo o localizado, se refiere a que porción del volumen de pieza a conformar (total o parcial), es afectado por el proceso de deformación plástica.

Bajo otra concepción, para la segunda división, Siamak Abachi, propone clasificar las máquinas para la forja, en los siguientes cuatro grupos principales:

1) Martillos de forja.
2) Prensas.
3) Prensas forjadoras horizontales.
4) Forjadoras de rodillo.

Sin embargo, es una realidad que, en el proceso de forjado en estampa, en muchos casos, no es posible obtener una pieza en un único paso (hay algunas geometrías que se adaptan mejor a ser realizadas en un solo paso, como los engranajes de caja de velocidad, aunque justo es decir que, suele haber un paso previo de forja libre para recalcar y desescoriar el material. Luego se conforma la pieza en la estampa, en un paso). En ocasiones, frente a la necesidad de producir unas pocas piezas forjadas, y en un lote no repetitivo en el tiempo, se fabrica un herramental sin preforma, obteniéndose así la pieza con dos o tres golpes de matriz. En cambio, toda vez que el lote a producir sea de gran tamaño y repetitivo, debemos inclinarnos por un herramental con preforma, dado que de este modo, se preservará la vida útil de la estampa, al repartir el forjado de la pieza en distintos pasos.
Por otro lado, el costo de la materia prima suele representar entre el 30% al 50% del costo unitario del componente, de manera que es muy importante que las preformas, sean lo más ajustadas posibles a la forma final buscada. Además, para el forjado de piezas complejas, se necesitan hacer operaciones de preforma, en otros equipos distintos al principal.
Es por ello que, en el tercer grupo, podemos clasificar las máquinas del siguiente modo:

1) Máquinas auxiliares (realizan el trabajo de forja previo al proceso principal): Martinetes (autocompresores, de aire comprimido), forjadoras de rodillo y de laminación transversal.

2) Máquinas principales: martillos (simple efecto, doble efecto y de contragolpe), prensas (de fricción o tornillo, de cigüeñal o excéntrica y de husillo), recalcadoras (prensa forjadora horizontal).

3) Máquinas de terminación (rebabado): balancines o prensas “Cuello de Cisne” (prensa mecánica de cigüeñal o excéntrica, con bastidor en C).

Queda claro entonces que, el tercer agrupamiento es el más completo, para analizar el proceso de forja con una mirada centrada sobre los equipos, y en consecuencia, es el que vamos a desarrollar.

Máquinas auxiliares:

El martinete:

También llamado por Duesing en forma general "Martillo de guías paralelas", o de manera particular, "Martillo de columna o de un solo pie", fue creado por Bradley en los Estados Unidos en el año 1875. Si bien los martillos de caída libre llevaban casi 35 años en funcionamiento, la aparición del martinete permitió disponer de un equipo adecuado para los pequeños talleres de forja artesanal, posibilitando así la fabricación de pequeños lotes o piezas unitarias con amplias tolerancias, y empleando un herramental de bajo costo. Adicionalmente también podía desempeñarse como un equipo auxiliar para preparar el trabajo, como paso previo al forjado en el martillo.
En la actualidad, actúan casi exclusivamente en el segundo sentido, conformando la pieza denominada repartidor, o dicho de otra manera, esbozando la pieza previa al forjado en estampa, la cual será transformada posteriormente en la pieza forjada con rebaba, ya sea por un martillo o algún tipo de prensa.

Podemos entonces imaginar una célula de forjado constituida por una cizalla de corte en frío, un horno a gas para el calentamiento de los trozos iniciales, un martinete para conformar el repartidor, el equipo principal de forjado (martillo o prensa según sea la pieza a forjar) con su estampa apropiada, y el balancín, matriz de corte mediante, para el rebabado del material excedente.

El principio de funcionamiento de un martinete es sencillo: la maza batiente, habitualmente hecha de una sola pieza de acero forjado, que golpea el material a conformar, ubicado por el operario sobre el yunque o chabota, se desplaza verticalmente en forma alternativa, guiada exteriormente por guías verticales e interiormente por el cilindro de accionamiento. Su capacidad de deformación dependerá, de la propia masa que produce el impacto, y de la velocidad final con que esta alcanza el material a trabajar. El cambio de sentido en el movimiento de la maza (hacia arriba o hacia abajo), se obtiene modificando la posición de una válvula neumática de dos posiciones, conectada con el émbolo del cilindro operador (émbolo de la maza en figura 3.4).

Es así, que según sea el origen del aire comprimido que utilizan, los martinetes pueden ser clasificados en autocompresores (cuando ellos mismos producen el aire comprimido necesario para su funcionamiento, es decir, no requieren de una instalación auxiliar para la alimentación de aire), y en martinetes de aire comprimido, cuyo accionamiento se logra mediante aire proveniente de una instalación de aire comprimido, al cual se lo hace pasar por el cilindro que conduce los desplazamientos de la maza batiente.

En la figura 3.3, puede observarse un martinete autocompresor de la firma Argentina ya desaparecida Carlos Arrigoni.

Figura 3.3: Martinete Arrigoni modelo MCA-200 (Fuente: Carlos Arrigoni)

En esta máquina, un amortiguador que acciona entre la tapa de cilindro y la maza, garantiza la suavidad de funcionamiento.

Un motor eléctrico mueve el cigüeñal por medio de una reducción de engranajes, mientras que el émbolo motor y el de la maza, lo hacen en cilindros diferentes. Según sea la posición del émbolo motor, se produce alternativamente una impulsión de la maza hacia el material, o aspiración mediante, un alejamiento de la misma (ver figura 3.4).

La chabota es independiente del cuerpo principal, estando vinculada a él en forma elástica, con el objeto de evitar la trasmisión de vibraciones y golpes al mecanismo de accionamiento, mientras que el motor está colocado sobre una base regulable, que permite ajustar la tensión de las correas trapezoidales.

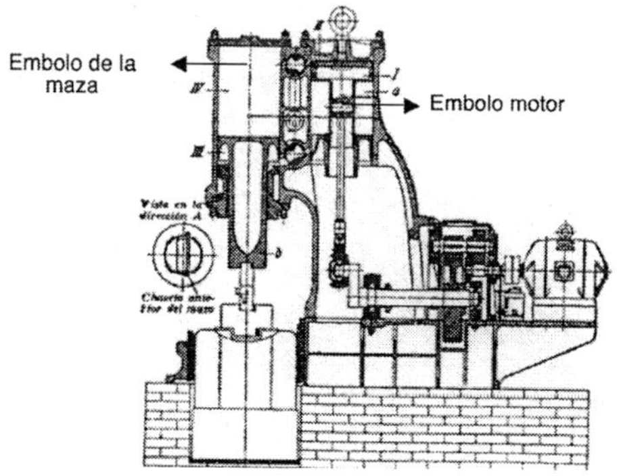

Figura 3.4: Martillo autocompresor Beché en corte (Fuente: Duesing)

Para completar la información sobre los martinetes, adjuntamos a continuación una tabla con las características técnicas de los principales modelos que eran producidos por la empresa argentina Carlos Arrigoni.

Tabla 3.I: Características técnicas de los martinetes Arrigoni (Fuente: Carlos Arrigoni)

Característica	MCA-40	MCA-100	MCA-140	MCA-200	MCA-300
Peso de la maza (kg)	40	100	140	200	300
Distancia cuerpo-maza (mm)	280	330	340	400	480
Dimensiones maza (mm)	125 x 60	175 x 75	180 x 80	230 x 110	250 x 110
Redondo hierro ϕmáx (mm)	65	100	140	180	220
Cuadrado hierro lado máx. (mm)	50	85	120	150	180
Potencia motor (CV)	5	12,5	15	25	35
Fuerza efectiva (kg/s)	272	677	790	1280	1770
Golpes por min.	235	205	200	170	155
Alto-ancho-largo (mm)	1800-900 -1700	2500-950 -2000	2700-1400 -2200	3000-1500 3000	3320-1550 3400
Peso máquina (kg)	2300	4000	5550	8170	14000

Máquinas forjadoras de rodillo:

Este tipo de máquina, también llamada laminadora de estirar, es otra de las que se emplean para generar una pieza intermedia (repartidor) en el proceso de forjado, partiendo de barras de sección redonda o cuadrada.

En estas forjadoras de acción continua, el trozo inicial se alimenta en forma radial, y los rodillos giran en sentidos opuestos. Estas máquinas pueden albergar hasta seis herramientas de conformado, por lo cual la preforma podría realizarse en hasta seis pasos.

Este equipo produce la disminución del área de una barra, ya sea en la totalidad de su longitud, o en sectores parciales de la misma. Tienen la ventaja de realizar operaciones de estirado (alargamiento de la longitud de la barra inicial), prescindiendo de la habilidad del operario, situación que no ocurre cuando se utiliza un martinete, y además, operan con una velocidad de producción dos a tres veces mayor que la de este último.

Mediante el uso de las forjadoras de rodillo, se obtienen piezas con una alta repetibilidad dimensional (son habituales tolerancias diametrales o de entrecaras de ±1%), hecho que produce sobrematerialess parejos, superficies uniformes, y en consecuencia, un mejor aprovechamiento del material.

En la figura 3.5 puede observarse una forjadora de rodillo marca Eumuco (Alemania), y sus segmentos conformadores.

Figura 3.5: Forjadora de rodillo preparada para forjar (Fuente: Eumuco)

En la figura 3.6 se muestra un detalle de la operación de forjado por rodillos según Weck (izquierda), y el montaje de los segmentos sobre los rodillos según Lasco (derecha).

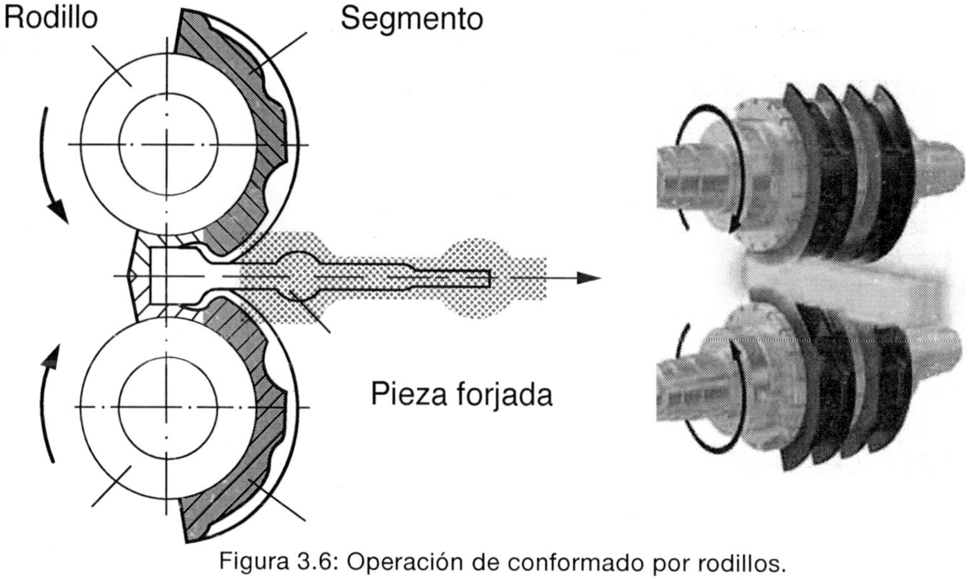

Figura 3.6: Operación de conformado por rodillos.

Una pieza muy conocida que puede obtenerse en dos pasos de forja en caliente, y que utiliza la forjadora de rodillo para generar en el primer paso, la pieza denominada repartidor (figura 3.7 a la izquierda abajo), es la biela de la caja pedalera de las bicicletas denominadas habitualmente en Argentina como "playeras". El segundo paso (figura 3.7 a la derecha), para obtener la pieza terminada, se realiza en un martillo con estampa.

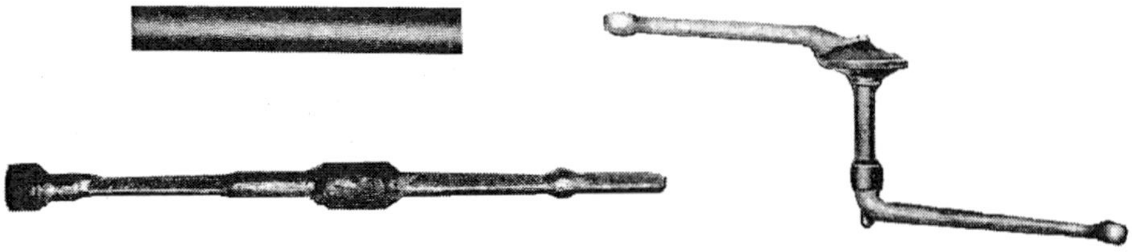

Figura 3.7: Biela de caja pedalera de bicicleta forjada en dos pasos (Fuente: Eumuco)

Este tipo de máquinas, como se puede apreciar en las imágenes de la figura 3.8, (figura 3.8 a la izquierda) son flexibles para adaptarse a distintos tipos de trabajo, por cuanto, sustituyendo las herramientas de conformado –segmentos- (figura 3.8 a la derecha), que se fabrican con procesos combinados de torneado, fresado y pulido, se pueden producir desde una sola revolución hasta 5 ó 6 pasos, variadas formas para el repartidor, con una alta velocidad de procesamiento. Incluso, muchas de las veces, las piezas que se caracterizan por poseer un delgado espesor, y en consecuencia, una elevada velocidad de enfriamiento, pueden terminarse en la máquina principal (martillo o prensa según corresponda), sin necesidad de un nuevo calentamiento entre operaciones.

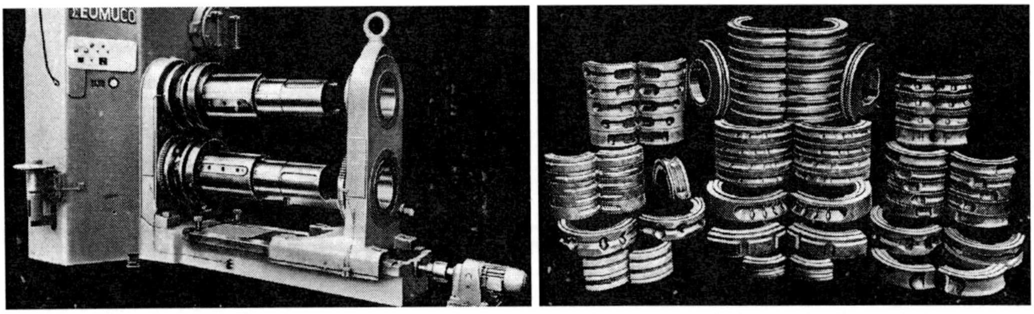

Figura 3.8: Forjadora de rodillo y herramientas de conformado (Fuente: Eumuco)

Como dato adicional, se puede observar en la figura 3.8 a la izquierda que, este modelo de máquina, dispone de un soporte de ejes montado sobre guías lineales, y con desplazamiento motorizado, con el objeto de facilitar el recambio de las herramientas partidas, disminuyendo así el tiempo de preparación de máquina, cuando queremos disponer la forjadora para un nuevo trabajo.

En el proceso de forja que emplea estas máquinas, el diseño y construcción de las herramientas de conformado, demandan un cuidadoso estudio de ingeniería.

Las forjadoras de rodillo producen piezas generalmente de uno a cuatro pasos, y hasta un máximo de seis, alternando entre un paso y el siguiente, la sección de elíptica a romboidal, mientras el operario, rota la barra 90° cada vez. El primer paso, que suele ser aquel donde la barra recibe el mayor trabajo de deformación plástica, se hace al lado del cuerpo principal, por razones de mayor rigidez, para avanzar de izquierda a derecha, mirando la máquina como operario.

Para completar la información sobre esta clase de equipos, en la tabla siguiente, se adjuntan las características técnicas principales de algunos modelos fabricados por la empresa alemana Eumuco.

Tabla 3.II: Características técnicas de forjadoras de rodillo (Fuente: Eumuco)

Característica técnica	Mod. RW00	Mod. RW 1a	Mod. RW 3
Diámetro de los rodillos (mm)	240	460	800
Ancho útil de los cilindros (mm)	300	570	760
Largo máximo de laminado (mm)	370	710	1240
Acercamiento de los cilindros (mm)	10	17	25
Rotación de los cilindros (rpm)	140	65	30
Grueso máx. del material (mm)	25 x 25	75 x 75	150 x 150
Adecuada para martillos de (kgm)	1000	4000-5000	12000-16000
Adecuada para prensas de (tn)	630	3000	6000-8000
Potencia de motor (CV)	12,5	25	48

Máquinas de laminación transversal:

Estas máquinas auxiliares se aplican también para generar el repartidor a partir de piezas cilíndricas, utilizando una metodología de alta productividad para obtener piezas simétricas, rotativas, de forma alargada y sin cortes, como pueden ser algunos ejes, árboles, tornillos, pernos, etc. Existen dos conceptos de máquina: la vertical lineal, (figura 3.9 izquierda), y la de rodillos (figura 3.9 derecha).

La laminación transversal permite el conformado progresivo de piezas con sección circular (a en la figura 3.9 a la izquierda), por medio de la utilización de un par de herramientas cuneiformes (cuñas identificadas como b y c en la figura 3.9 a la izquierda). Ambas herramientas, se mueven una contra la otra, en sentidos opuestos.

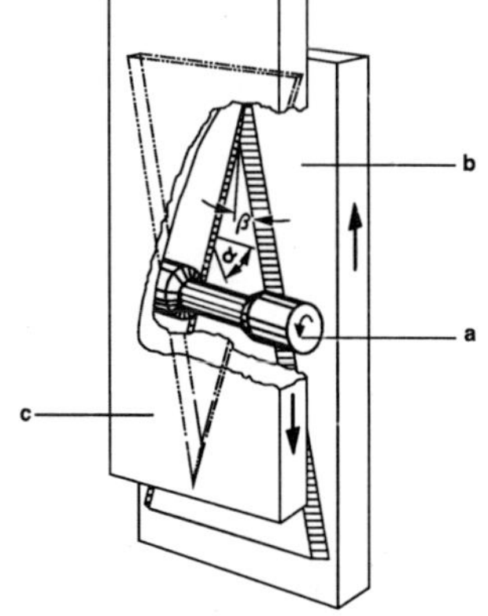

Figura 3.9: Principio de funcionamiento de una herramienta cuneiforme Erfurt Reckroll (izquierda) y máquina de laminación transversal marca Strojimport.

En las laminadoras transversales de rodillos, las herramientas giran en el mismo sentido, y con cada rotación se produce una pieza. Las barras son alimentadas paralelas a los ejes de los rodillos. Algunas máquinas, como las Lasco, poseen la capacidad de precalentar eléctricamente las herramientas a temperaturas entre 200° a 250°C. Esto garantiza un proceso seguro, sin variaciones. El giro de los rodillos se realiza con motorización individual, garantizando un movimiento suave, con un mejor ajuste de la velocidad.
En la figura 3.10, se muestran el par de rodillos con sus respectivas herramientas (cuñas).

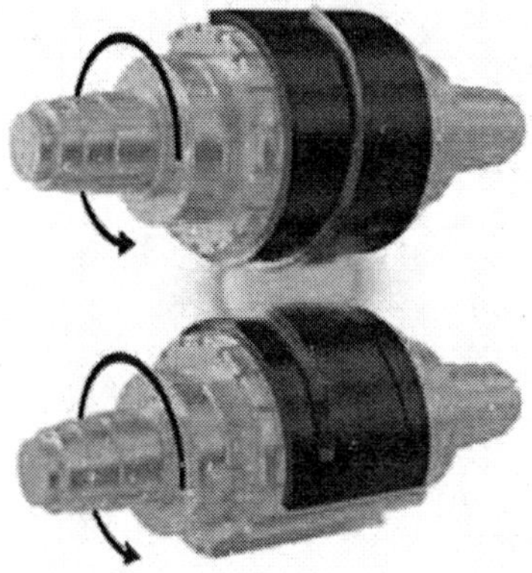

Figura 3.10: Rodillos de una máquina de laminación transversal (Fuente: Lasco)

En la Tabla 3.III se presentan las características técnicas principales de las máquinas laminadoras de cuña transversal de la firma checa Strojimport.

Tabla 3.III: Características de máquinas de laminación transversal (Fuente: Strojimport)

Característica	Modelo ULS55	Modelo UL 80	Modelo ULS 100
ϕmín./ máx, de barra a laminar (mm)	20 - 55	35 - 80	35 -100
Largo máximo de barra corta (mm)	350	500	500
Largo máximo del producto laminado (mm)	450	700	750
Ancho de cilindros de trabajo (mm)	500	700	800
Potencia (kW)	55	100	158
Peso (kg)	10100	21640	45000

Para finalizar, las ventajas de estos dos últimos equipos, es decir de las forjadoras de rodillo y las laminadoras de cuña transversal, son las siguientes:
Economía de material (figura 3.11), aumento de la calidad superficial por quebrado de la escoria, incremento de la vida útil de las herramientas por la minimización de escoria, poco mantenimiento, fuerzas de conformado relativamente bajas y parejas, cambio de herramientas entre 5 a 10 minutos por rodillo, mantenimiento de la temperatura en las herramientas, y repetibilidad de los parámetros de proceso.

A manera de ejemplo, en la figura 3.11, se muestra la economía de material que resulta de utilizar en el proceso de forjado, una máquina de preformado, la forjadora de rodillos (derecha), contra no utilizarla (izquierda). Según datos aportados por la empresa Lasco, el ahorro de material es del orden de 33%.

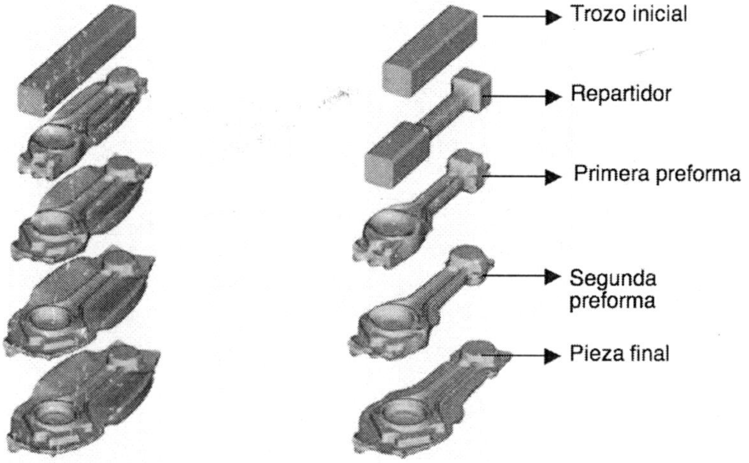

Figura 3.11: Proceso de forjado sin y con máquina de preformado (Fuente: Lasco)

Máquinas principales:
Se llaman así a los equipos de forjado que terminan la pieza.

Martillo:
Como ya vimos en la introducción, el martillo fue la primera máquina creada por el hombre para sustituir la fuerza manual de su brazo en las tareas de forjado. Su fundamento consiste en elevar una masa (mazo o carro), a una determinada altura, para luego dejarla caer. La energía del impacto depende del producto "masa x altura".

En los martillos, se suele utilizar una masa para el yunque o chabota, que se sitúa en el orden de 15 a 20 veces la masa del mazo de impacto. Esto es así para que, la mayor parte de la energía del impacto, se consuma en la deformación plástica del material a forjar. Con estos valores se obtienen rendimientos del martillo no menores a un 60%, es decir, que como mínimo, el 60% de la energía del impacto se empleará para deformar el material a forjar.

Es un hecho conocido que, a medida que aumenta la velocidad del impacto (en los martillos, la velocidad final de la masa antes del golpe se ubica entre 4m/s a 7m/s), el material a forjar presenta una mayor resistencia a la deformación. Como consecuencia de ello, la velocidad de deformación del material se reduce, y lo mismo sucede con la profundidad deformada. Este es el motivo por el cual, para forjar una pieza en él, se deben dar varios golpes para llenar la cavidad de la matriz. Inclusive, estas condiciones operativas, propician que los materiales forjados en el martillo "tomen color", a diferencia de aquellos conformados en las prensas, donde "pierden color", ya que, el mayor contacto de la estampa con la pieza, por un lado, y la menor velocidad del proceso, por otro, hacen que la misma se enfríe (el empleo de extractores de pieza en las prensas, ayudan a disminuir la caída de temperatura, dado que muchas veces, no se la puede retirar de la matriz con las pinzas, porque se queda agarrada).

Con el objeto de disminuir este endurecimiento a la deformación por velocidad, la tendencia actual en el diseño de los martillos, consiste en aumentar la masa del mazo, y disminuir la altura de impacto, reduciendo así la velocidad. Con este concepto de diseño, se obtienen máquinas de mayor rigidez, y resultan consecuentemente, piezas mejor terminadas.

Para introducirnos en los diversos tipos de martillos existentes, en principio, podemos clasificarlos de tres maneras diferentes:

a) según sea el mecanismo encargado de levantar el mazo o pilón (suele estar ubicado encima de las columnas, y conforma la parte de la máquina llamada cabezal),

b) en función del tipo de movimiento que tienen el mazo, y eventualmente la chabota (yunque),

c) de acuerdo con el tamaño del vástago (diámetro).

Siguiendo el criterio de clasificación enunciado en primer lugar (a), los martillos se diferencian en los siguientes tipos:

- **Martillo con correa de elevación:**

Estos equipos utilizan una correa de pelo de camello, cuero o un tejido especial, para levantar el mazo de impacto, el cual asciende guiado en forma vertical, mediante un mecanismo de tracción que se encuentra en la parte superior del martillo.

Figura 3.12: Martillo con elevación del mazo por correa (Fuente: Machineryscans)

- **Martillo con tablón de madera:**
En este caso, el tablón es levantado junto con la maza, mediante un sistema de dos rodillos de igual diámetro, uno a cada lado del tablón, y en el que uno de ellos es motor. El otro, mientras tanto, es distanciado o acercado hacia el tablón, por un sistema de palancas y una rueda excéntrica. Este mecanismo de desplazamiento, en su movimiento de acercamiento, empuja el tablón contra el rodillo motor, y de este modo, produce el levantamiento de la maza. Para liberarla, se acciona la rueda excéntrica en sentido contrario al anterior.

Figura 3.13: Martillo con elevación del mazo por tablón de madera (Fuente: Chestofbooks)

- **Martillo a cadena:**
El levantamiento de la maza es realizado mediante una cadena que se arrolla sobre una polea especial, la cual es conducida por un reductor de ruedas dentadas, accionado por un motor eléctrico.

- **Martillo a vapor:**
Un cilindro movido por vapor, se ocupa del levantamiento de la maza. La caída se produce por acción de la gravedad.

- **Martillo neumático:**
En esta clase de martillo, la maza es elevada por aire comprimido que incide sobre una de las caras de un émbolo, que se desliza en el interior de un cilindro, ubicado en la cabeza del martillo (parte superior).
La disponibilidad de estos cilindros neumáticos permite mejorar el rendimiento del equipo, dada su mayor velocidad de funcionamiento. Por otra parte, y con el objeto de automatizar aún más la operación del martillo, suelen estar provistos de un accionamiento a pedal, que permite controlar fácilmente la subida y bajada del mazo.

A pesar de la clasificación previa, los martillos con correa de elevación, tablón de madera, a cadena, y a vapor, se dejaron de utilizar en Argentina, en la década del 60.

En la figura 3.14 se puede apreciar un martillo neumático marca Huta de la firma MPM (Polonia), y sus componentes principales.

Figura 3.14: Martillo marca Huta y sus partes principales (Fuente: MPM).

Los componentes indicados en la figura anterior son: 1) Cuerpo del cilindro, 2) Sistema de guiado a colizas, 3) Maza batiente, mazo o pilón, 4) Yunque o chabota, y 5) Central de lubricación.

Dado que el último tipo de martillo mencionado, suele ser el de mayor arraigo industrial, con el objeto de ampliar la información sobre ellos, en la tabla 3.IV adjuntamos las características técnicas principales de algunos modelos de martillos de la empresa MPM de Polonia.

Tabla 3.IV: Características técnicas de algunos martillos Huta (Fuente: MPM)

Características técnicas	**MPM 1600**	**MPM 10000**	**MPM 31500**
Carrera máx. de la masa (mm)	750	900	1180
Luz entre guías (mm)	450	750	950
kgm/golpe	1840	11000	31500
Golpes por minuto	120	90	70
Presión de aire (bar)	5 a 7	5 a 7	5 a 7
Consumo promedio de aire (m^3/min)	7	22	45
Altura total (mm)	3850	5930	9400
Peso de la chabota (tn)	12,5	75	250
Peso de la máquina (tn)	18,5	103	340

Otro tema a tener en cuenta tiene que ver con el juego entre el mazo y las guías verticales que lo conducen durante su movimiento de caída. Si es mínimo, se corre el riesgo que, por

el incremento de temperatura que va sufriendo conforme se van forjando piezas, el mazo se pueda bloquear.
Por el contrario, si el huelgo es excesivo, puede aumentar el error de desplazamiento o excentricidad resultante sobre la pieza forjada, como consecuencia de la desalineación exagerada entre la estampa superior, vinculada al mazo, y la inferior, sujeta a la chabota.

Volviendo al principio de nuestro apartado sobre martillos, retomamos la variante b), referida a otra modalidad de clasificación, que los segmenta en:

Martillos de simple efecto: cuando la máquina tiene un mecanismo de levantamiento del mazo o pilón, cualquiera que este sea. Por este medio, se lo lleva al punto muerto superior. Desde allí, el maquinista lo libera, y su caída es sólo por efecto de la gravedad.

Martillos de doble efecto: se trata de aquellos martillos accionados por vapor o aire comprimido, cuyo émbolo de mando, no sólo sirve para levantar el mazo, sino que, actuando la presión del vapor o aire, según sea el caso, sobre su cara superior, recibe un empuje tal que, sumado al propio efecto de la gravedad, incrementa la velocidad, y en consecuencia, la energía del impacto sobre el material a forjar. Por este motivo, suelen tener menor recorrido, y un funcionamiento más rápido que los de simple efecto, mientras que su principal desventaja radica en su mayor costo.

Martillos de contragolpe: denominados en inglés “Counterblow hammers”, a diferencia de los anteriores, presentan una chabota móvil, la cual se desplaza en sentido ascendente, a la misma velocidad con que el mazo desciende. Ambas partes se encuentran a la mitad del recorrido, lo que permite forjar grandes piezas, sin trasmitir esfuerzos apreciables al terreno. Se consiguen así mayores energías que en los martillos de doble efecto, evitando paralelamente la enorme masa de la chabota.
Estos martillos a igualdad de potencia respecto de los “convencionales”, son sensiblemente más livianos, e incluso, su fundación de hormigón, suele tener un volumen al menos un 15% menor.
Una dificultad que puede aparecer con este tipo de equipos dado que, tanto la maza superior como la inferior tienen movimiento, y que a su vez, cada una presenta un juego respecto de su sistema de guiado, en el caso de sumarse los huelgos respectivos, se puede ver afectado negativamente el error de desplazamiento o excentricidad resultante sobre la pieza, por la desalineación de las estampas. Se aconseja mantener los huelgos recomendados por el propio fabricante de la máquina.

En la figura 3.15 se muestra el principio de funcionamiento de uno de estos martillos, con acoplamiento mecánico entre la maza y la mesa.

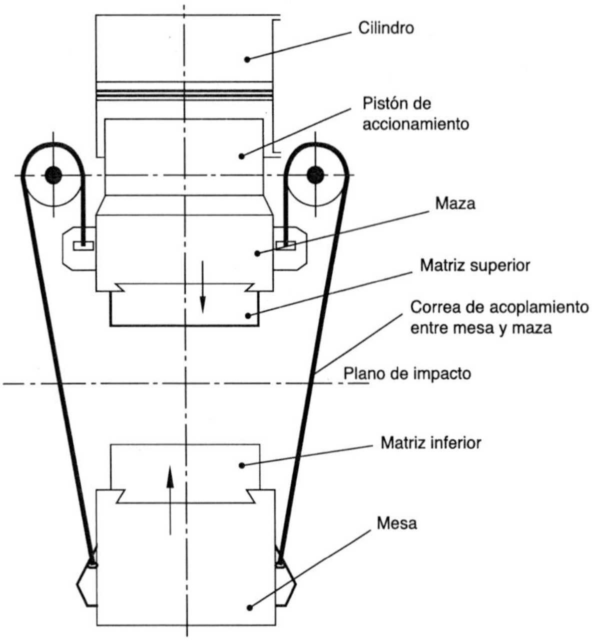

Figura 3.15: Funcionamiento de un martillo de contragolpe (Fuente: Jesús del Río)

A modo de referencia, en la figura 3.16, se muestra un martillo de contragolpe marca Beché, fabricado por Schüler. Este equipo posee una energía de trabajo de 400kJ, una carrera total de 960mm y una frecuencia de impacto de hasta 40 golpes por minuto.

Figura 3.16: Martillo de contragolpe Beché modelo DG40 (Fuente: Schüler Group)

Por último, nos queda comentar la tercera modalidad de clasificación, indicada como variante c), en la cual, los martillos se diferencian de acuerdo con el tamaño del vástago (diámetro), dividiéndose en dos tipos a saber:

Martillos de vástago reducido (diámetros comprendidos entre 100 a 200mm): en estos casos, el conjunto pistón, vástago y mazo o pilón, se presentan en tres partes. Al respecto de este tipo de máquinas podemos citar algunas marcas como ser: Pensotti (Italia), Erie (Estados Unidos), Arrigoni y Candiago (Argentina).
Estos martillos se caracterizan por su elevada velocidad de golpe, posibilitando así dar varios impactos hasta el cierre de matriz. Estas características distintivas, los hacen ideales para forjar piezas altas con tetones profundos, como es el caso de una masa de rueda de un automotor (ver figura 3.17).

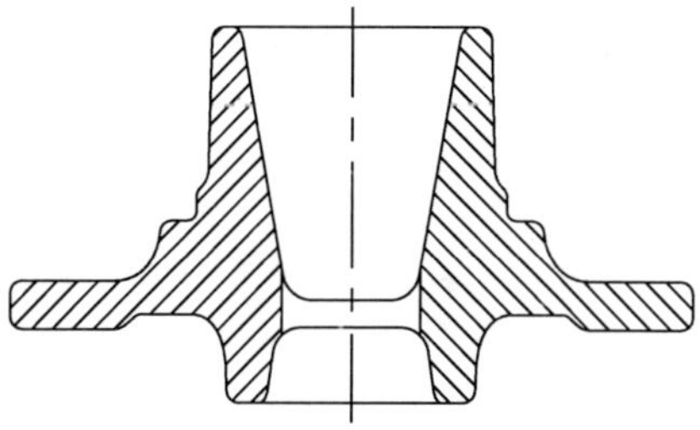

Figura 3.17: Pieza típica para ser forjada en un martillo de vástago reducido.

En estos martillos cuyo sistema pistón – vástago – mazo son componentes separados, el autor aconseja que sus mazos, presenten en su centro geométrico, un orificio cilíndrico pasante, de modo que, entre el extremo del vástago cónico aproximadamente con 1% de conicidad y este orificio, se interponga un buje de bronce fosforoso cuyo diámetro exterior sea cilíndrico (a modo de ejemplo, para una martillo Pensotti 1000, cuyo vástago es de ϕ125mm, el diámetro exterior del buje es de 137mm, tiene 510mm de altura, con su diámetro interior cónico, y con un espesor de pared mínimo de unos 6mm), consiguiendo así que el vástago no entre en vibraciones, que lo conduzcan a la fatiga, y posterior rotura. Incluso, para otorgarle mayor elasticidad al buje, se le efectúan cortes axiales (3 o 4 desde cada extremo, y de un largo igual al 60% de la altura del buje), similares a los de una boquilla ó pinza elástica portafresa. De este modo, el vástago, se inserta en el buje previamente clavado al mazo, y la vinculación entre las partes (vástago, buje, mazo), se va afirmando, conforme se van dando más y más golpes con el martillo. En la figura siguiente se ha esquematizado el extremo inferior del vástago y el buje de bronce, de modo de apreciar los detalles de este último.

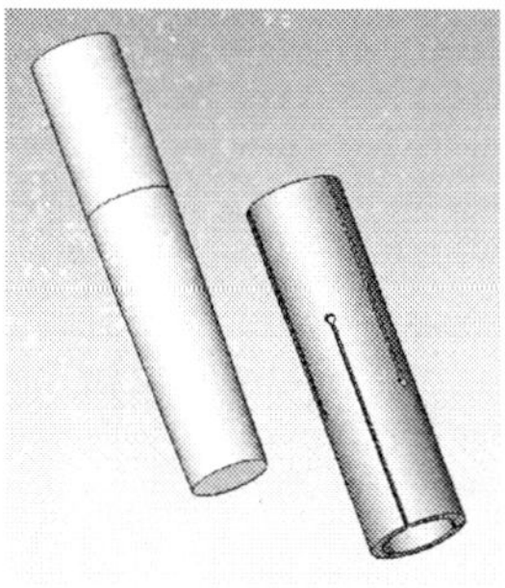

Figura 3.18: Extremo cónico del vástago (izquierda) y buje de un martillo de vástago reducido.

Ya más de una vez hemos comentado que en el martillo se suelen dar varios golpes para conformar la pieza, para poder llenar la estampa. Aclaremos un poco este concepto.
Cuando en la forja en caliente usando martillo, hablamos de dar varios golpes sobre una misma figura, es necesario mencionar que, al menos cada dos golpes, se debe levantar la pieza que se esta forjando, para limpiar y lubricar la cavidad de la estampa. Esta actividad es de suma importancia, tanto para obtener una pieza con una piel mas limpia y libre de defectos de superficie, como también para mejorar en forma significativa, la vida útil de la matriz.

Martillos de vástago grande de una sola pieza (diámetros mayores a 300mm): en este caso, los tres componentes, pistón, vástago y mazo conforman una única pieza de fundición, o acero forjado y bonificado. A estos martillos también se los conoce como martillos de carrera reducida.
Algunas empresas reconocidas que fabrican esta clase de martillos son Schüler con la marca Beché (Alemania), o MPM con la marca Huta (Polonia).
Estas máquinas poseen un alto grado de impacto, ideales para realizar el forjado de piezas de grandes diámetros, y reducido espesor, como suelen ser bridas y ruedas dentadas (figura 3.19).

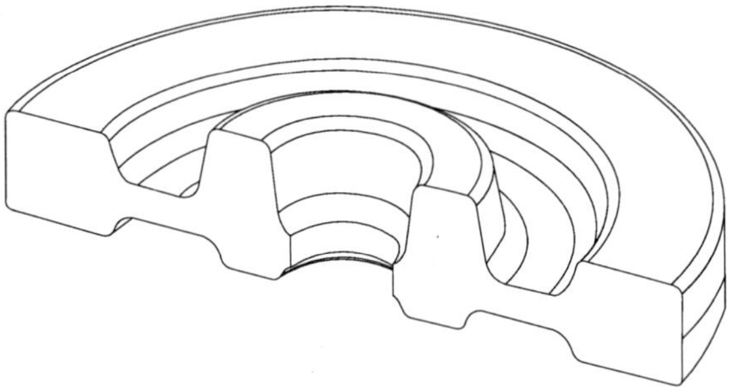

Figura 3.19: Pieza típica de las que se forjan en martillos de vástago grande.

Adicionalmente, y dada su excelente capacidad de forjado, se los puede utilizar satisfactoriamente para conformar cigüeñales, seguramente una de las piezas más difíciles de forjar.
En la figura siguiente mostramos un martillo marca Huta, y el conjunto pistón-vástago-mazo, en una sola pieza, típico de estos martillos de vástago grande.

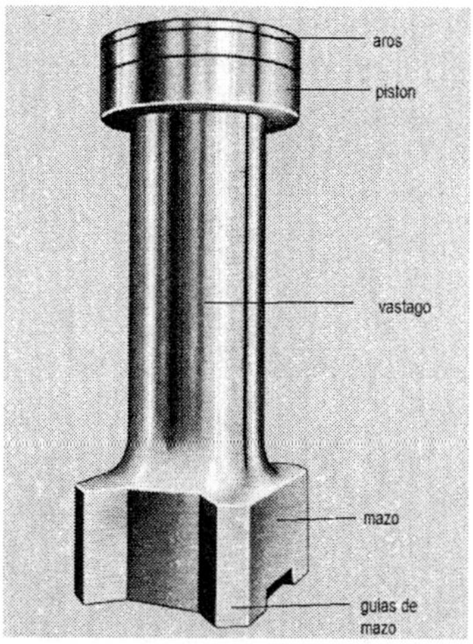

Figura 3.20: Martillo Huta de vástago grande (izquierda) y conjunto pistón-vástago-mazo Beché.

El manejo de estas máquinas es muy sencillo, ya que mediante la selección electrónica de la potencia y cadencia de los golpes, es posible trabajar con personal sin tanta experiencia, lo cual no es posible en los martillos de vástago reducido.

En la figura 3.21 podemos observar una pedalera típica de las utilizadas para el control de estas máquinas

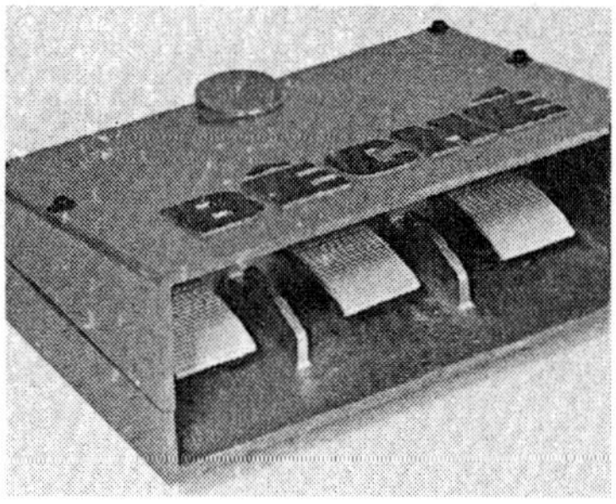

Figura 3.21: Pedalera de un martillo de vástago grande (Fuente: Beché).

Estas pedaleras, poseen un pedal para dar golpes ligeros, y otros dos para golpes normales. A través de esta posibilidad de dosificar la energía de los impactos (con el mando electrónico), se consigue reducir los esfuerzos sobre las estampas, ya que todos y cada uno de los golpes, serán con la energía estrictamente necesaria.

Un dato adicional, en referencia al montaje de las estampas, indica que es aconsejable bajar el mazo, con la válvula de regulación lenta (este modo de funcionamiento, se ajusta en la columna de mando), dado que esta operación se efectúa con todo el conjunto a temperatura ambiente, y en el caso de operar a la velocidad de trabajo, se podría provocar la rotura de alguna de las partes (columnas por falta de alineación o incluso la estampa). Esta es otra forma de cuidar a las herramientas de forjado.

Con el objeto de facilitar el reconocimiento de las partes de uno de estos martillos, adjuntamos en la figura siguiente, una vista en corte de un martillo de vástago grande, y seguidamente, identificamos sus partes principales.

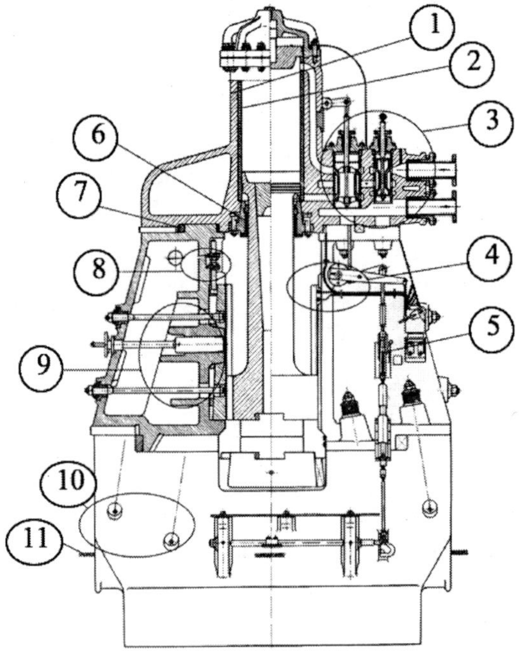

Figura 3.22: Vista en corte de un martillo de vástago grande (Fuente: MPM, Polonia)

1) Cuerpo de cilindro.
2) Camisa.
3) Entrada y salida de aire, válvulas ascenso y descenso (golpe).
4) Sensores y comando del mazo.
5) Regulación del comando.
6) Prensa estopa que evita la perdida de aire.
7) Cuña reguladora.
8) Regulación de colizas (guías).
9) Sujeción de colizas.
10) Tomas que provee el fabricante para el traslado de la chabota.
11) Nivel del piso.

Para finalizar con la descripción de los martillos, nos referiremos a uno particularmente especial y moderno, el denominado neumohidráulico de doble efecto y contragolpe (el bastidor posee un pequeño desplazamiento hacia arriba).
Este martillo, generalmente, es usado para el forjado preciso de piezas simples e intrincadas de poco espesor y con "tetones" poco profundos. Son rápidos, de fácil uso en producción, pero un poco más complejos en la preparación, o en la elección del golpe.

Poseen dos ventajas principales: por un lado, el ahorro en la fundación base, y por otra parte, la baja transmisión de vibraciones al medio circundante.
En la figura 3.23 se muestra un martillo de este tipo marca Smeral.

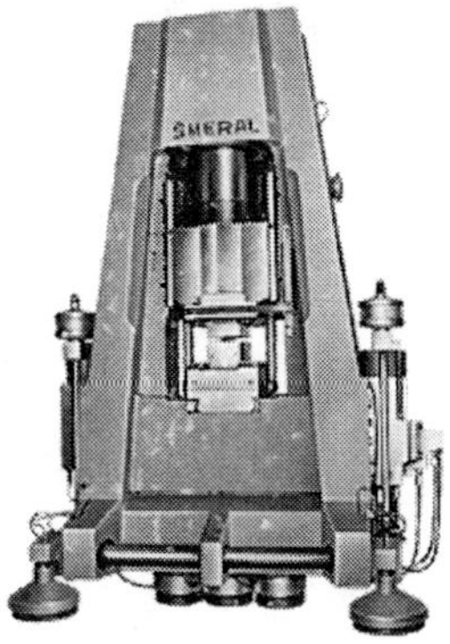

Figura 3.23: Martillo neumohidráulico KHZ 2 marca Smeral (Fuente: Strojimport)

A los efectos de ampliar la información sobre esta clase particular de martillos, adjuntamos las características técnicas correspondientes a tres modelos fabricados por Strojimport (República Checa), con marca Smeral.

Tabla 3.V: Características técnicas de martillos neumo-hidráulicos Smeral

Característica técnica	KHZ 2	KHZ 4	KHZ 8
Energía nominal del golpe (kJ)	20	50	100
Golpes por minuto	60	18-145	29-100
Carrera máxima del pilón (mm)	400	500	600
Carrera del bastidor (mm)	36	42	40
Alto-ancho-profundidad (mm)	3080-1690-1370	3710-1780-2354	3725-2170-2720
Potencia (kVA)	30	55	55
Peso (kg)	17240	36120	64000

Fundaciones del martillo:

El mazo choca contra el material a elaborar, a una velocidad elevada. Así, según sea el rendimiento del martillo, el cual depende de la relación entre la masa de la chabota y la masa del mazo, una parte de la energía del impacto se transforma en trabajo de deformación de la pieza, mientras el resto se trasmite al yunque, empujándolo hacia abajo. Cuanto más resistente es el terreno, y mayor la superficie de sustentación de la chabota, tanto mayor es la resistencia que se opone al movimiento de la misma.
Desde el punto de vista del diseño de los martillos, los cálculos enseñan que, basta con que la chabota tenga una masa de 15 a 20 veces la del mazo, para que ofrezca la resistencia necesaria. Un incremento mayor, no representa una influencia significativa sobre la resistencia.

Por otra parte, se requiere además una fundación de hormigón. Habitualmente, para disminuir la presión sobre el suelo, existen dos metodologías: la primera consiste en reducir la presión superficial haciendo la superficie inferior de la fundación lo más grande posible, y la segunda adopta una gran masa de fundación debajo de la chabota.

Siguiendo estos criterios enunciados más arriba, la empresa MPM de Polonia, fabricante de martillos de vástago grande, propone, en función de las dimensiones principales, energía de impacto y peso total de sus modelos (ver figura 3.24 y Tabla 3.VI), las dimensiones de las fundaciones, diferenciadas en: a) fundaciones apoyadas directamente sobre el suelo, y b) fundaciones con aisladores de vibración.
Toda la información propuesta por MPM, y adjuntada en este apartado, a pesar de las diferencias técnicas existentes entre distintos fabricantes de martillos, puede ser considerada como una información de referencia, dado que una amplia revisión de la bibliografía nos ha mostrado que, estos datos, permanecen prácticamente sin publicar.

En la figura 3.24 se muestran las dimensiones principales generales de los modelos de martillos fabricados por MPM Polonia.

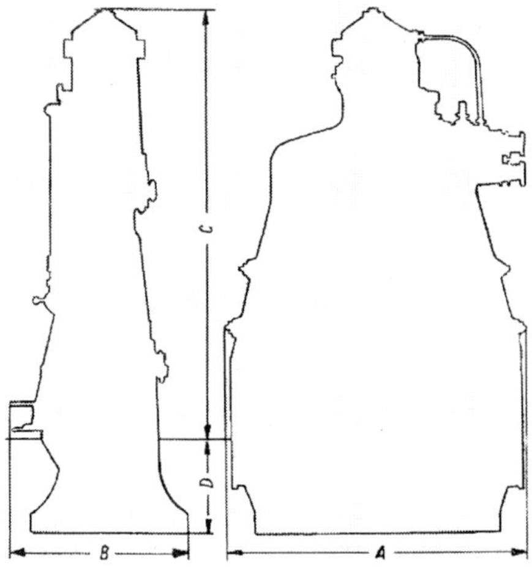

Figura 3.24: Dimensiones principales de los martillos MPM

En la tabla siguiente, se adjuntan los valores dimensionales, así como también el peso total, y la energía de impacto, de los distintos modelos de martillos de vástago grande, fabricados por MPM.

Tabla 3.VI: Dimensiones y capacidades de los martillos MPM

Modelo	A (mm)	B (mm)	C (mm)	D (mm)	C+D (mm)	Peso total (tn)	Energía (kgm)
1600	2100	1185	3440	410	3850	18,5	1840
3150	2600	1405	3750	630	4380	35	3600
6300	3100	1730	4100	1045	5145	64	7000
10000	3620	2100	4700	1230	5930	103	11000
16000	4080	2400	5180	2400	7580	168	17500
31500	4700	2600	5700	3700	9400	340	31500

Seguidamente daremos los valores recomendados para las fundaciones apoyadas directamente sobre el suelo (ver figura 3.25 y tabla 3.VII), apropiadas para los martillos de menores dimensiones.

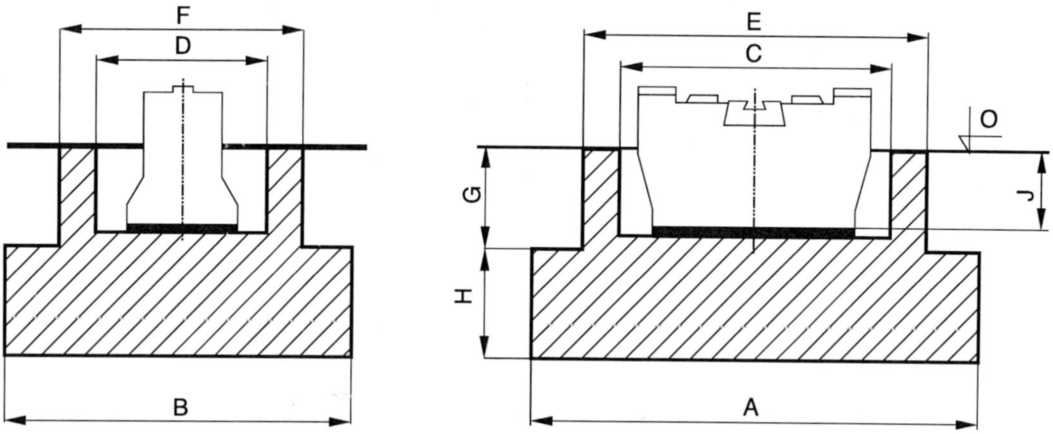

Figura 3.25: Dimensiones genéricas de fundaciones de hormigón apoyadas directamente sobre el suelo (Fuente: MPM)

En la Tabla 3.VII se indican las dimensiones para el tipo de fundación de la figura 3.25, para distintos modelos de martillos de vástago grande de la empresa MPM.

Tabla 3.VII: Dimensiones(mm) para fundaciones apoyadas en el suelo de distintos modelos de martillos MPM.

Modelo	A	B	C	D	E	F	G	H	I
1600	4500	3600	2500	1600	3100	2200	870	1000	410
3150	5300	4500	2700	1900	3300	2500	1150	1250	630
6300	5700	4800	3200	2300	3800	2900	1545	1800	1025
10000	6500	5400	3800	2600	4400	3200	1600	2000	1430

Finalmente, y abarcando todo el rango de tamaño de martillos, se adjuntan los valores recomendados para fundaciones con aisladores de vibración (ver figura 3.26 y tabla 3.VIII).

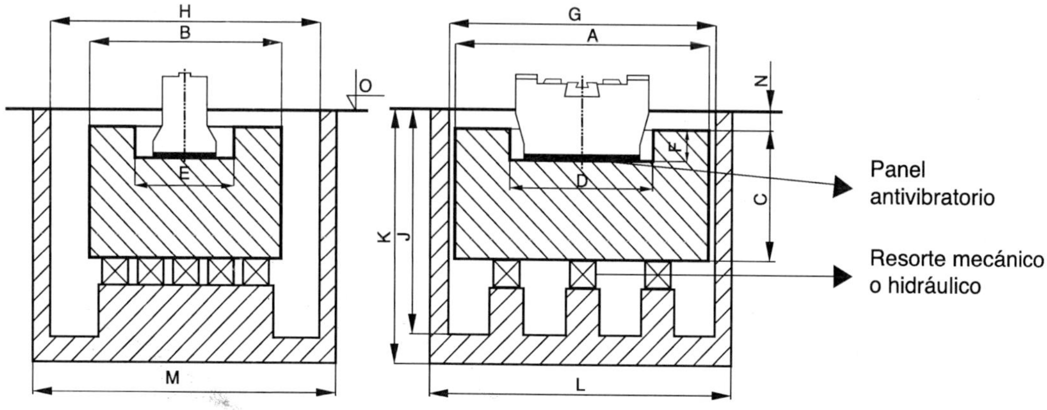

Figura 3.26: Dimensiones genéricas de fundaciones de hormigón con aisladores de vibración (Fuente: MPM)

Respecto de los aisladores de vibración, suelen utilizarse paneles de corcho de alta densidad, resistentes a la compresión.
En la Tabla 3.VIII se indican las dimensiones para el tipo de fundación de la figura 3.26, para distintos modelos de martillos de vástago grande de la empresa MPM.

Tabla 3.VIII: Dimensiones(mm) para fundaciones con aisladores de vibración para distintos modelos de martillos MPM.

Modelo	A	B	C	D	E	F	G	H	I	K	L	M	N
1600	4250	3300	1900	2500	1600	310	4450	4500	3670	4070	4950	5000	260
3150	5300	4500	2690	2700	1900	390	5500	5300	4070	4470	6000	6000	400
6300	5800	4900	3385	3200	2300	785	6000	6100	4835	5335	7100	7200	400
10000	6700	5600	4590	3700	2600	1100	7000	6800	6050	6550	8000	7800	500
16000	9000	7500	4930	4300	3400	1400	10200	9300	8030	8830	11600	10700	1400
31500	10000	7500	6300	6200	4600	1500	11200	9300	10650	11450	12800	10900	2650

Con el objeto de mostrar otra posibilidad en relación a las fundaciones de los martillos, aunque sin tanto detalle, en la página web www.gerbusa.com, aparece una tercera alternativa, la cual, propone realizar el montaje del martillo, directamente sobre antivibratorios (resorte-amortiguador), como se puede observar en la figura siguiente. Sugieren además que, esta es la tendencia actual, con respecto a este tipo de máquinas.
Incluso, allí mismo, se aclara que este tipo de montaje no es adecuado para los martillos de contragolpe, dado que estos admiten solamente mínimos movimientos, de manera que la fundación deberá disponer de un bloque de hormigón de dimensiones considerables, como masa adicional, tal como sucedía con las dos primeras alternativas ya planteadas.

Figura 3.27: Montaje directo de un martillo sobre antivibratorios (Fuente: Gerbusa).

Una cuarta posibilidad, desarrollada en Argentina, y ampliamente utilizada en las fundaciones de los martillos marca Pensotti y Erie, consiste en un modelo similar al presentado en la figura 3.26, pero con tres diferencias a saber: no usa panel antivibratorio, ni tampoco resortes, y el bloque de hormigón intermedio, se lo sustituye con un conglomerado de tirantes de quebracho debidamente escuadrados en sus seis caras, y vinculados firmemente entre sí con varillas roscadas. Este bloque de quebracho, posee menores medidas a las G y H indicadas en la figura 3.26, y su contorno respecto de la fundación de hormigón, suele ser rellenado con arena o alquitrán.

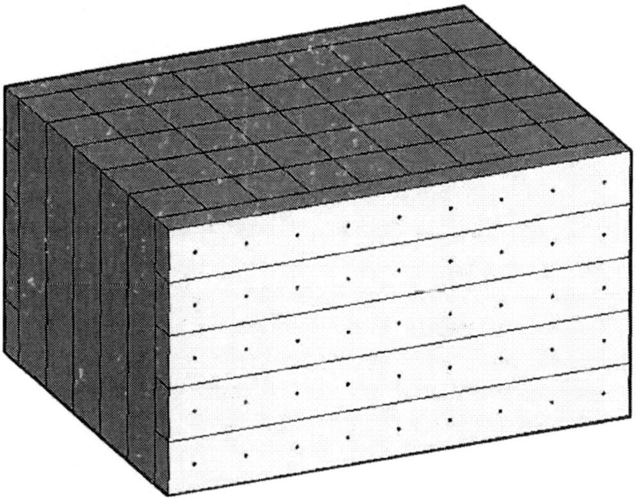

Figura 3.28: Bloque conformado por tirantes de quebracho

Tenemos todavía un método de análisis más, propuesto por Jesús del Río. Este autor, comenta que: *"cuanto más alejada esté la frecuencia de vibración de la máquina, respecto de la frecuencia natural de vibración de los dispositivos antivibratorios, más efectivo será el aislamiento, puesto que así se evitan los efectos de ingresar en resonancia. Las frecuencias naturales de vibración de los elastómeros (panel antivibratorio) son del orden de 12 a 20 Hz, mientras que, la de los elementos del tipo resorte-amortiguador son de 4 a 7 Hz. Las prensas oscilan alrededor de los 30 a 120 Hz, mientras que los martillos lo hacen entre 25 a 50 Hz. Es indudable entonces que, por la comparación de estos valores de frecuencias naturales, el elemento apropiado para aislar la prensa son los elastómeros, mientras que los resortes-amortiguadores lo son para el martillo"*

Más allá de las necesidades técnicas de las máquinas, suele ser muy interesante elaborar un "mapa de ruido" de la planta, dado que su trazado permitirá conocer que sector está sobrepasado, y de este modo, tomar las acciones correctivas correspondientes.

Respecto de la resistencia mecánica del suelo, sobre el cual se realiza la fundación, se lo compacta hasta obtener valores mayores a 1,5kg/cm^2 (esta resistencia se mide con un equipo portátil denominado "penetrómetro", el cual se puede asimilar en su principio de funcionamiento, a un durómetro del tipo Brinell). Otra opción, para terrenos de menor resistencia no compactados, es aumentar proporcionalmente el tamaño de la fundación.

Finalmente, y en referencia al hormigón, debe ser de características estándar, con una resistencia a la compresión normal de entre 200 kg/cm^2 y 280 kg/cm^2, conformado con un armazón de hierro constituido por barras de acero de construcción nervuradas, habitualmente de 8mm, 10mm y/o 12mm de diámetro.

Prensas:

Las prensas para forjado, son máquinas-herramienta, que se caracterizan por proveer a la estampa superior, fijada a su parte móvil (carro, aunque en el ambiente de fábrica en Argentina se suele denominar como mazo), de un movimiento rectilíneo alternativo.

Su tonelaje indica la fuerza nominal, o en ocasiones, la máxima, que puede extraerse del carro de la prensa. En el caso particular de las prensas de cigüeñal, la fuerza varía a lo largo de la carrera, ya que depende de la posición angular del cigüeñal, como sucede en todo sistema mecánico del tipo biela-manivela, y alcanza su mayor valor, en las cercanías del punto muerto inferior.

A diferencia de los martillos, funcionan a velocidades relativamente bajas, comprendidas en el rango de 0,4m/s a 1m/s, las cuales, sumadas a la aplicación de fuerzas crecientes en forma gradual, permiten, por un lado, obtener sobre la pieza una deformación mecánica más profunda, que afecta a todo su volumen, y por otro, que el llenado de la cavidad de la matriz, se logre, la mayoría de las veces, con una sola carrera del carro, al no provocar un endurecimiento del material a conformar.

Adicionalmente, estas máquinas poseen un ritmo de producción horario mayor, requieren operarios con menor grado de especialización, y al no trabajar por impacto, sus fundaciones son más sencillas y menos costosas que las de los martillos.

Según sea su mecanismo de accionamiento se las puede clasificar en:

- Prensas de fricción, o también llamadas de tornillo.
- Prensas de cigüeñal o también denominadas de excéntrica.
- Prensas de husillo.

Prensas de fricción o tornillo:

Se basan en el principio tornillo-tuerca, y todo el sistema de accionamiento, se encuentra ubicado en la parte superior (cabezal). Estas prensas se caracterizan porque poseen un volante dispuesto en forma horizontal (cuyo perímetro se encuentra revestido con un cuero como material de fricción). Este volante está acoplado en forma directa, a un tornillo de rosca trapezoidal de cuatro entradas muy robusto y de paso rápido, que gira dentro de una tuerca fija de bronce voluminosa (de ahí que también se las denomine prensas de tornillo). En el otro extremo del tornillo, tenemos el carro de la prensa.

Por otra parte, montados sobre un mismo eje horizontal y a ambos lados del volante, se encuentran dos discos, con motorización individual en las prensas grandes, o por un solo motor en las más pequeñas, que rotan a rpm constante en el mismo sentido. Estos discos presentan un huelgo de 2mm a 5mm, respecto al cuero colocado a presión sobre el volante (según Bonnemezón, estos cueros presentan una duración aproximada entre 300000 a 500000 golpes en máquinas grandes, de más de 1000tn, llegando a más de 1500000 golpes en máquinas pequeñas, de 400tn).

Las prensas de tecnología más antigua, disponen de un mecanismo basado en palancas, accionado por el operario, que desplaza lateralmente uno de los discos rotantes hasta hacer contacto con el volante, y de esa manera, su energía, se transfiere íntegramente al tornillo, haciéndolo girar dentro de la tuerca, y llevando el carro hacia abajo. Cuando faltan entre

50mm a 100m para alcanzar el cierre de la matriz, el operario libera el contacto volante-disco, y se produce el impacto con el posterior retroceso del carro. En ese momento, se hace contactar el volante con el otro disco por inversión de la posición del mecanismo, y se devuelve el carro a la posición de reposo (arriba). Previamente, entre 50mm a 100mm de alcanzar el punto muerto superior, se vuelven a desacoplar el volante del disco, y un freno a zapatas detiene la marcha del sistema (estas medidas son de referencia, ya que dependen del golpe seleccionado para forjar).
En estas prensas, la energía del golpe puede acomodarse a la pieza que se trabaja, ajustando la carrera del carro.

En la figura 3.29 puede observarse la cabeza (parte superior) de una prensa de fricción, con un solo motor de accionamiento, la polea multi-v, como también su volante recubierto con cuero (los discos laterales no están montados).

Figura 3.29: Parte superior de una prensa de fricción.

Estas prensas presentan algunas particularidades como:

- Se recomienda que, para un correcto funcionamiento, es necesario mantener limpias las superficies de contacto entre el volante y los discos.

- El tonelaje de la máquina se encuentra directamente relacionado con el diámetro del tornillo (ver Tabla 3.IX).

- Es evidente que por su sistema de accionamiento, no poseen un punto muerto inferior definido.

En la figura 3.30 se observan, a la izquierda, una prensa de fricción FICEP (Italia) serie PVS, de las denominadas de luz estrecha, apropiada para el forjado final de piezas medianas. En tanto, a la derecha, tenemos una prensa del mismo fabricante, serie PVM de luz media, a utilizar en piezas de gran tamaño, para forjar en una misma estampa, la preforma y pieza final.

Estas prensas de concepción moderna presentan un sistema de accionamiento totalmente automático, que emplea sensores ópticos como fines de carrera para promover el acople-desacople del conjunto volante-disco, como también accionar el freno a zapatas, y para detener la marcha ascendente del carro.

Figura 3.30: Prensas de fricción FICEP serie PVS (izquierda) y serie PVM.

Las prensas de fricción, disponen de dos cilindros para la apertura de los frenos (un cilindro por zapata), y respecto del cilindro de desplazamiento, vinculado al eje de los discos, genera tres posiciones para el conjunto: centrado, roza un disco o roza el otro disco.

Adicionalmente poseen un embrague que hace de fusible en la carrera descendente, cuando impacta la matriz superior con la inferior, para proteger la prensa de cualquier sobrecarga.

En la figura 3.31 se muestra el sistema de freno (cierre por resortes, apertura por cilindro neumático) y embrague, alojados en la parte superior de una prensa de fricción Ficep.

Figura 3.31: Freno a zapatas y embrague de una prensa de fricción (Fuente: Ficep)

Con el objeto de ampliar el conocimiento de estas máquinas, en la Tabla 3.IX, se adjuntan las características técnicas principales de cuatro modelos de prensas de fricción de FICEP (dos modelos de luz estrecha, y otro par de luz media, de un total de trece).

Tabla 3.IX: Características técnicas de prensas de fricción (Fuente: FICEP, Italia)

Característica técnica	PVS 200	PVS 250	PVM 315	PVM 400
Fuerza nominal (kN)	4000	6300	10000	16000
Fuerza máx. (kN)	8000	12600	20000	32000
φ tornillo (mm)	200	250	315	400
Carrera pilón (mm)	400	475	500	600
Luz e/columnas (mm)	575	650	750	1100
Distancia mesa-pilón (mm)	500	650	800	1000
Medidas mesa (mm)	550 x 700	600 x 820	700 x 1000	1050 x 1300
Potencia motor (kW)	37	55	37-55	55-75
Golpes por min.	35	30	26	18
Alto-ancho-largo (mm)	4650-2900-3050	5310-3800-3800	6200-4100-4500	7800-5000-5500
Peso máquina (kg)	15000	26000	50000	120000

Las prensas de luz estrecha (serie PVS) con tornillos de 160mm a 280mm de diámetro, se construyen en seis capacidades diferentes comprendidas desde 2700kN a 8000kN de fuerza nominal. Estas prensas son adecuadas para el estampado en caliente de piezas en acero, latón y aluminio, de dimensiones medias. Son también ideales, tanto para el estampado en frío, como para operaciones de acuñado (terminación en frío de una pieza previamente forjada en caliente).

Al respecto de las prensas de luz media (serie PVM), presentan tornillos que van desde los 315mm a los 600mm de diámetro. Se fabrican en siete tamaños, con fuerzas nominales de 10000kN a 36000kN. Son indicadas para el forjado en caliente de piezas grandes de acero y aluminio, para las cuales se suelen utilizar estampas de varias cavidades (sistema americano).

Comparadas con las prensas de cigüeñal, presentan las siguientes ventajas a saber:

- el no poseer un punto muerto inferior tan preciso, evita la posibilidad de sobrecarga, o bloqueo del carro, que podrían ocurrir, por estampar una pieza sobredimensionada, o calentada a una temperatura inferior de la necesaria (baja temperatura),

- en caso de resultar necesario, se pueden dar varios golpes sobre la misma pieza,

- la energía es fácilmente regulable, incluso con mano de obra poco calificada,

- la alta energía disponible para el golpe proporciona a las prensas de fricción una fuerza nominal 1,3 a 1,6 veces mayor, que en el caso de las prensas de cigüeñal,

- la velocidad de retroceso del carro es muy rápida, reduciendo así al mínimo indispensable el tiempo de contacto de estampas, con la consiguiente ventaja de obtener una mayor duración de las mismas.

Prensas de cigüeñal o excéntrica:

Estas prensas se caracterizan por obtener el movimiento de un sistema de excéntrica, que transforma la rotación de un motor eléctrico que mueve un volante, en un movimiento lineal alternativo, aplicado al mazo (carro) portaestampa superior. La bajada del carro se comanda mediante un embrague, que vincula el volante con el cigüeñal (Figura 3.32). Al finalizar una vuelta completa de este último, actúa el freno, dejando al cigüeñal en su punto muerto superior, y desacoplando el volante. De esta manera, la prensa queda a la espera, de iniciar un nuevo ciclo de trabajo. Estas máquinas son habitualmente de carrera fija.

A toda prensa concebida bajo el principio de funcionamiento descripto, se la conoce genéricamente en el lenguaje de la forja, como prensa "Maxipress", por el nombre dado a estos equipos, por el primer fabricante norteamericano.

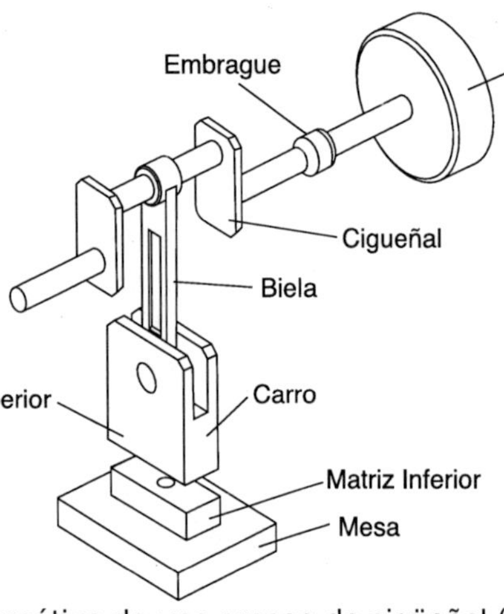

Figura 3.32: Cinemática de una prensa de cigüeñal (Fuente: Lucaioli).

Las prensas de cigüeñal que se aplican a la operación principal de forjado son aquellas cuya estructura, es un bastidor cerrado (similar al que se usa en las de fricción), designado corrientemente como bastidor en "O" (figura 3.33). Esta estructura en forma de anillo, absorbe la energía descargada por el carro, reduciendo los costos de la fundación y el nivel de ruido. En consecuencia, presentan mayor rigidez y capacidad, que las prensas de cigüeñal denominadas balancines (poseen bastidor en C), pudiendo alcanzar una fuerza máxima de hasta 4000 tn.

Su principal desventaja está dada por la posibilidad de sobrecargar el cigüeñal.

Estas prensas de estructura en O, desde otro punto de vista, pueden diferenciarse según sea la disposición del cigüeñal, en frontales o transversales. En las primeras, el cigüeñal está emplazado en el sentido de la profundidad de la prensa, mientras que en las transversales lo hace a lo largo del ancho. Evidentemente, el cigüeñal de las frontales es más robusto, por ser de menor longitud.

En la figura siguiente se pueden apreciar dos prensas de cigüeñal con bastidor en O, a la izquierda, una de modelo frontal marca Smeral de República Checa, y a la derecha, una transversal Jing Duann de Taiwan. Ambas prensas cuentan con embrague y freno.

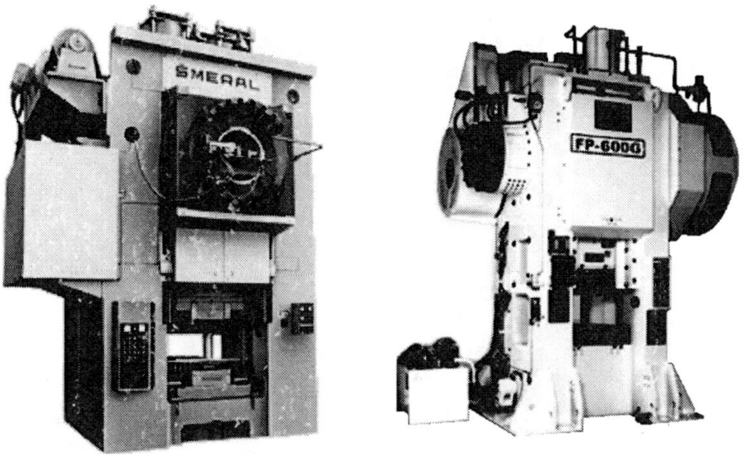

Figura 3.33: Prensas de cigüeñal frontal (izquierda) y transversal.

Para completar la información sobre estas prensas de cigüeñal, en la tabla siguiente se adjuntan las características técnicas de algunos modelos de prensas frontales de acuñado (corta carrera máxima) de la firma Strojimport (República Checa), con marca Smeral.

Tabla 3.X: Características de prensas de cigüeñal frontales (Fuente: Strojimport)

Característica técnica	LMZ 1000	LMZ 2500	LMZ 4000
Fuerza nominal (MN)	10	25	40
Golpes por minuto	115	70	60
Ajuste carrera del carro (mm)	220 / 10	320 / 10	380 / 20
Luz entre montantes (mm)	1120	1470	1580
Carrera máx. (mm)	50	70	80
Área útil de la mesa (mm)	1080 x 950	1420 x 1400	1520 x 1600
Area útil del carro (mm)	1010 x 850	1350 x 1250	1470 x 1500
Potencia (kVA)	55	130	200
Peso (kg)	50000	155000	250000

Prensas de husillo:

Representan una variante de las prensas de fricción, ya que poseen un tornillo robusto como aquellas, aunque en este caso, acoplado directamente a un motor eléctrico, y este conjunto (husillo) provee al carro, del movimiento vertical alternativo.

Estas prensas constituyen quizás el tipo de prensa mecánica de concepción más moderna.

Tal como dice Billigmann: “en las prensas de husillo con accionamiento directo por motor eléctrico, el rotor del motor de inversión está colocado directamente sobre el husillo roscado (tornillo), y el estator, sobre el cuerpo de la prensa. Por lo tanto, el momento de giro para acelerar el volante, se trasmite sin contacto al husillo roscado, mediante el campo magnético actuante entre el rotor y el estator”.

Evidentemente, pareciera no haber otra cinemática más sencilla que las de estas prensas.

En la figura 3.34 se observa una prensa de husillo marca Zdas de la firma checa Strojimport.

Figura 3.34: Prensa de husillo marca Zdas (Fuente: Strojimport)

Para completar la información sobre estos equipos, en la tabla siguiente, adjuntamos las características técnicas principales de algunos modelos de prensas de husillo, de la empresa Strojimport.

Tabla 3.XI: Características técnicas de prensas de husillo (Fuente: Strojimport)

Característica técnica	**LVE 160**	**LVE 400**	**LVE 1600**
Fuerza nominal (kN)	1600	4000	16000
Fuerza máxima (kN)	2500	6300	25000
Energía del volante (kJ)	7	28	220
Golpes por minuto	36	28	16
Área de la mesa (mm)	450 x 520	565 x 650	990 x 1100
Carrera (mm)	280	350	600

Nota: muy probablemente puede llamar la atención que, no nos referimos en ningún momento a las prensas hidráulicas, dado que estas, si bien son muy usadas en forja libre, prácticamente no se las emplea para forjar en estampa, dada su menor velocidad.

Recalcadora (prensa forjadora horizontal):

Una forjadora horizontal es una prensa mecánica de cigüeñal "acostada", provista de dos movimientos principales a saber: el primero, tiene por misión producir la sujeción de la barra a forjar, mientras que el segundo, punzón mediante, origina el recalcado del extremo de la barra dentro de la matriz, o fuera de ella (recalcado libre). Tienen la particularidad de emplear tres portaestampas, dos vinculados a la mesa, que se ocupan del apriete de la barra a recalcar, y un tercero, que soporta los punzones de forjado.

Se las denomina también recalcadoras, porque la operación principal que realizan es la de recalcado, acción que consiste en el aplastamiento gradual del extremo de una barra realizado sucesivamente en varios pasos de matriz, y aumentando así la sección inicial de la barra empleada durante el proceso (como ejemplos de piezas podemos citar: árboles de entrada, palieres, cuádruples o quíntuples).

Las placas portamatrices tanto pueden estar dispuestas de manera horizontal (matriz de paso horizontal), en las recalcadoras denominadas de mandíbulas (ver figuras 3.35 y 3.36), o de forma vertical (matriz de paso vertical), en las recalcadoras de pasaje vertical (ver figura 3.37), de modo tal que luego de cada apertura de matriz, el operario mueve la barra al paso siguiente en uno de los sentidos indicados, hasta completar los pasos que dan como resultado la pieza terminada (el número de pasos tiene que ver con la relación entre el largo de la barra y el diámetro a recalcar, también llamado esbeltez por algunos autores. A mayor esbeltez, mayor cantidad de pasos).

Algunas marcas de recalcadoras de mandíbulas son Eumuco de Alemania o Nova de Argentina, mientras que en el caso de las recalcadoras de pasaje vertical, tenemos ACME y Ajax de Estados Unidos, y Smeral de República Checa.

En la figura 3.35 puede observarse una recalcadora de mandíbula, y su potente biela lateral destinada al cierre de la matriz.

Figura 3.35: Forjadora de mandíbula con paso de barra horizontal marca LiDA.

Si bien la información técnica publicada al respecto es muy escasa, las capacidades de estos equipos, se sitúan en el rango de las 125tn a las 2000tn, para el caso de la fuerza de recalcado, mientras que, según sea el diámetro máximo de recalcado posible de obtener, se las identifica como recalcadoras de 1", 2", alcanzando las de máxima capacidad hasta 8" (aproximadamente 203mm). Por citar un ejemplo, una recalcadora Eumuco de 3" (76,2mm), dispone de una capacidad de 650tn.

En la figura 3.36 puede observarse una vista lateral en corte de una forjadora horizontal, con paso de barra horizontal. En ella puede apreciarse, por un lado, la biela lateral de cierre, y por otro lado, la biela horizontal que produce el movimiento de recalcado.

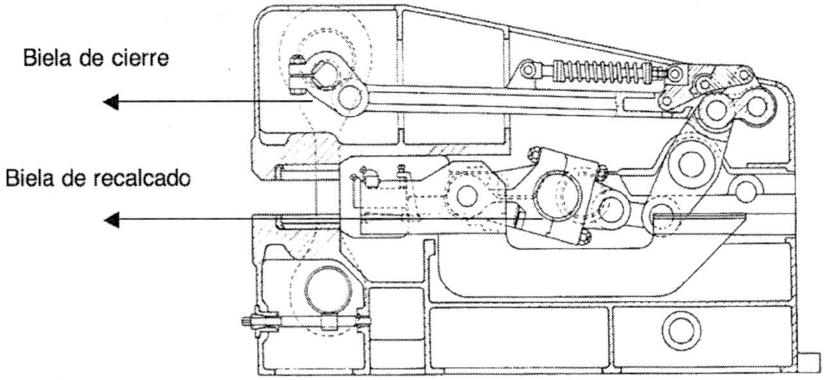

Figura 3.36: Vista lateral en corte de una forjadora horizontal (Fuente: Billigmann)

En la figura 3.37 se muestra un corte y despiece de una recalcadora de pasaje vertical, marca Ajax.

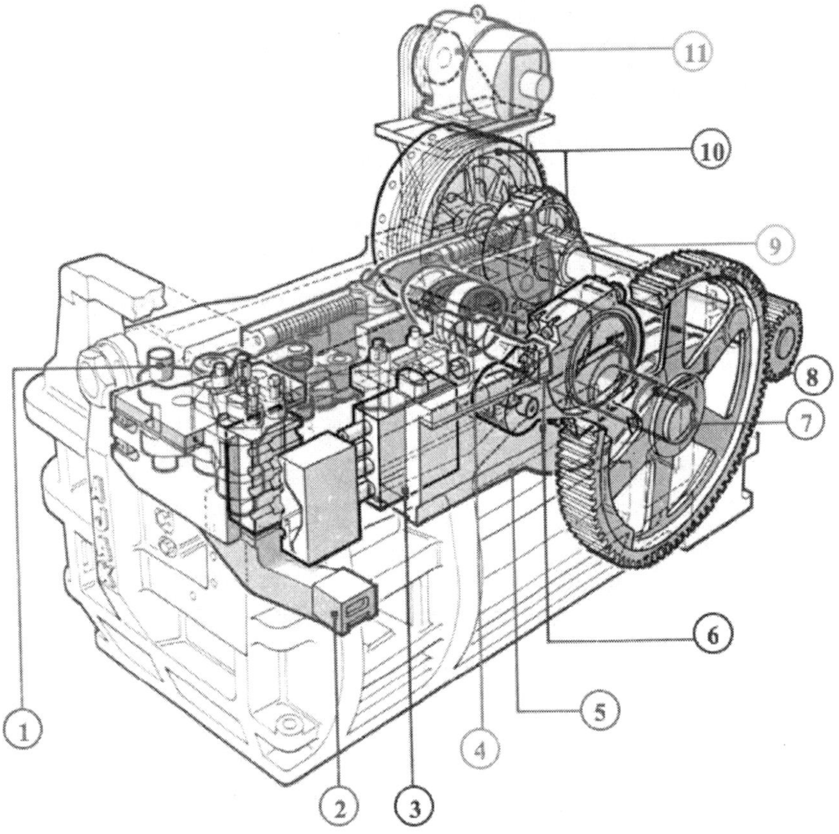

Figura 3.37: Corte y despiece de una recalcadora de pasaje vertical (Fuente: Ajax)

① Vinculación principal y pernos de acero aleado

Esta pieza produce el movimiento de cierre de la estampa móvil.

② Guía de la estampa móvil

Está guiada exteriormente para lograr una perfecta alineación con la estampa fija.
Una placa fuertemente sujeta soporta el movimiento y la carga de la estampa.

③ Estampas para operaciones múltiples

Pueden recalcar o extruir tanto en caliente como en frío. La rigidez de la máquina, asegura la precisión en la alineación de las estampas.

④ Levas para la apertura y cierre de la estampa

El perfil de la leva produce la apertura de la estampa y a su vez proporciona un cierre firme durante el forjado.

⑤ Guía de los porta-punzones de recalcado

Estas guías están diseñadas para lograr forjar con precisión. .

⑥ Biela de acero aleado

Biela que comanda el movimiento de los punzones.

(7) Cigüeñal excéntrico

Este cigüeñal es el encargado de trasmitir la fuerza de forjado a los punzones, y mediante la leva (4), generar la apertura-cierre de la guía de la estampa móvil.

(8) Piñón y corona del sistema de transmisión principal

Son de acero aleado fundido y tienen los dientes mecanizados. El eje del piñón tiene rodamientos anti-fricción, y la corona está vinculada al cigüeñal.

(9) Tensor de la estampa

Mantiene las estampas cerradas bajo carga sin ningún equipo auxiliar. Una protección de seguridad se puede activar en cualquier parte de la carrera para proteger el herramental.

(11) Motor con transmisión mediante correas en v

(10) Embrague neumático y freno de banda

- Las correas en v son las mejores para forjar porque se adaptan a una gran variedad de motores y transmiten todo el par.
- El embrague ofrece un arranque y parada suave, que asegura una larga vida y precisión.

Bastidor

Características:

- Es una única pieza de acero fundido, con paredes gruesas.
- La bancada del cigüeñal está integrada al bastidor fundido, para reducir al mínimo su deflexión.

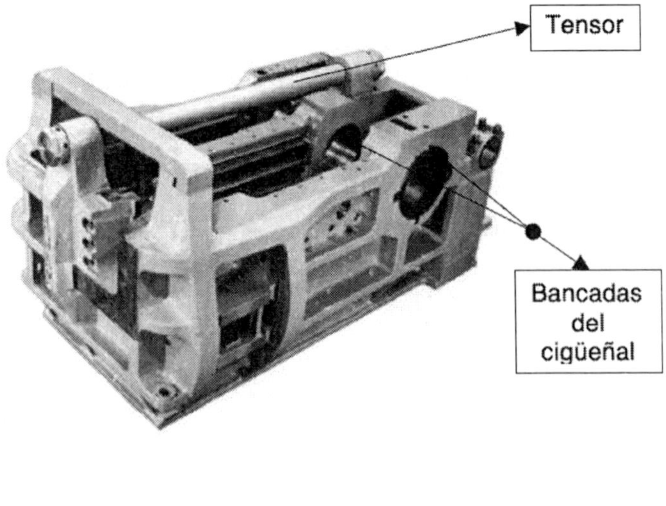

La recalcadora en cuestión presenta un tensor longitudinal (barra cilíndrica), y un puente transversal, que tienen por finalidad proveer de mayor rigidez a la estructura de la máquina en ambos sentidos.
Respecto del tensor, para darle la tensión de ajuste, y en un proceso que puede demandar varias horas de trabajo, como primer paso, se ajusta la tuerca hasta el tope marcado por el fabricante. Luego, se lo calienta con un mechero de unos 1000mm de longitud, a una temperatura aproximada de 300°C, y como resultado de su dilatación, se vuelve a ajustar la tuerca a la posición indicada por el constructor. De esta forma, con el enfriamiento del tensor, se obtiene el buscado incremento de rigidez (nota: el diámetro de estas barras tensoras suele ser mayor de 200mm).

Para completar la información técnica de este último tipo de máquinas, adjuntamos a continuación las características de tres modelos de recalcadoras Smeral de pasaje vertical.

Tabla 3.XII: Características técnicas de recalcadoras de pasaje vertical (Fuente: Smeral)

Característica técnica	Modelo LKH500	Modelo LKH800	Modelo LKH1200
Fuerza de conformado nominal (tn)	500	800	1200
Fuerza máx. de la maza de apriete (tn)	500	800	1200
Diámetro máx. del material de partida (mm)	75	100	150
(*) Diámetro máx. del material recalcado (mm)	120	170	230
Carrera total de la maza de recalcar (mm)	300	380	500
Carrera de trabajo de la maza de recalcar con las estampas cerradas (mm)	200	250	318
Carrera de la maza de apriete (mm)	129,5	159	215
Carreras por minuto	45	35	27
Largo-ancho-alto de la estampa (mm)	450-180-505	550-210-660	660-290-825
Potencia del motor eléctrico (kW)	20	40	82
Dimensiones de la máquina. Largo-ancho-alto (mm)	4100-3460-2690	5350-3600-3060	6400-4415-3830
Peso total de la máquina (tn)	47	80	127

(*) Resistencia del material en frío 60 kg/cm^2. Temperatura en el momento de la operación más exigente 1000°C.

Comparativamente, las recalcadoras de mandíbula son más utilizadas que las de pasaje vertical, por varios motivos a saber:

- Se pueden realizar con ellas mayor cantidad de aplicaciones (por ejemplo una cupla).
- El trabajo del obrero es de algún modo más aliviado, dado que el pasaje de barra se hace en un plano horizontal. En las de pasaje vertical, hay que agacharse, para realizar los distintos pasos.
- Son más sencillas de automatizar, dada la posición horizontal del plano de trabajo.

Máquinas de terminación:
Se utilizan para efectuar las operaciones de acabado (rebabado o recorte de la rebaba perimetral). Se trata de prensas mecánicas de cigüeñal, llamadas comúnmente balancines, cuya estructura de bastidor abierto, se denomina bastidor tipo "Cuello de cisne" o bastidor en "C" (figura 3.38).

Figura 3.38: Prensa de cigüeñal con bastidor en C = balancín (Fuente: Carlos Arrigoni)

Estas prensas, poseen una rigidez estructural limitada, y una menor capacidad (tonelaje) que otras prensas mecánicas (alcanzan un máximo de 350tn), aunque con accesibilidad a la mesa desde tres de sus lados.
Algunos balancines, como el de la figura 3.38, suelen tener barras frontales, que si bien dificultan el acceso, disminuyen la flexión del bastidor. Asimismo, algunas de estas máquinas poseen la capacidad de ser inclinables (ver figura 3.38), facilitando así la eyección hacia atrás de la pieza, una vez concluida la operación de rebabado.
En la Tabla 3.XIII presentamos las características técnicas de algunos modelos de prensas mecánicas de cigüeñal de baja capacidad (balancines), de la firma Arrigoni.

Tabla 3.XIII: Características técnicas de distintos balancines (Fuente: Arrigoni)

Característica técnica	**Modelo D-12**	**Modelo R-55**	**Modelo R-165**
Fuerza máxima (tn)	12	55	165
Profundidad-altura de garganta (mm)	115 x 220	200 x 300	380 x 555
Medidas de la mesa (mm)	245 x 420	430 x 630	770 x 1200
Carrera regulable (mm)	8-52	8-100	18-170
Golpes por minuto	145	60	37
Alto-ancho-largo (mm)	1670-600-950	2400-850-1700	3050-1550-2400
Potencia del motor (CV)	1,5	4	12,5
Peso aproximado (kg)	450	2100	10200

Criterios de selección de martillos y prensas:
Para completar la información referida a las máquinas principales, queremos aportar algunas pautas a considerar, en el caso de tener que tomar opción entre un martillo o una prensa, para elaborar un producto forjado.

Al respecto dice Billigmann en su libro que "el material, al ser forjado en el martillo, se introduce mejor en la herramienta móvil que en la fija, hecho que ha de atribuirse a la influencia de la temperatura del material a forjar. Recordemos que, el material caliente a forjar, se ubica sobre la estampa inferior fijada a la chabota, mientras que el contacto de aquel con la estampa móvil, es muy reducido, dada la forma de trabajo de esta máquina. Por el contrario, puede observarse que, la altura que el material sube hacia la estampa superior en una prensa, está limitada debido al mayor enfriamiento, y se halla bastante por debajo de la obtenible con un martillo. Por lo tanto, en la conformación en caliente mediante un martillo, se obtienen mejores resultados, sobre todo en el caso de piezas a elaborar complicadas. Para perfiles más sencillos, resulta más adecuada la prensa".
En consecuencia, podemos aconsejar que si tenemos que forjar una pieza en martillo, la parte más profunda, debe ser grabada en la matriz superior. Por el contario, si la misma pieza, la tenemos que forjar en una prensa, el grabado de mayor altura, debe ser mecanizado en la estampa inferior.

Por otro lado, Duesing hace algunos comentarios al respecto:
- "Para grandes producciones no puede recomendarse el martillo, dado que la prensa, a pesar de su marcha tranquila, efectúa mayor cantidad de trabajo dado que el estampado lo efectúa en un solo golpe".
- "Los objetos delgados se forjan exclusivamente con el martillo, pues en la prensa se enfrían muy rápidamente".
- "Con la elevada velocidad de deformación que da el martillo, el rozamiento interior en la pieza, desarrolla mayor cantidad de calor que en el prensado".

En tanto Bonnemezón opina que, la prensa de fricción mantiene un lugar importante en las operaciones de forjado en caliente, debido a su elevada energía de impacto, que la ubica en una posición intermedia, entre las prensas de cigüeñal y el martillo. En consecuencia, tiene la capacidad de poder producir piezas de mayor altura que la prensa mecánica a igualdad de tonelaje.

Con una mirada diferente, Jesús del Río opina que *"la utilización de los martillos es aconsejable para series cortas, dada su mayor facilidad para el cambio de las estampas, en tanto que, si deben fabricarse grandes cantidades de piezas iguales en series largas, es mucho mejor utilizar prensas mecánicas que, aunque precisan de una mayor tiempo de preparación y puesta a punto, dan mayores rendimientos, a la vez que son más fáciles de automatizar, y permiten menores salidas de las matrices, como también una mayor precisión de los productos forjados".*

Por otra parte, e independientemente del equipo que se use comenta que, *"cuando la incidencia del costo de la mano de obra, no es muy importante en el costo total de fabricación, suele ser muy útil la utilización de varias máquinas que trabajen en cadena, ya que este método da las mejores cadencias de producción, y un mejor aprovechamiento de las estampas, sobretodo si las series son largas.*
Por el contrario, si la mano de obra pesa mucho sobre el costo de fabricación, es más interesante emplear una sola máquina con estampas de cavidades múltiples, aunque la cadencia de fabricación resulte menor, y se corra el riesgo que, ante la rotura de una fase, se produzca la inutilización de la estampa, a menos que se empleen matrices con postizos, o trabajando con varias estampas de fases independientes, montadas todas ellas en una prensa con una mesa de grandes dimensiones" (ver figura 3.39).

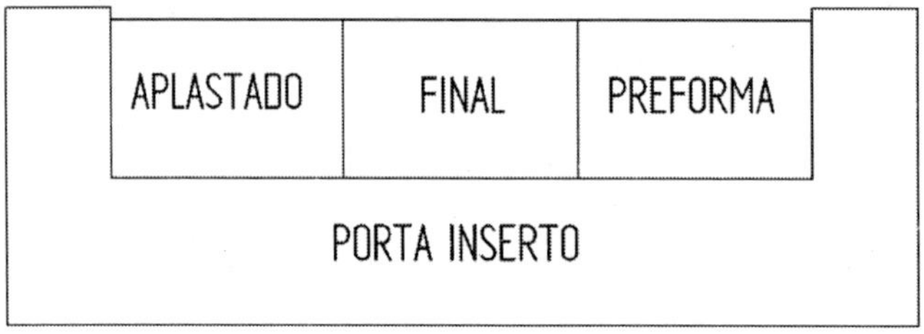

Figura 3.39: Representación esquemática de una estampa con tres postizos

A continuación, y a modo de ejemplo, se presentan en la figura 3.40, un par de piezas construidas por Forja Sudamericana. A la izquierda, podemos observar, un cuerpo de válvula bridado de 6,3kg, forjado en una prensa de fricción de 1000tn, en tres pasos a saber: aplastado plano (desescoriado o escoriado en la jerga industrial en Argentina), preforma y final. A la derecha, en cambio, tenemos un eje de 10kg elaborado en un martillo, previo estirado manual realizado en martinete.

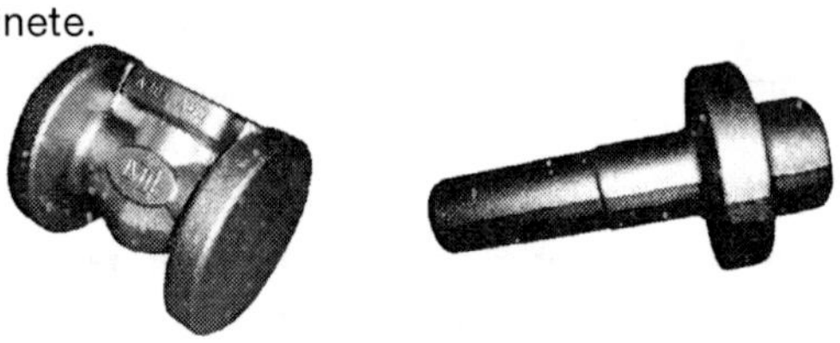

Figura 3.40: Ejemplos de piezas forjadas en prensa de fricción (izquierda) y martillo.

Bibliografía y Páginas webs consultadas

- Joseph Billigmann, **Estampado y prensado a máquina**, segunda edición, Editorial Reverté, 1979, Barcelona, España (libro).

- F. W. Duesing, **Forja de piezas varias**, Segunda Edición, Editorial Labor, Buenos Aires, Argentina, 1945 (libro).

- Manfred Weck, **Handbook of Machine Tools, Volume I: Types of machines, construction and applications**, Wiley & Sons, Inglaterra, 1980 (libro).

- Jesús del Río, **Conformación plástica de materiales metálicos**, Editorial Dossat, Madrid, España, 2005 (libro).

- Siamak Abachi, **Wear analysis of hot forging dies**, Middle East Technical University, 2004 (Tesis).

- Nello Mizzau, **Forja**, Apunte del Centro de Estudiantes de Ingeniería Tecnológica. UTN Facultad Regional Avellaneda, 1986 (apunte).

- Alberto Lucaioli, **Prensas**, Apunte de la Facultad de Ingeniería de la Universidad Nacional del Sur, Bahía Blanca (apunte).

- Catálogo sobre forjadoras de rodillo de la firma Eumuco, Alemania (catálogo).

- Catálogos de la empresa Carlos Arrigoni (Argentina), sobre martinetes y balancines (catálogo).

- Catálogos de la empresa MPM (Polonia), sobre martillos (catálogo).

- Catalogo de la empresa Beché (Alemania), sobre martillos de recorrido reducido (catálogo).

- www.strojimport.cz

- www.gerbusa.com

- www.lasco.de

- www.ficep.it

- www.jdmcl.com.tw

- www.ajax-ceco.com

- www.smeral.cz

CAPITULO 4

LAS MAQUINAS COMPLEMENTARIAS

"Hay una fuerza motriz más poderosa que el vapor, la electricidad y la energía atómica: la voluntad"

Albert Einstein

Generalidades:
Excluyendo las operaciones principales de forjado, explicadas en los capítulos 1 y 3, las complementarias pueden ser clasificadas según ocurran: a) Antes del proceso de forjado, y b) Después del proceso de forjado.

De esta manera podemos realizar el siguiente agrupamiento, de las distintas máquinas y/o equipos que intervienen en dichas instancias:

a) Antes del proceso de forjado:
- Operaciones de corte: Cizallas de corte (en frío o en caliente), sierras cinta, y sierras de disco.
- Hornos de calentamiento.

b) Después del proceso de forjado:
- Hornos de tratamiento térmico.
- Granalladora.
- Prensas de acuñado.
- Equipos de inspección de piezas terminadas.

Equipos utilizados antes del proceso de forjado:
Antes de comenzar a referirnos a los equipos involucrados en el corte, es preciso señalar, cual es la importancia de obtener un corte en escuadra.

Un trozo inicial, cortado en forma inclinada, puede, una vez dispuesto en la cavidad de la matriz de forja, volcarse hacia un lado (ladearse), provocando consecuentemente la falta de llenado, y/o defectos en la pieza forjada (pliegues).
En el caso de una operación de recalcado, un trozo inicial con su superficie de corte en ángulo, respecto al punzón de recalcado, limitará la máxima relación de pandeo posible de

obtener, respecto de una barra cortada correctamente en escuadra (el mismo dice que la barra se puede recalcar hasta un largo expuesto no mayor de tres veces su diámetro). Esta limitación, surge del hecho que, la barra comenzará a doblarse, ni bien se inicie el contacto de las partes. Por el contario, una barra cortada en escuadra, permitirá un recalcado eficaz.

Por lo comentado, pareciera ser a priori que, aunque el corte con sierra de disco, es bastante más lento que aquel efectuado por cizallado, al garantizar en todos los casos un corte a 90° (en escuadra), reduce drásticamente la producción de piezas defectuosas, imponiéndose lentamente como proceso, en las secciones de corte de las empresas de forja. Esta es la tendencia que se observa actualmente en los países más desarrollados (Europa, Japón y Estados Unidos).

Independientemente de lo dicho, y previo a presentar los equipos existentes, es interesante mostrar en la tabla siguiente, algunos criterios que nos permitirán orientarnos, sobre cual será el sistema de corte más adecuado a utilizar:

Tabla 4.I: Algunos criterios para seleccionar el sistema de corte (Fuente: L.Schaeffer)

Criterio	Corte en frío	Corte en caliente	Aserrado
Cantidad de cortes	Alta	Alta	Pequeñas
Pérdida de material	No	No	Si (viruta)
Proceso	Discontinuo	Continuo (*)	Discontinuo
Método calentamiento	No aplicable	Inducción	No aplicable
Materiales	De poca resistencia	Alta resistencia	Alta resistencia
Tamaño de barra	Mediano	Grande	Muy grande
Precisión	Muy buena	Buena	Excelente
Depósito de trozos cortados	Si	No	Si

(*) Como el corte se realiza calentando la barra a la temperatura de forja, el equipo de corte se ubica al lado de la máquina principal, resultando un proceso de forja continuo.

Cizalla de corte:

Una vez determinado por la oficina de ingeniería el denominado "Peso de corte", y definidas a partir de allí, las dimensiones del trozo inicial de barra a cortar, se puede comenzar el proceso de forja, con el corte del material. Para ello, la oficina de ingeniería completa un formulario del tipo "Solicitud de corte", incluido al final de capítulo 1. Según lo comentado, se emplean habitualmente, una de tres variantes: el corte mediante arranque de viruta por sierra cinta o sierra de disco, o aquel por cizallado, que utilizando una cuchilla de corte, no produce ninguna pérdida sobre el material cortado. A este último nos referiremos a continuación.
Respecto de las cizallas de corte en frío son automáticas, presentan mando hidráulico, alimentador de barras con longitud de avance programable, y contador de piezas.
En las figuras 4.1 y 4.2 se pueden observar dos vistas de un mismo equipo de 315tn marca Erfurt, fabricada por la empresa alemana WMW. La primera corresponde a la vista desde el "lado operario", y la segunda al frente de la máquina.

Figura 4.1: Máquina de corte en frío marca Erfurt "lado operario" (Fuente: WMW)

Figura 4.2: Máquina de corte en frío marca Erfurt "lado frente" (Fuente: WMW)

En la imagen 4.2 correspondiente al frente de la máquina, se puede observar el denominado "Tope automático de corte".

Se trata de un dispositivo que fija el largo del corte, absorbiendo el golpe del extremo de la barra contra él. Al ser motorizado, posee una regulación rápida y precisa.

De acuerdo con datos de la empresa WMW, dedicada también a la fabricación de cizallas de corte en frío, las mismas pueden ser utilizadas para producir cortes planos, tanto sobre barras redondas, cuadradas, como también rectangulares. Esto se logra con la sola sustitución de las cuchillas de corte (Figura 4.3).

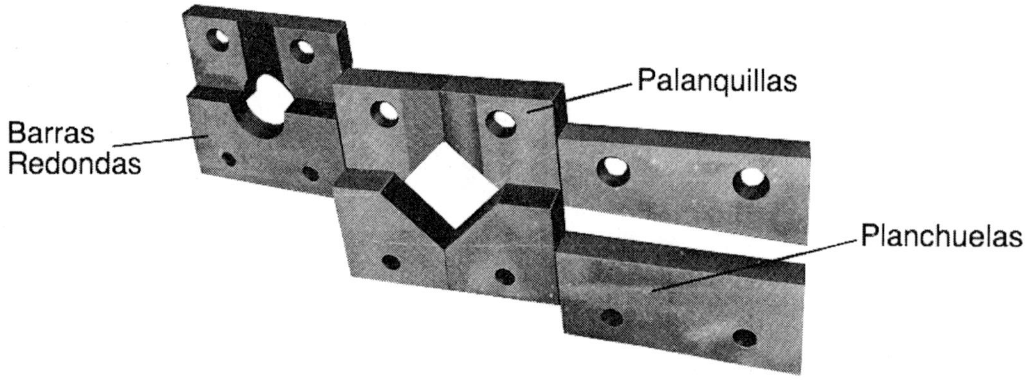

Figura 4.3: Cuchillas de corte para distintos tipos de barras (Fuente:WMW)

Algunas recomendaciones para obtener un corte eficaz del acero, son las siguientes:

- Solamente se lo debe cortar en condición de normalizado.
- La forma de las cuchillas se debe corresponder con la del material a cortar. Inclusive, en el caso de tratarse de un redondo, la circularidad de los filos, deberá coincidir aproximadamente, con el diámetro de la barra. En caso contrario, resultará una sección cortada, con importantes deformaciones.
- Las cuchillas deberán presentar entre sí, un juego, función de la resistencia y tamaño del material a cortar (el juego se establece mediante suplementos).

A modo de referencia, en las figura 4.4, se muestra la luz de corte S1, medida entre las superficies frontales de la cuchilla fija (abajo), y la móvil, así como también la luz S2 (siempre mayor a la anterior), definida entre los sectores centrales de las cuchillas.

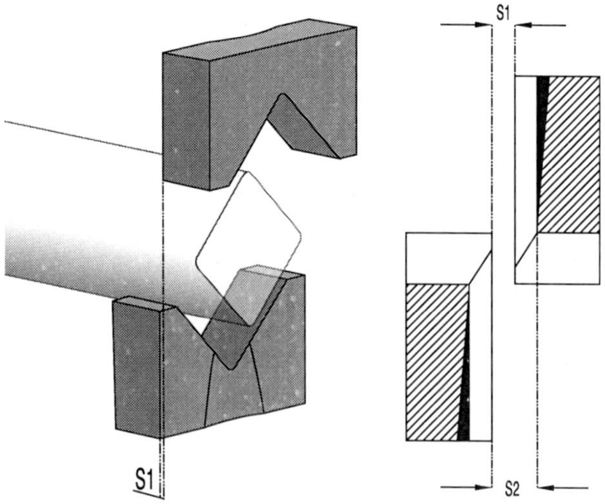

Figura 4.4: Luz de corte para una operación de corte en frío (Fuente: Schaeffer)

En la figura siguiente, se presenta un diagrama que permite establecer la luz de corte S_2.

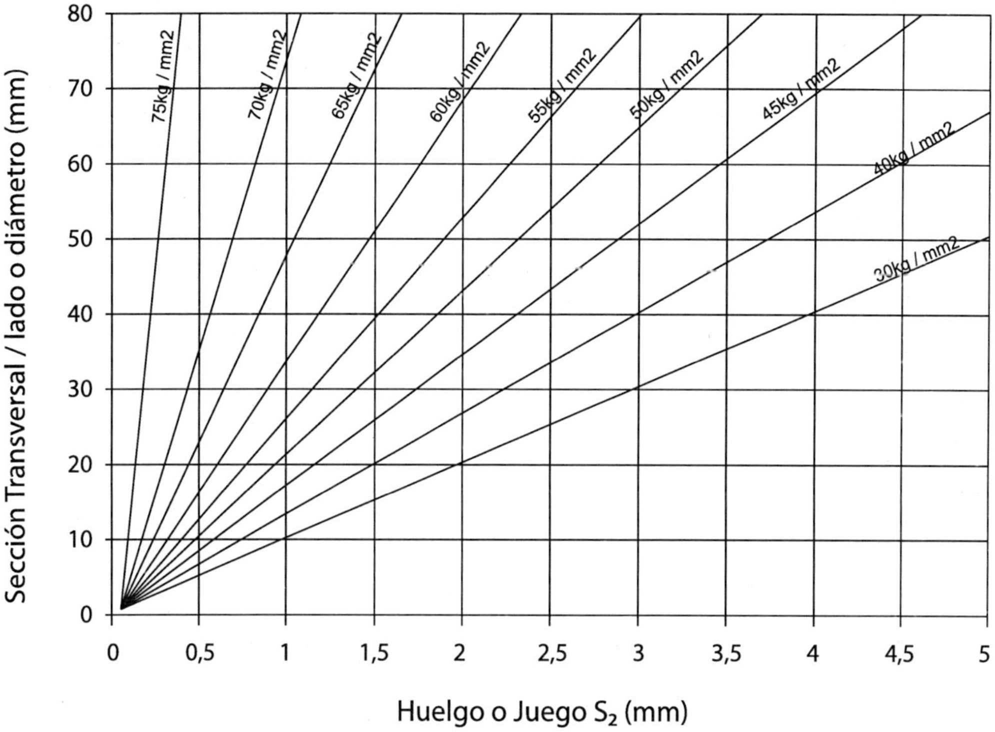

Figura 4.5: Diagrama para determinar el juego de corte S2 (Fuente: Schaeffer).

Otro dato importante a tener en cuenta es que, las cuchillas de corte deberán presentar un ángulo de descarga ≤ 3°, como se muestra en los sectores oscuros de la figura 4.4.

Asimismo, indica WMW que el corte por cizallado posee una productividad unas veinte veces mayor, cuando se lo compara con el proceso de aserrado.

Este proceso puede ser aplicado tanto a materiales ferrosos, con tensión de rotura de hasta σ_R=100kg/mm^2, como materiales no ferrosos.
Por otro lado, las dimensiones máximas del material factible de cortar en la máquina, dependen tanto de su tensión de rotura, como también del tipo de sección de barra (redonda, cuadrada o rectangular), tal como puede apreciarse en la Tabla 4.II.

A continuación, presentamos las características técnicas de algunos modelos de cizallas.

Tabla 4.II: Características técnicas de cizallas de corte en frío (Fuente: WMW)

Característica técnica	**Modelo 315**	**Modelo 500**	**Modelo 800**	**Modelo 1000**
Fuerza de corte (tn)	315	500	800	1000
Golpes por minuto	30	25	20	17
Potencia (kW)	20	32	55	55
Longitud de parada programable (mm)	55-1000	65-1000	75-1000	85-1000
Longitud del alimentador de barras (mm)	6000	6000	6000	6000
Velocidad del alimentador (m/s)	0,4-0,8	0,3-0,6	0,3-0,6	0,3-0,6
Ancho-largo-alto (mm)	1900-8400-3200	2500-8500-3600	3200-8500-4200	3500-8500-4500

Finalmente, incluimos otra tabla indicando las dimensiones de corte máximas, para distintos materiales y tipos de barra, para la cizalla WMW modelo 1000.

Tabla 4.III: Dimensiones de corte máximas para cizalla modelo 1000 (Fuente: WMW)

Material	**ϕ barra redonda (mm)**	**Barra cuadrada (mm)**	**Barra rectangular (mm)**
$\sigma_R = 45 kg/mm^2$	170	160	300 x 105
$\sigma_R = 50 kg/mm^2$	160	150	260 x 105
$\sigma_R = 60 kg/mm^2$	140	132	210 x 105
$\sigma_R = 70 kg/mm^2$	125	118	180 x 105
$\sigma_R = 80 kg/mm^2$	118	112	160 x 105
$\sigma_R = 90 kg/mm^2$	106	100	140 x 105

Con el objeto de mejorar la escuadra, otra empresa, la italiana Ficep, ha dotado a sus cizallas de corte en frío de un sistema que controla la escuadra, y según resulta su discrepancia, el equipo toma la decisión de "acomodar" hidráulicamente la barra a cortar, a los efectos de obtener un corte adecuado.

En referencia a esta empresa, en la figura siguiente se puede observar una cortadora Caddy de última generación.

Figura 4.6: Cortadora de palanquillas Caddy (Fuente: Ficep)

Estos equipos de corte tienen varias particularidades, a saber: pueden ser mecánicos, destinados al corte en frío de palanquillas, o hidráulicos, en el caso de efectuar los cortes en caliente (las cortadoras Ficep para corte en caliente, presentan la particularidad de calentar el material a cortar en la propia cizalla). Por otra parte, el movimiento de corte es horizontal, con lo cual se elimina la necesidad de contar con una fundación especial.

Con el objeto de completar la información respecto de estos equipos de corte, en la tabla siguiente se presentan las dimensiones de corte máxima, según sea la medida del material a cortar, y el modelo de la máquina de corte.

Tabla 4.IV: Dimensiones de corte máximo de las palanquillas en cortadoras Caddy

Modelo	28	50	52	56	63	80	100	140	160
Redondos	28	50	52	56	63	80	100	140	160
Cuadrados	---	---	50	45	55	75	100	140	160

Nota: todas las dimensiones de las barras están dadas en mm.

Para terminar, las máquinas de corte Ficep, por cizallado en caliente, pueden llegar a cortar barras redondas desde 70mm a 340mm, y palanquillas cuyos lados van desde 60mm a 300mm respectivamente (6 modelos de máquinas mediante).

Sierra cinta:
Las sierras cinta, - a diferencia del serrucho mecánico tradicional, que cada dos carreras de la hoja, corta en una sola de ellas, dado el sistema biela-manivela que la acciona -, poseen una banda continua de corte, de manera tal que, comparadas con aquel, producen un corte mucho más rápido, aunque todavía lento en relación con el corte por cizallado. Por otro lado, y a diferencia de este último, se trata de un proceso de arranque de viruta, por lo cual, existe una pérdida de material, que resulta ser función del espesor de la banda, y el trabado del dentado.
Una sierra cinta moderna, como las fabricadas por la empresa Delle Grazie, dispone de los siguientes componentes principales:

- Panel de control, con parada de emergencia, indicador y regulador de la presión de corte,

- cierre rápido de mordaza por cremallera,

- guía con rodamientos y doble placa de metal duro,

- regulación de bajada hidráulica,

- accesorios: camilla de rodillos, contador automático de cortes, variador de velocidad electrónico, alimentador automático de barra.

En la figura 4.7 puede observase una sierra cinta Delle Grazie modelo Z12 CNA, con alimentador automático de barra.

Figura 4.7: Sierra cinta automática modelo Z12 CNA (Fuente: Delle Grazie)

Seguidamente, en la tabla 4.V, presentamos las características técnicas principales correspondientes a los modelos Z8 y Z12.

Tabla 4.V: Características técnicas de sierras cinta (Fuente: Delle Grazie)

Característica técnica	Z8 CNA Automática	Z12 CNA Automática
Capacidad corte en redondo (mm)	250	330
Capacidad de corte rectangular (mm)	250 x 300	330 x 400
Medidas de la cinta (mm)	3600 x 27 x 0,9	4060 x 27 x 0,9
Potencia motor principal (HP)	1,5	1,5
Velocidad de la cinta (m/min)	35 – 60 – 90	32 – 62 – 92
Capacidad tanque (l)	50	50
Peso (kg)	450	530
Medidas (mm)	1760 x 1600 x 1200	1960 x 1700 x 1250

Sierras de disco:

La empresa italiana Ficep, especialista en la fabricación de prensas de fricción y prensas de husillo, es también líder mundial en la producción de máquinas de corte, destinadas a la obtención de los trozos iniciales, punto de partida de todo proceso de forjado. La empresa produce tanto cizallas de corte en frío, como en caliente, y ha presentado hace no mucho tiempo, un desarrollo de una máquina de corte por sierra de disco, con los sectores cortantes de metal duro, que según la empresa tanto es competitiva en velocidad respecto de las cizallas, como resuelve el principal problema de estas últimas: generar un corte en perfecta escuadra. Estas máquinas trabajan el corte en forma discontinua, para descargar la viruta y enfriar la herramienta, que a su vez, es una herramienta con sectores, que pueden ser reafilados, en sucesivas ocasiones.

En la figura 4.8 se muestra un equipo de corte por sierra disco de la firma Ficep.

Figura 4.8: Sierra de disco modelo S50 (Fuente: Ficep)

Con el objeto de ampliar el conocimiento sobre estos equipos, adjuntamos a continuación una tabla con las características técnicas de los cuatro modelos que produce Ficep.

Tabla 4.VI: Características técnicas de sierras de disco (Fuente: Ficep)

Característica técnica	S35	S50	S80	S110
Diámetro del disco (mm)	315 / 350 / 360	460 / 500	630 / 710 / 800	1000 / 1120
Espesor del sector cortante (mm)	2,2 / 2,6 / 3,4	2,7 / 3,4	6,5	7,5
Redondo a cortar (mm)	20 a 110	30 a 150	40 a 240	60 a 360
Cuadrado a cortar (mm)	30 a 100	40 a 140	40 a 225	60 a 360
Potencia (kW)	11	22	37	75

Hornos de calentamiento:

Los medios de calentamiento se basan en uno de dos principios a saber:

- Ubicar el material en un ambiente caliente, y esperar que toda su masa, adquiera la temperatura de dicho medio.
- Generar dentro del propio material, el calor necesario para lograr la temperatura deseada.

En el primero de los casos, se utilizan hornos para producir el calentamiento, pudiendo ser estos de combustión o eléctricos. Los de combustión queman un combustible (normalmente

gas natural) en un quemador, mientras que los segundos hacen uso de resistencias eléctricas, que se calientan por efecto Joule ante el pasaje de una corriente. El calor se propaga por un proceso de trasmisión directa, por convección a través de la atmósfera del horno, y por radiación desde las paredes calientes, hacia los materiales.
El suelo de los hornos donde se apoyan los materiales a calentar, se denominan soleras.
En los hornos de solera con quemadores de gas, es habitual alcanzar los 1400°C en la bóveda o cámara del mismo (así se denomina a su interior). La carga de este tipo de horno es a granel.
Solo a modo de referencia citamos el rango de temperaturas normalmente utilizados en el forjado de piezas de acero:

- Temperatura de forjado de aceros: (830 a 1270)°C.

En Argentina se emplean los hornos de mufla o también llamados de cámara, para el calentamiento de trozos cortados a partir de barras. Estos hornos antiguamente eran provistos por Casa Denck, y con el paso del tiempo, los distintos forjadores pasaron a fabricarlos, de acuerdo con sus necesidades.
La principal desventaja de los hornos de mufla radica en que se debe abrir una puerta de acceso para introducir y extraer los trozos a calentar, sufriendo entonces una considerable pérdida de calor, y como consecuencia de ello, resultan ser muy oxidantes.

Figura 4.9: Horno de mufla (Fuente: Forja Sudamericana)

Por tales motivos, se están volviendo a utilizar, aquellos hornos que trabajan en forma continua, a partir del empleo de las mantas cerámicas, usadas para recubrir sus interiores, en lugar de los tradicionales ladrillos refractarios. Estos hornos, se construyen de longitudes entre 800mm a 3150mm, y cuanto más largo sea el horno, más cuidadoso es el calentamien-

to del material, por cuanto su funcionamiento puede ser automatizado, diminuyendo así las pérdidas de calor.
Su principal inconveniente radica en el espacio que ocupan en la fábrica, por lo cual, muchas veces se prefieren los de solera rotativos.

Al determinar el tamaño adecuado del horno, se deberá tener en cuenta que, el mismo ha de trabajar como mínimo, a igual ritmo que la prensa o máquina de forjar correspondiente, y que incluso pueda ser capaz de operar a mayor velocidad que ellas.

Según Billigmann, "la experiencia indica que los hornos más bien se escogen demasiado grandes, porque así se puede tener en cuenta los cambios frecuentes del programa de fabricación".
El aprovechamiento temporal de los hornos de calentamiento, es decir, la relación entre el tiempo de trabajo real del horno, y el tiempo de encendido, tiene una influencia considerable sobre el gasto térmico, y el inicio de la producción. Es por eso que, en muchas forjas, quienes encienden los hornos, empiezan a trabajar un tiempo antes. De acuerdo a la cantidad, y el tamaño "de los hornos", un tiempo habitual aproximado suele ser de al menos una hora. En la figura 4.10 se puede observar un horno de solera rotativa.

Figura 4.10: Horno de solera rotativa (Fuente: Selas)

El horno rotativo comparado con los de cámara, tiene la particularidad de limitar la exposición al calor, por cuanto todos los trozos ingresados, permanecen el mismo tiempo en su interior, reduciendo la cascarilla sobre la superficie del material a forjar. El proceso presenta una buena uniformidad. Las capacidades de procesamiento de materiales van desde un mínimo de 1,5tn/h hasta un máximo de 8 tn/h.

Retomando la clasificación dada inicialmente sobre los medios de calentamiento, en el segundo caso, se emplean principalmente los hornos de inducción. En ellos, se hace pasar el material por el interior de una bobina que genera calor en su interior, por efecto de histéresis magnética y corrientes de Foucault.

En el caso de los hornos de inducción, la bobina, cuyo tamaño depende del material a calentar, y es de tipo intercambiable, produce una elevada concentración de la potencia directamente sobre el material que se desea calentar, y como consecuencia de ello, la velocidad de calentamiento es muy rápida (calientan el material a 1200°C en segundos), reduciéndose así el tiempo de exposición y la formación de cascarilla, todo esto con una cadencia expeditiva, uniforme y regulable.

Estos sistemas no requieren de mucho espacio, y generan un ambiente de trabajo más amigable dado que el calor radiante es reducido, y tampoco hay humos, ni otros tipos de poluciones. Por otra parte, la repetibilidad de este ciclo, permite integrar sencillamente estos sistemas, a celdas de forjado, sean estas automatizadas o manuales.

En la figura siguiente, se puede apreciar un sistema de calentamiento por inducción, con manipulación robotizada del material, antes y después de ser calentado, destinado a trozos de pequeño tamaño.

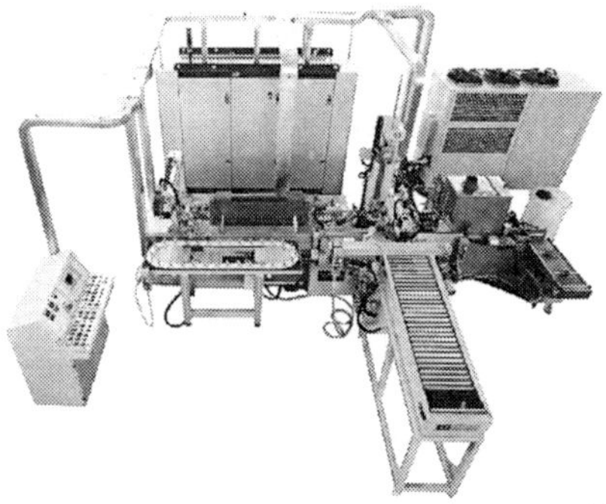

Figura 4.11: Sistema de calentamiento por inducción (Fuente: Ate).

En Argentina, la tendencia en hornos de inducción es emplear aquellos como los fabricados por la empresa Elind de Italia. Estos equipos se caracterizan por disponer a la entrada del proceso de calentamiento, de un sistema de acopio de material, denominado "cortina" (ver figura 4.12).

Se trata de un sistema transportador ascendente, constituido por una "cortina" provista de ranuras longitudinales donde se ubican los trozos de material a calentar. Cuando el sistema alcanza la parte superior del equipo, los trozos cortados son tomados por un sistema de carga, que los introduce uno a uno, en la bobina de calentamiento.

Figura 4.12: Cortina de un horno de inducción (Fuente: Forja Sudamericana)

Los hornos de inducción Elind poseen dos partes principales, a saber: el gabinete eléctrónico, y encima de este último, las bobinas de calentamiento (la cortina suele ser un accesorio). En la figura 4.13 se puede observar una vista lateral de un horno sin cortina.

Figura 4.13: Horno de inducción (Fuente: Elind)

Resulta muy interesante comentar algunos aspectos de la parte superior de estos hornos, cuyo detalle puede observarse en la figura siguiente.

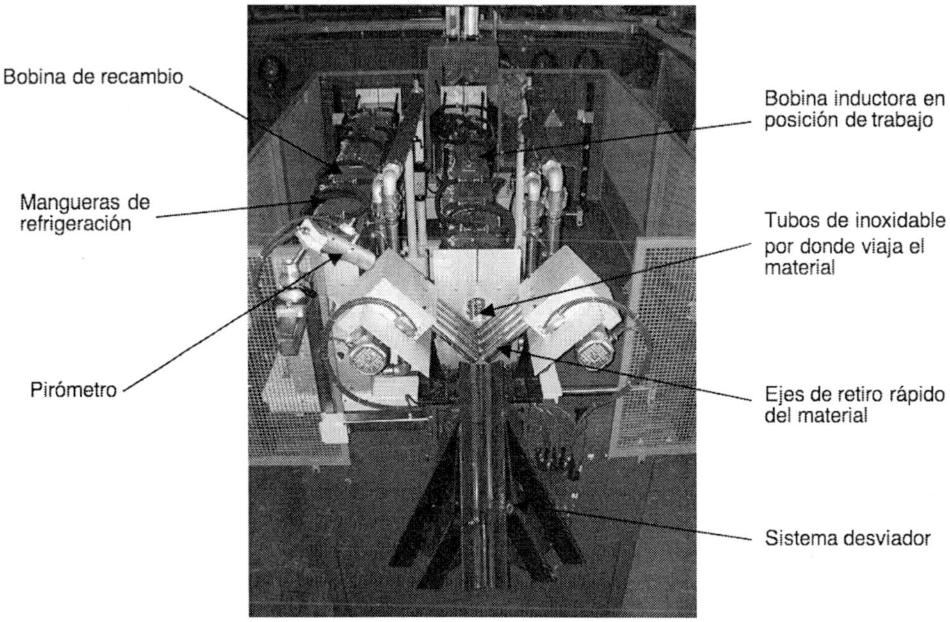

Figura 4.14: Sistema de calentamiento de un horno de inducción (Fuente: Elind)

Para realizar la carga de material hacia las bobinas de inducción, los sistemas más comunes son: 1) el de carga continua, constituido por ruedas que pisan el material, y 2) el de carga discontinua, del tipo paso peregrino (introduce los trozos de uno en uno).
El primero de ellos es más efectivo, por cuanto hace penetrar el material en las bobinas en forma pareja y constante. En consecuencia, la estabilidad del horno es superior.
Otro tema no menor es el tipo de agua recomendada por el fabricante para utilizar en el enfriamiento. En general se puede trabajar con agua desmineralizada, pero lo mejor, sin dudas, es la consulta con el mismo.
Como consecuencia de la importancia que tiene el sistema de refrigeración, la torre de enfriamiento debe ser calculada con un alto grado de amplitud.
Respecto de los transformadores o el sistema eléctrico disponible en la planta, deben ser comunicados al fabricante del horno, antes de la operación de compra, para que nos aconseje la mejor manera de preparar nuestra instalación.
Las mangueras negras que se ven en la figura 4.14 son necesarias para refrigerar las bobinas construidas en tubos de cobre. Estas bobinas tienen forma de espiral, con secciones rectangulares o redondas.
Los trozos calentados avanzan hacia el frente del equipo, sobre un par de tubos de acero inoxidable, refrigerados interiormente por agua, para evitar su calentamiento y posterior deformación, y son tomados por una serie de ocho "robadores" rotativos moleteados, dispuestos cuatro a cada lado del material caliente, que tienen por objeto evitar el enfriamiento prematuro del extremo expuesto de la barra, apurando su escape de la bobina de inducción.
Simultáneamente a lo comentado, un pirómetro orientado hacia la salida, cumple funciones de ajuste y selección de temperatura, es decir se programa para un rango, y los trozos que no cumplen con el mismo, son separados automáticamente por los toboganes.
El equipo dispone de una bobina alineada con el sistema de transporte, y otra bobina, de distinta capacidad a su izquierda, la cual puede ser sustituida en forma automática, dependiendo del tamaño de material a calentar.

Es muy importante desde el punto de vista económico diseñar bien los sistemas de calentamiento para lograr la temperatura de forja, dado que como dice Jesús del Río: *"las operaciones de corte conllevan un consumo de energía del orden del 1% del total, mientras que al calentamiento a la temperatura de forja le corresponde el 89%, a la forja propiamente dicha el 7%, y al resto de los consumos un 3%".*

Equipos utilizados después del proceso de forjado:

Hornos de tratamiento térmico:

En muchas ocasiones, el papel del tratamiento térmico de una pieza forjada, es de vital importancia, en razón que, la microestructura y las propiedades mecánicas solicitadas por el usuario de la pieza, recién "aparecen" en esta etapa del proceso.
Independientemente de lo comentado antes, el tratamiento conocido como normalizado, es el más comúnmente aplicado.

El normalizado se emplea para dar al acero una estructura y unas características tecnológicas que se consideran el estado natural o inicial del material, que fue sometido a los trabajos de forja.
Estos tratamientos se efectúan en hornos, que deberán alcanzar en la bóveda, una temperatura tal que, en el caso del normalizado de piezas de acero, posee el siguiente rango de temperaturas:

- Temperatura de normalizado de aceros: (850 a 950)°C.

En la figura 4.15 se pueden observar un horno de solera móvil, típico de los que se utilizan en estas operaciones de tratamiento térmico.

Figura 4.15: Horno de solera móvil (Fuente: Selas)

Respecto de estos hornos podemos decir que, permiten acomodar los materiales con una distribución óptima, y posibilitan la carga de piezas de gran tamaño. Todas estas operaciones se realizan con el horno cerrado, acomodando las piezas sobre el piso móvil, mientras se halla ubicado fuera del mismo.

Granalladora:
La máquina de granallado efectúa la limpieza de las piezas forjadas, utilizando un procedimiento mecánico que impacta pequeñas esferas de acero, comúnmente llamadas granallas, y cuya dureza oscila entre los (40 a 50) HRc, sobre la superficie de la pieza forjada, removiendo así la capa de cascarilla, y dejando expuesta la superficie metálica.
Este proceso es muy importante, dado que permite que las piezas lleguen limpias a las máquinas-herramienta por arranque de viruta, y de esta forma, no se deterioren prematuramente las superficies de fijación (mordazas del plato en el torno, o mesa de la fresadora), como tampoco los filos de las herramientas de corte.
Dado que la capacidad de remoción y el estado final resultante de la superficie granallada, depende del tamaño de esfera empleada, en la tabla siguiente se puede observar las especificaciones dimensionales de granallas del tipo esférico.

Tabla 4.VII: Especificaciones de granallas esféricas (Fuente: Granalladora Americana)

Abertura de Tamiz ASTM E 11-70		Especificación Granulométrica de Granalla Esférica SAE										
7	2.800	0	-	-	-	-	-	-	-	-	-	-
8	2.360	-	0	-	-	-	-	-	-	-	-	-
10	2.000	85% min	-	0	0	-	-	-	-	-	-	-
12	1.700	97% min	85% min	-	5% máx	0	-	-	-	-	-	-
14	1.400	-	97% min	85% min	-	5% máx	0	-	-	-	-	-
16	1.180	-	-	97% min	85% min	-	5% máx	0	-	-	-	-
18	1.000	-	-	-	96% min	85% min	-	5% máx	0	-	-	-
20	0,850	-	-	-	-	96% min	85% min	-	10% máx	0	-	-
25	0,710	-	-	-	-	-	96% min	85% min	-	10% máx	-	-
30	0,600	-	-	-	-	-	-	96% min	85% min	-	0	-
35	0,500	-	-	-	-	-	-	-	97% min	-	10% máx	-
40	0,425	-	-	-	-	-	-	-	-	85% min	-	0
45	0,355	-	-	-	-	-	-	-	-	97% min	-	10% máx
50	0,300	-	-	-	-	-	-	-	-	-	80% min	-
80	0,180	-	-	-	-	-	-	-	-	-	90% min	80% min
120	0,125	-	-	-	-	-	-	-	-	-	-	90% min

En la figura 4.16 se muestra un equipo de granallado, provisto de un tambor donde se colocan las piezas a granallar, una turbina que impulsa las granallas, y hacia la salida del equipo, un depósito donde se acumulan las piezas que ya recibieron el proceso.

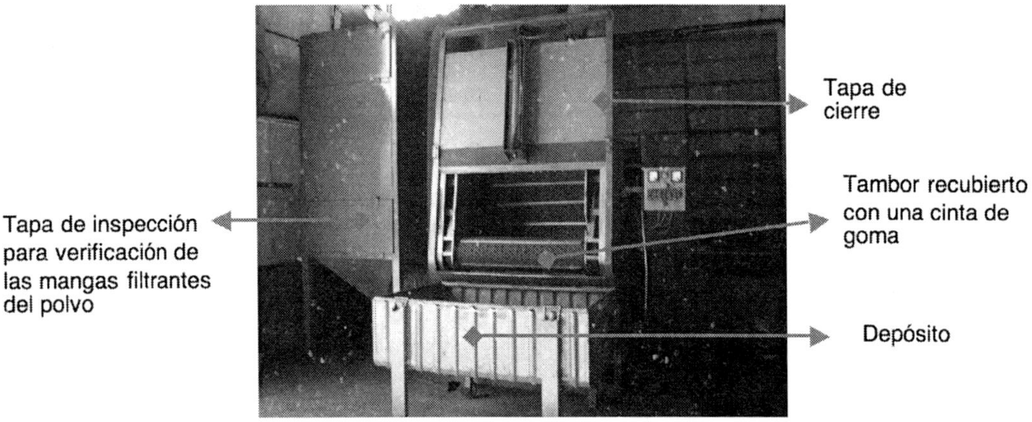

Figura 4.16: Maquina granalladora (Fuente: Forja Sudamericana)

En el caso de la firma Granalladora Americana, producen máquinas de granallado por turbina, especialmente diseñadas para la limpieza superficial profunda, de piezas tratadas a granel. En estos equipos, la carga de las piezas tanto puede efectuarse en forma manual, como opcionalmente, en forma automática, mediante la utilización de dispositivos hidráulicos y/o mecánicos, provistos al efecto.
En la figura 4.17 se muestra una granalladora de turbina de la citada empresa.

Figura 4.17: Granalladora de turbina (Fuente: Granalladora Americana)

La empresa comercializa cuatro modelos a turbinas con distintas capacidades. En la tabla a continuación se mencionan las principales características de estos equipos.

Tabla 4.VIII: Características técnicas de granalladoras de turbina (Fuente: Granalladora)

Característica	AC-600/07	AC-1200/08	AC-2000	AC-4000
Capacidad (l)	60	170	250	400
Carga máx. (kg)	100	200	400	400
Potencia de turbina (HP)	5,5	10 a 30	30 a 40	40 a 60
Filtro de polvo	Cartucho	Cartucho	Cartucho	Cartucho
Turbina de velocidad variable	Si	Opcional	Opcional	Opcional

A estas máquinas se les puede agregar por pedido del usuario: un cargador hidráulico de piezas, un separador magnético, una cinta transportadora para la descarga de piezas, un PLC para automatizar el proceso de granallado, como también un variador de frecuencia para el motor de la turbina, que permite modificar su velocidad, y como consecuencia directa de ello, su capacidad de limpieza.

Otra alternativa de la misma empresa, para el granallado de piezas conformadas en pequeños lotes, consiste en las cabinas de granallado neumáticas, como la que puede observarse en la figura siguiente. En las mismas, tanto pueden realizarse la limpieza superficial de piezas forjadas, como también de matrices de forja.

Figura 4.18: Cabina de granallado (Fuente: Granalladora Americana).

En la tabla 4.IX se presentan las características técnicas de dos modelos de cabinas de granallado neumáticas fabricadas por Granalladora Americana.

Tabla 4.IX: Características técnicas de cabinas de granallado (Fuente: Granalladora)

Modelo	Frente (mm)	Profundidad (mm)	Altura (mm)	Potencia (HP)	Consumo aire (m^3/min)	Boquilla (mm)
CS-0807	800	700	700	1,5	1	ϕ8
CS-1210	1200	1000	1000	1,5	1	ϕ8

Para finalizar, es interesante señalar que, estos procesos de limpieza mecánica, si son aplicados en exceso, pueden conducir a una pérdida importante de material, e incluso, pueden provocar su endurecimiento superficial, que deberá ser considerado previo al proceso de mecanizado final.

Prensas de acuñado:

El paso siguiente al granallado, y si la pieza lo exige, consiste en la operación denominada de acuñado. Este proceso se efectúa en frío, y sirve entre otros aspectos para: obtener una mejor superficie de apoyo, enderezar la pieza, alcanzar una mayor exactitud produciendo una o más caras planas, proveer de superficies moleteadas, etc.

En la figura siguiente se puede apreciar una prensa de cigüeñal con bastidor en O y modelo frontal marca Smeral de República Checa, de las que típicamente se utilizan en las operaciones de acuñado.

Figura 4.19: Prensa de cigüeñal frontal para acuñado (Fuente: Smeral)

Para completar la información sobre estas prensas de cigüeñal, en la tabla siguiente se adjuntan las características técnicas de algunos modelos de prensas frontales de acuñado, de la firma Strojimport (República Checa), con marca Smeral.

Tabla 4.X: Características de prensas de cigüeñal frontales (Fuente: Strojimport)

Característica técnica	LMZ 1000	LMZ 2500	LMZ 4000
Fuerza nominal (MN)	10	25	40
Golpes por minuto	115	70	60
Ajuste carrera del carro (mm)	220 / 10	320 / 10	380 / 20
Luz entre montantes (mm)	1120	1470	1580
Carrera máx. (mm)	50	70	80
Área útil de la mesa (mm)	1080 x 950	1420 x 1400	1520 x 1600
Area útil del carro (mm)	1010 x 850	1350 x 1250	1470 x 1500
Potencia (kVA)	55	130	200
Peso (kg)	50000	155000	250000

Estas prensas se caracterizan porque poseen una carrera de desplazamiento muy corta.

Equipos de inspección de piezas terminadas:

Según Jesús del Río sería deseable disponer del siguiente equipamiento:

- Máquina de tracción,
- Un equipo para realizar ensayos de impacto (Charpy),
- Cortadora, incluidora, pulidora metalográficas, microscopio convencional,
- Máquinas para ensayos de dureza Brinell, Rockwell C y como opcional Vickers,
- Equipos de líquidos penetrantes, y/o partículas magnetizables,
- Radiografía y ultrasonido,
- Instrumentos de medición varios: calibres, micrómetros, reglas, escuadras, medidores de ángulos, comparadores, niveles, bancos de trazado, prismas de apoyo, puntas y gramiles, proyectores de perfiles, máquinas de medir (ver capítulo 6), calibres especiales, plantillas, etc.

Bibliografía y Páginas webs consultadas

- Catálogo de la empresa WMW de Alemania sobre cizallas de corte en frío (catálogo).

- Jesús del Río, **Conformación plástica de materiales metálicos**, Editorial Dossat, Madrid, España, 2005 (libro).

- Joseph Billigmann, **Estampado y prensado a máquina**, segunda edición, Editorial Reverté, 1979, Barcelona, España (libro).

- www.ficepcorp.com

- www.dellegrazie.com.ar

- www.selas.com

- www.ate.it

- www.elind.net

- www.sottri.it

- www.granalladora.com

-www.strojimport.cz

-www.smeral.cz

CAPITULO 5

SELECCIÓN DE MAQUINAS SEGÚN SEA LA FUERZA DE FORJADO

"Conoce tus limites, pero nunca los aceptes"

Albert Einstein

Durante el desarrollo del capítulo 3, en el que se realizó un amplio análisis de aquellos equipos relacionados en forma directa con las operaciones de forja, se destacaron claramente los martillos y las prensas, por su participación central en el proceso, como así también los balancines, que "entregan" el producto en su forma final, para la inmensa mayoría de los casos (hay piezas que pueden recibir una operación adicional de terminación llamada de acuñado, que persigue por objetivo mejorar aún más, su precisión dimensional).

Inclusive, y también en el capítulo 3, se dieron algunas pautas, recomendaciones, criterios a considerar, a los efectos de, dado un plano de fabricación de una pieza a forjar, poder tomar la decisión respecto de si la misma deberá ser conformada, en su proceso principal, por un martillo o una prensa. Sin embargo, y aún habiendo seleccionado el tipo de máquina a utilizar, nos estaría faltando definir que capacidad (en kJ para los martillos, o en MN para las prensas), debiera tener esta, para poder realizar el trabajo en forma adecuada.

Es por ello que, siendo este un punto tan importante para la correcta selección de la máquina principal, y dada la casi absoluta inexistencia de información técnica sobre el particular, desarrollaremos el tema, en primer lugar, siguiendo una metodología práctica de uno de los principales fabricantes mundiales de prensas y martillos de calidad para forjado, la empresa Smeral de República Checa. La misma se encuentra desarrollada en el manual "Catalogue of forgings, made on machines Smeral", sobre el cual nos basaremos. En segundo lugar, y de manera ampliatoria, presentaremos un método para el "Cálculo de velocidades, energías y rebabas, para una estampa de terminación en martillo", debida a Jesús del Río.

a) Selección de la capacidad de una prensa mecánica vertical para forjado en estampa:

Cuando se selecciona una prensa por su capacidad (nos referimos a la fuerza de prensado en kN o MN), para hacer un trabajo de forjado, se deben tener en consideración los siguientes puntos:

- Dimensiones, peso y grado de complejidad geométrica de la pieza (todos estos datos surgen de analizar el plano de forja),
- el método de forjado, y el número de pasos a utilizar.

A partir de ellos, se debe proceder a evaluar la capacidad de la prensa, a través de un valor conocido como suele ser la fuerza nominal (este dato está presente en el catálogo de la máquina).

En primer lugar queremos aclarar que las fórmulas utilizadas dan valores aproximados, y que deben ser aplicadas teniendo en cuenta algunas precauciones a saber: por un lado, la operación de forjado debe ser realizada en una estampa precalentada a una temperatura entre 200°C a 250°C, o aún más. Por otro, considerar que cuando se está "llegando" a la forma final, el material se encuentra sometido a un intenso proceso de enfriamiento (más aún si se trata de una pieza de pequeño espesor), experimentado entonces una rápida e importante caída de la temperatura.

Esta cantidad depende de la relación existente entre el área de contacto pieza-estampa (S en mm^2), y el volumen de la pieza (V en mm^3), tal que, a medida que esta relación aumenta, mayor es la caída de temperatura (usualmente disminuye entre 20°C a 70°C en un tiempo estimado de unos 5 segundos).

Otra cuestión a tener en cuenta es que, en la caída total de temperatura, deberán considerarse, las caídas adicionales entre los distintos pasos de forjado, que habitualmente, no suelen ser mayores a 10°C.

Es así que, a partir de conocer la temperatura inicial de forjado, se le deberá restar la caída total de temperatura durante el proceso, para obtener la denominada "Temperatura de finalización de forjado", y con ella ingresar a la Tabla 5.I, para lograr la resistencia a la deformación σ_f del material a forjar, uno de los valores necesarios, para calcular la fuerza de forjado de una determinada pieza.

Tabla 5.I: Resistencia a la deformación σ_f (MPa) (*) para distintos materiales y temperaturas de forjado (Fuente: Manual Smeral)

Material		**Temperatura de finalización de forjado (°C)**						
DIN	AISI	900	950	1000	1050	1100	1150	1200
C15	C1015	144	123	108	96	84	75	65
C35	C1035	181	151	130	114	98	83	70
C45	C1045	149	128	108	91	80	71	68
C60	C1060	148	118	102	90	82	73	67
37MnSi5	1340	196	171	150	130	102	96	80
42MnV7	1340H	154	128	110	96	85	75	-----
100Cr6	E52100	165	132	111	99	91	85	-----
16MnCr5	5117	184	159	139	121	106	91	76
20MnCr5	5120	193	147	122	108	101	95	-----
34CrNiMo6	-----	228	202	185	174	160	142	112
X10Cr13	-----	163	136	118	103	89	76	-----
X45CrSi9	-----	218	193	174	162	150	133	103
X12CrNi188	302;301	161	139	122	108	95	83	72
C100WI	W1-10C	176	149	124	103	89	79	71

(*) 1MPa = 10,1972 kg/cm^2

Este valor de resistencia a la deformación depende tanto del tipo de material, como de la magnitud de deformación, representada por el grado de complejidad de la pieza.

Tabla 5.II: Grado de complejidad de la pieza a forjar (Fuente: Manual Smeral)

Grado de complejidad	Forma típica	Comentario
I	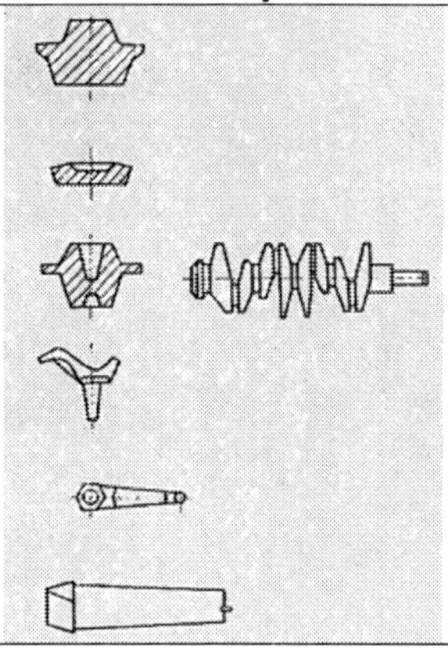	Partes simples y compactas
II		Piezas compactas no intrincadas
III		Partes con un alto grado de deformación
IV		Piezas tipo horquilla
V		Partes con pequeños espesores y transiciones
VI		Piezas con secciones extremadamente finas

Otros parámetros que influyen sobre la fuerza de forjado son:

- El área proyectada de la pieza forjada (Sv en cm^2), área que incluye el ancho b del flash del canal de rebaba.

- La relación entre el ancho b y el espesor s del flash, del canal de rebaba (b/s), cuyo valor puede adoptar como máximo b/s=3.

En referencia al espesor s del flash, se propone obtenerlo del nomograma de la figura 5.1, a partir de los siguientes datos:

D: diámetro de la pieza a forjar, sin considerar el flash (mm), escala 1 de figura 5.1.
S: área proyectada, sin tomar en cuenta el flash (cm^2), escala 2 de figura 5.1.
m: peso del trozo inicial (kg), escala 3 de figura 5.1.
s: espesor del flash (mm), escala 4, figura 5.1.

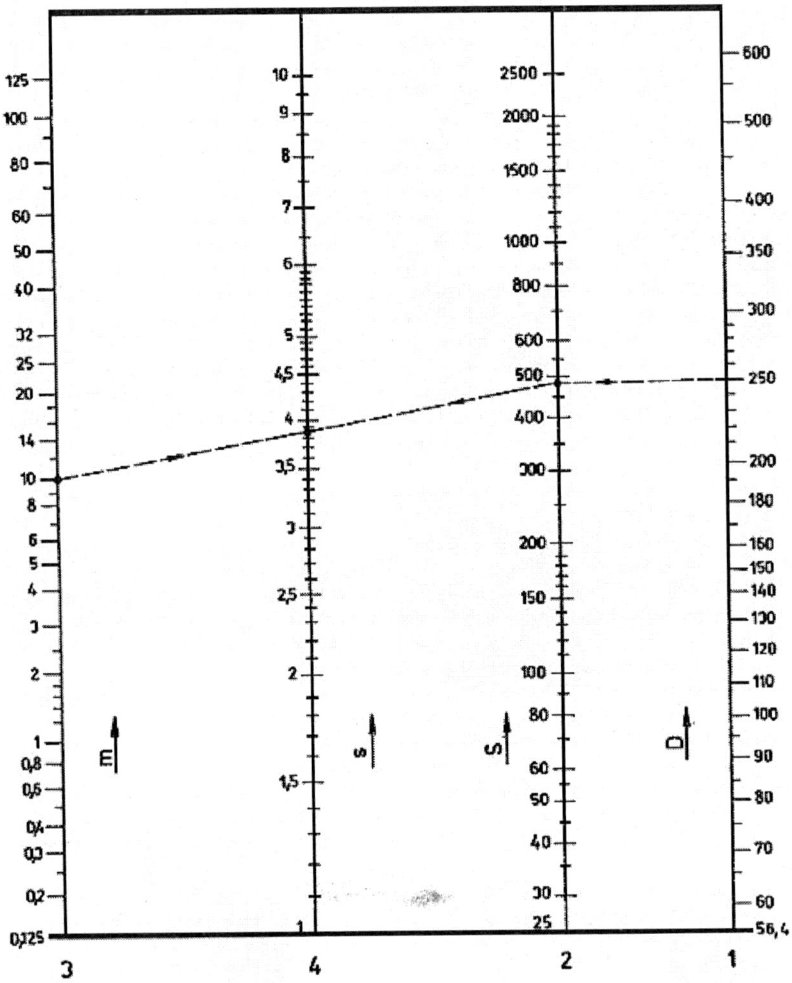

Figura 5.1: Nomograma para determinar el espesor del flash (Fuente: Manual Smeral)

Seguidamente, empleando el nomograma de la Figura 5.2, se puede obtener la fuerza necesaria para el forjado en MN, conocidos los siguientes datos:

σ_f : Coeficiente de resistencia a la deformación del material (MPa), escala 5 figura 5.2.
S_v : área proyectada, tomando en cuenta el flash (cm^2), para b/s=3, escala 6 de figura 5.2 (se calcula a partir de Dv = D + 2b).
I a VI: grado de complejidad de la pieza a forjar.
F_k : fuerza de forjado (MN), escala 7 de figura 5.2.

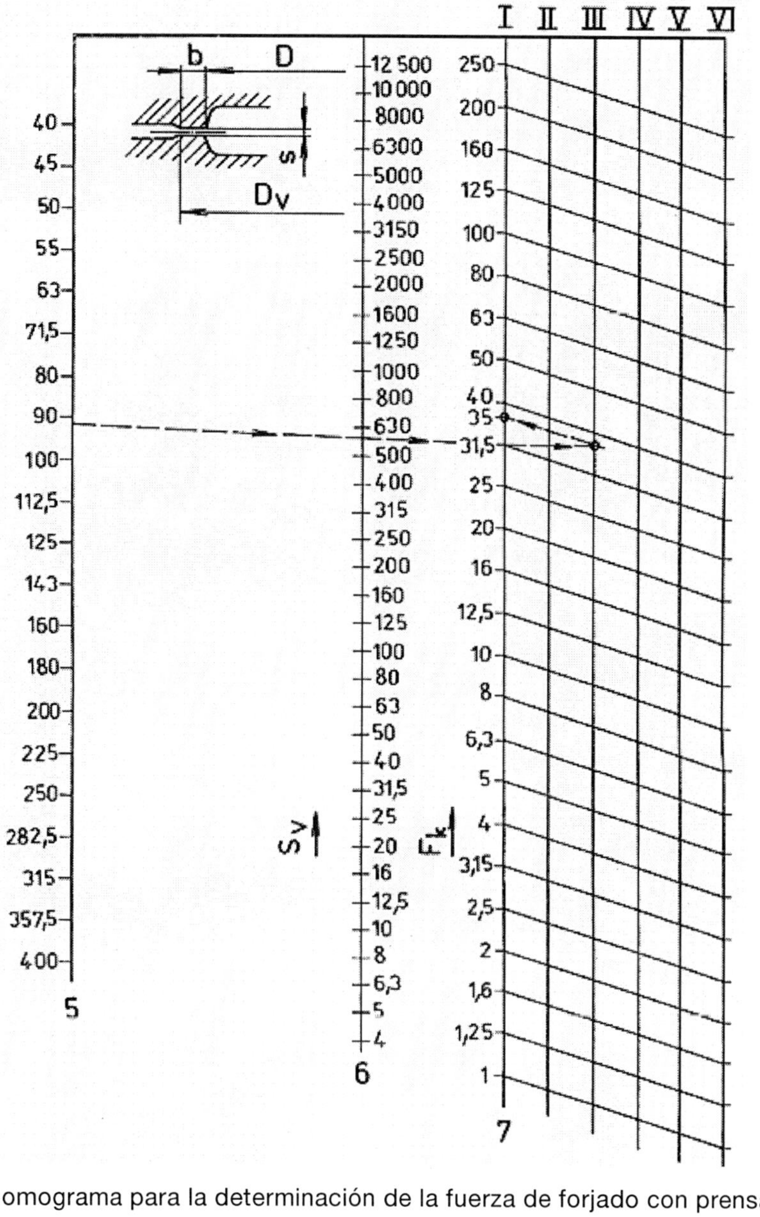

Figura 5.2: Nomograma para la determinación de la fuerza de forjado con prensas (Fuente: Manual Smeral)

A los efectos de poner en práctica la metodología de cálculo, resolveremos el siguiente problema.

Ejemplo: determinar la fuerza de forjado correspondiente a la pieza de la figura 5.3, a ser conformada en acero AISI C 1045, partiendo de un trozo inicial de 10kg. La temperatura de forjado es de 1200°C, y la de finalización de 1050°C.

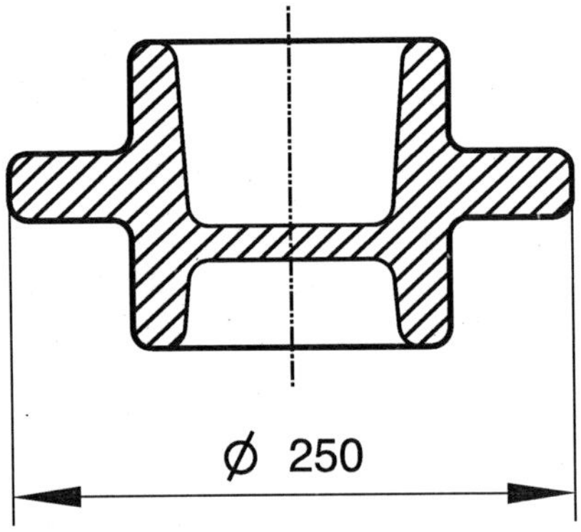

Figura 5.3: Pieza ejemplo para calcular la fuerza de forjado (Fuente: Manual Smeral)

Pasos a seguir:

1) Con el diámetro de la pieza D (250mm), su área proyectada S (490,6cm^2), y el peso m (10kg), se obtiene del nomograma correspondiente a la figura 5.1, un espesor del flash redondeado a 4mm.

2) Determinamos el ancho b del flash, resultando b=12mm (b=3s).

3) Considerando el ancho del flash, se calcula el área proyectada Sv. Para ello, Dv=D + 2b = 274mm. En consecuencia, Sv = 590 cm^2.

4) Según la tabla 5.I, el coeficiente de resistencia mecánica es σ_f = 91 MPa.

5) Según tabla 5.II, el grado de complejidad de la pieza a forjar es III.

6) Aplicando el nomograma de la figura 5.2, obtenemos para la fuerza de forjado un valor de 35MN (o sea 3500tn).

7) La prensa a seleccionar deberá presentar una fuerza nominal mayor a 35MN.

b) Selección del tamaño de un martillo para forjado en estampa:
Un método que se emplea habitualmente para la selección de un martillo, relaciona el peso (kg) de la pieza a forjar, con la energía nominal de impacto (kJ) del mismo.
En el cuadro siguiente, se adjunta una tabla con este tipo de valores.

Tabla 5.III: Energía nominal de un martillo según el peso de la pieza a forjar (Fuente: Manual Smeral)

Peso máximo **m** de la pieza a forjar (kg)	Energía nominal **E** del martillo (kJ)
0,6	10
0,9	12,5
1,3	16
1,9	20
2,8	25
4,2	31,5
6,3	40
9,2	50
13,6	63
20,5	80
30,0	100
43,9	125
66,9	160
97,9	200

La relación entre la energía nominal de impacto E, y el peso de la pieza a forjar m, está dada por la siguiente expresión:

$$E = 13{,}62m^{0{,}59} \quad (8)$$

En donde:

- E= energía nominal del martillo en kJ.
- m = peso máximo de la pieza a forjar en kg.

Este método produce resultados satisfactorios para el caso que los materiales a forjar sean aceros de bajo y medio carbono, o aceros aleados de bajo carbono.

Un segundo método, hace uso de un valor de energía obtenido mediante el producto del área de forjado proyectada S_V (que incluye el flash), por un coeficiente a de energía específica, que para distintos materiales, se selecciona de la tabla 5.IV.

Tabla 5.IV: Coeficiente de energía específica **a**, para distintos materiales (Fuente: Manual Smeral)

Material	Coeficiente de energía específica **a** ($J.mm^{-2}$)
Aleaciones de aluminio	0,47 a 0,68
Aceros al carbono	0,52 a 0,63
Aceros aleados	0,73 a 1,05
Aceros inoxidables	0,84 a 1,47
Aleaciones de titanio	1,26 a 1,89
Aleaciones termoresistentes	1,47 a 2,52

Veamos un ejemplo:
Determinar la energía nominal necesaria de un martillo para forjar una pieza sencilla de acero al carbono, cuya área de forjado proyectada S_V es de $20000mm^2$.

De la tabla 5.IV resulta entonces a = 0,52 $J.mm^{-2}$.
En consecuencia será: E = a* S_V = 10400J = 10,4 kJ
Respecto de cómo adoptar los valores de la tabla anterior, se sugiere que, en el caso de piezas livianas y muy finas, que se enfrían rápidamente, o en aquellas que presentan formas muy intrincadas, se utilicen los mayores valores.

Por otro lado, como la energía requerida para el forjado de piezas similares, es proporcional a su peso, el número de golpes requeridos se deberá incrementar conforme aumente el peso de la pieza (usualmente se dan entre 2 a 5 golpes). La utilización de martillos de mayor energía de impacto, puede ayudar a reducir el número de golpes.

c) Cálculo de la fuerza necesaria para el rebabado con prensa mecánica:

Un par de comentarios al respecto de la operación de rebabado:

- Si por algún motivo, el espesor del flash es mayor al esperado, durante la operación de rebabado, puede producirse la deformación geométrica de la pieza, dado que la misma sólo se encuentra apoyada en su perímetro.

- En el rebabado, la temperatura de la pieza disminuye a valores de 900°C o incluso menores, por el enfriamiento de traslado y posicionamiento de la pieza en el cortante.

Volviendo a nuestro tema de interés, en relación a la fuerza de rebabado, se la calcula separadamente para el flash interno y el externo. Estas fuerzas, pueden determinarse respectivamente, mediante las siguientes expresiones:

$F_s = 1{,}6\ L\ s\ \sigma_{pt} 10^{-6}$ (MN) para el externo (9),
$F_{s1} = 1{,}6\ L_1\ s_1\ \sigma_{pt} 10^{-6}$ (MN) para el interno (10).

En donde:

- σ_{pt} (MPa): resistencia al corte del material. Para corte en caliente a temperaturas comprendidas entre 800°C a 750°C, emplear tabla 5.V. Para corte en frío, Tabla 5.VI.
- L (mm): longitud para el perímetro de corte externo.
- L_1 (mm): longitud para el perímetro a lo largo de la línea de corte interno.
- s = z + n (mm): espesor real de corte para el perímetro externo.
- $s_1 = z_1 + n + u$ (mm): espesor real de corte para el perímetro interno.
- z (z_1): dimensión real a cortar. Su mejor valor se obtiene siguiendo el método gráfico planteado en la figura 5.4.
- n (mm): tolerancia positiva sobre la altura H (ver figura 5.4).
- u (mm): se adopta un valor de 5 mm a 10mm, según sea el desgaste de las estampas de corte.

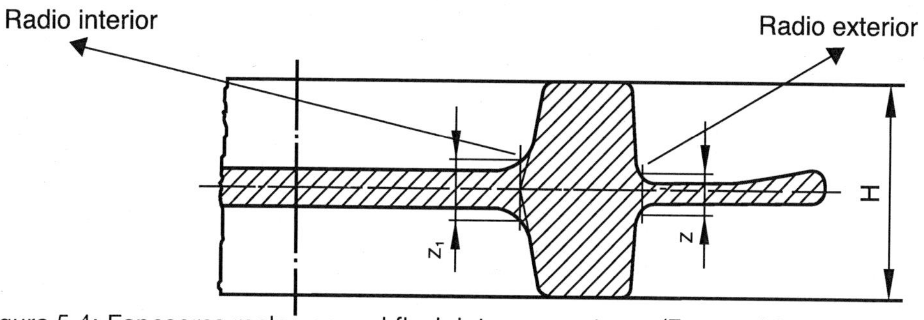

Figura 5.4: Espesores reales para el flash interno y externo (Fuente: Manual Smeral)

En el caso de realizar el rebabado interno y externo, en forma simultánea, la fuerza total será la suma $F_\Sigma = F_S + F_{S1}$.

Finalmente, para determinar el tamaño de la prensa, ya sea, mediante F_S, F_{S1} o F_Σ, obtenidos por cálculo, se deberá incrementar el valor correspondiente en al menos un 25% para tener en cuenta el desgaste de la estampa, la deformación de los radios, o algún posible incremento en el espesor del flash. En consecuencia, para una matriz de corte simultáneo externo e interno, se adoptará el valor $F=1,25\ F_\Sigma$ como valor de comparación, con la capacidad de la prensa (balancín) a seleccionar.

Tabla 5.V: Resistencia al corte σ_{pt} para rebabado en caliente entre 800°C a 750°C (Fuente: Manual Smeral)

Material	Designación DIN / AISI	σ_{pt} (MPa) (**)
Acero al carbono estructural con %C ≤ 0,25	USt 34-2	98
	C 10 / 1010	
	C 22 / 1022	
Acero al carbono estructural con %C ≥ 0,25 ó aceros de baja aleación con %C ≤ 0,25	C 45 / 1045	118
	St 50	
	16MnCr5 / 5117	
Aceros estructurales de alta aleación	100 Cr 6 / 52100	196
	34 Cr Ni Mo 6	
Acero de herramientas	30 WCrV 34 11	245

Tabla 5.VI: Resistencia al corte σ_{pt} para rebabado en frío (Fuente: Manual Smeral)

Material	Designación DIN / AISI	σ_{pt} (MPa) (**)
Aceros al carbono de grados estándar	USt 34-1	333 - 412
	USt 37-2	363 – 441
	USt 42-2	412 – 510
	St 50-2	490 – 608
	St 60-2	588 – 706
Aceros al carbono de alto grado	Ck 15 / 1015	390 – 569
	C 22 / 1022	392 – 598
	C 35 / 1035	480 – 706
	C 45 / 1045	539 – 784

(**) 1MPa = 10,1972 kg/cm^2

En la práctica, también se suele utilizar otro método para seleccionar la prensa de rebabado (balancín), en relación con la capacidad del martillo, o la prensa utilizados para conformar la pieza (ver tabla 5.VII).

Tabla 5.VII: Capacidad de la prensa de rebabado en función del martillo o la prensa utilizada (Fuente: Manual Smeral)

Capacidad prensa de cigüeñal (MN)	Peso del mazo de martillo (tn)	Energía de impacto del martillo (kJ)	Capacidad prensa de rebabado (MN)
3,15	0,3	4	0,5
6,3	0,5	10	1,0
10	0,75	15	1,6
12,5	1,25	25	2,0
16	1,5	30	2,5
20	2,0	40	3,15
25	2,5	60	3,15
31,5	3,0	80	4,0
40	4,0	100	5,0
63	6,0	150	8,0

Finalmente, con el objeto de compatibilizar las unidades empleadas para las capacidades de las prensas y martillos durante este capítulo, con las utilizadas en Argentina (es habitual referirse a las capacidades de las prensas, ya sea en tn o kg, y a la energía de impacto de los martillos en kgm), creemos conveniente adjuntar a continuación, una tabla de equivalencias entre estas unidades, y las del sistema internacional (kN o MN para las prensas y kJ para los martillos):

Tabla 5.VIII: Equivalencias de unidades para fuerzas y energía

Variable	kgm	kJ	tn	kN	MN
Fuerza	-----	-----	100	1000	1
Energía	1000	10	-----	-----	-----

Para ampliar la metodología sobre selección de martillos, adjuntamos a continuación un criterio muy diferente al planteado por Smeral, en este caso debido a Jesús del Río.

Cálculo de velocidades, energías y rebabas para una estampa de terminación en martillo: Este autor, con el objeto de seleccionar el martillo en función de la masa del mazo, y de la energía cinética de impacto, trabaja sobre la base de dos conceptos, el primero, denominado característica geométrica. El segundo, llamado grado de complejidad de la pieza a forjar, similar al dado en la tabla 5.II adjunta anteriormente.

Se define entonces para la pieza deseada, su característica geométrica Kg (relación masividad – delgadez), según sea el valor resultante para el coeficiente:

$$Kg = (\text{espesor medio} / \text{anchura media}) = e_m / a_m \quad (11)$$

En donde:
e_m = (volumen total pieza + rebaba) / (superficie total pieza + rebaba)
a_m = (superficie de la pieza sin rebaba) / (longitud de la pieza sin rebaba)

Haciendo una escala de cinco niveles resulta entonces la Tabla 5.IX:

Tabla 5.IX: Tipo de pieza según la característica geométrica Kg (Fuente: Jesús del Río)

Tipo	Característica geométrica Kg	Tipo de pieza
a	> 0,20	Muy masiva
b	Entre 0,14 a 0,20	Semiespesa
c	Entre 0,10 a 0,14	Semiplana
d	Entre 0,07 a 0,14	Plana
e	< 0,07	Muy plana

En referencia al grado de complejidad de la pieza utilizaremos la escala de 6 niveles dada por Smeral en la Tabla 5.II, que divide a las piezas ordenadas de menor a mayor complejidad en: I) simples y compactas; II) compactas no intrincadas; III) con un alto grado de deformación; IV) tipo horquilla; V) con pequeños espesores y transiciones; y VI) con secciones extremadamente finas.

Conocidos estos valores, es decir, el par característica geométrica – complejidad de la pieza, se ingresa en la tabla experimental 5.X, que permite encontrar las velocidades de impacto V, y las denominadas "masas específicas unitarias" m (masa de caída por cada cm^2 de superficie transversal al golpe), que se consideran ideales para fabricar la pieza, en cuatro o cinco golpes del martillo seleccionado, y en la estampa de terminación.

Tabla 5.X: Velocidad y masa específica p/seleccionar un martillo (Fuente: J. del Río)

Grado de complejidad	Tipo a	Tipo b	Tipo c	Tipo d	Tipo e
I	V = 4,43 m = 6	V = 4,43 m = 8	V = 4,43 m = 10	V = 4,43 m = 12	V = 4,43 m = 14
II	V = 4,83 m = 6	V = 4,83 m = 8	V = 4,83 m = 10	V = 4,83 m = 12	V = 4,83 m = 14
III	V = 5,25 m = 6	V = 5,25 m = 8	V = 5,25 m = 10	V = 5,25 m = 12	V = 5,25 m = 14
IV	V = 5,75 m = 6	V = 5,75 m = 8	V = 5,75 m = 10	V = 5,75 m = 12	V = 5,75 m = 14
V	V = 6,25 m = 6	V = 6,25 m = 8	V = 6,25 m = 10	V = 6,25 m = 12	V = 6,25 m = 14
VI	V = 6,81 m = 6	V = 6,81 m = 8	V = 6,81 m = 10	V = 6,81 m = 12	V = 6,81 m = 14

Aclaración: Velocidades V en m/s y masas específicas en kg/cm^2.

Además, esta tabla esta elaborada de manera que si la longitud (L) de la pieza, y su anchura (a) son tales que:

- $L < 3a$, se utiliza la tabla 5.X tal como está.

- $3a < L < 7a$, hay que emplear la columna de la derecha del valor resultante de usar la tabla.

- $L > 7a$, vale la segunda columna a la derecha del valor resultante de usar la tabla.

Una vez conocidos los parámetros V y m, se pueden calcular tanto la masa de impacto (M), como también la energía disponible en el instante de impacto (E). Serán entonces;

$M = m*S_t$ (12), en donde St es la superficie total de la pieza incluyendo el cordón de la rebaba.

Y si la velocidad de impacto proviene de una caída libre desde una altura h resultará:

$h = V^2 /2*g$ (13).

Una vez determinados los conceptos anteriores, se procede a dimensionar el canal de rebaba, de una estampa de terminación a usar en un martillo, empleando los valores de la tabla 5.XI.

Tabla 5.XI: Valores para el espesor **s** y ancho de flash **b** (Fuente: Jesús del Río)

<table>
<tr><th>Máximo ancho o diámetro de la pieza (mm)</th><th>Valores de b (mm)</th><th>Valores de s (mm), según la complejidad de la pieza</th></tr>
<tr><td>40</td><td>6</td><td rowspan="2">1) Piezas muy simples
s = b/4</td></tr>
<tr><td>60</td><td>7</td></tr>
<tr><td>80</td><td>8</td><td rowspan="2">2) Piezas semi simples
s = b/4,5</td></tr>
<tr><td>100</td><td>9</td></tr>
<tr><td>125</td><td>9,5</td><td rowspan="2">3) Piezas semi complejas
s = b/5</td></tr>
<tr><td>150</td><td>10</td></tr>
<tr><td>175</td><td>11</td><td rowspan="3">4) Piezas complejas
s = b/6</td></tr>
<tr><td>200</td><td>12</td></tr>
<tr><td>240</td><td>13</td></tr>
<tr><td>280</td><td>14</td><td rowspan="4">5) Piezas muy complejas
s = b/7</td></tr>
<tr><td>320</td><td>15</td></tr>
<tr><td>360</td><td>17</td></tr>
<tr><td>400</td><td>18</td></tr>
</table>

Bibliografía y Páginas webs consultadas

- Jesús del Río, **Conformación plástica de materiales metálicos**, Editorial Dossat, Madrid, España, 2005 (libro).

- **Catalogue of forgings, made on machines Smeral** (catálogo).

CAPITULO 6

LAS MATRICES

"En los momentos de crisis, sólo la imaginación es más importante que el conocimiento"

Albert Einstein

Generalidades:

Es evidente que, el "ambiente" de trabajo de las matrices utilizadas para realizar operaciones de forjado en caliente, es extremadamente agresivo. Temperaturas elevadas y cambiantes (shock térmico), así como fuertes impactos, constituyen los principales condimentos del proceso, que afectan significativamente la vida útil de las estampas.

Sin embargo, un análisis detallado de todo el proceso de desarrollo y puesta en producción de una estampa, nos muestra que son muchas más las variables que pueden influir sobre la vida del herramental. Por ello, en el diagrama siguiente, se ponen en evidencia estas variables, así como también los distintos actores, de cuya responsabilidad depende alcanzar un buen desempeño de la estampa en cada caso.

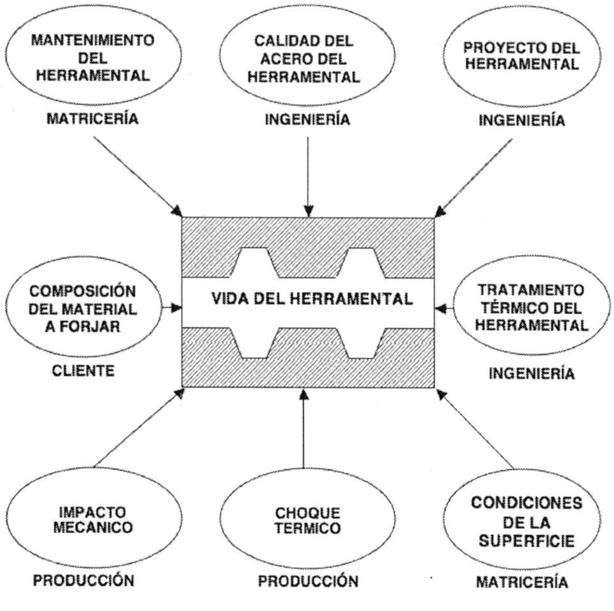

Figura 6.1: Variables de influencia sobre la vida de una estampa de forja.

Por otro lado, luego de realizar una amplia búsqueda, con el objeto de encontrar valores experimentales publicados, sobre las temperaturas actuantes en las superficies de matrices, encontramos sólo dos referencias. La primera, corresponde a datos aportados durante el curso sobre "Lubricantes para forja", que fue dictado por el Ing. Gustavo Schiuma en instalaciones de la Cámara del Forjado de Argentina (CAFOR), en el año 2007. En él, se mostraron imágenes termográficas que indicaban temperaturas en el rango de 215°C a 240°C, sobre la superficie de estampado de una matriz inferior, empleadas para el forjado de piezas de acero. Este dato, aunque exiguo, nos ofrece una referencia sobre cual pudiera ser el nivel de temperatura que deberá soportar el material de la matriz, e incluso da sustento a una definición dada por Apraiz Barreiro en referencia a los aceros para trabajo en caliente, sobre los cuales dice que: *"son aquellos aceros de herramientas, que durante el trabajo estarán sometidos a temperaturas superiores a unos 200°C".*

En tanto, la segunda referencia se obtuvo de la publicación "Influence of friction on die filling in counterblow hammer forging" de Jonas Hallström. En ella se menciona que, en una operación de forjado realizada en un martillo de contragolpe, siendo la temperatura del material a forjar de 1240°C, la estampa superior presentó una temperatura aproximada de 350°C, mientras que la inferior expuso un valor promedio de unos 400°C.

Es indudable que, la influencia de la temperatura, provoca la oxidación de la superficie de la estampa (la oxidación de los aceros comienza a temperaturas del orden de los 200°C), como también un posible ablandamiento de la misma.

Según Apraiz Barreiro, los primeros aceros que se usaron para la fabricación de herramientas sometidas a trabajos de forja, fueron los aceros al carbono, con contenidos de este elemento en el rango de 0,5% a 0,9%. Con ellos, se podían alcanzar durezas, en el entorno de los 200 a 300 Brinell.

El progresivo aumento de las exigencias, hizo que se probaran otras composiciones químicas, y se observó entonces que, las herramientas de mayor tamaño, mejoraban significativamente su comportamiento, cuando se usaban aceros aleados con porcentajes de carbono de 0,35% a 0,6%. Estos aceros, luego de templados y revenidos, alcanzaban durezas de 300 a 500 Brinell. Paralelamente, el agregado de aleantes, incrementaba su templabilidad, de modo que se obtenían similares durezas, tanto en la superficie, como en el interior de la matriz. Fue así, que la zona central, sometida a elevadas cargas de impacto, dejó de ceder por la acción de los golpes, conservando así su forma original, y no afectando entonces la geometría de la pieza.

Diversas pruebas llevadas adelante, y el paso del tiempo, demostraron que, los aceros aleados con **cromo, tungsteno y molibdeno**, entregaban los mejores resultados, dado que todos estos aleantes son afinadores de grano, lo que aumenta consecuentemente la tenacidad, y la resistencia en caliente. Por otra parte, el agregado de **níquel**, evita el crecimiento del grano durante los tratamientos térmicos, sirviendo para mantener, en estos aceros, una gran tenacidad.

Toda matriz destinada a una prensa o recalcadora, está sometida a un impacto (choque) limitado, dada la baja velocidad con que estos equipos aplican la carga. Por esta razón, durante la fabricación de la estampa, pueden ser templadas con altas durezas, utilizando preferentemente, un grupo de aceros con 5% de cromo, caracterizados por su elevada resistencia mecánica entre los 400°C y 500°C, muy buena templabilidad, y gran resistencia al desgaste. Adicionalmente, estos aceros admiten ser refrigerados, sin peligro de agrietamiento. Como ejemplo, podemos citar el acero SAE H13, ampliamente usado en Argentina para fabricar matrices de forja empleadas en prensas.
Por el contrario, cuando la máquina principal es un martillo, se usan grandes bloques de material para construir las matrices, dado que la máquina ocasiona fuertes impactos sobre la estampa, que influyen significativamente sobre su duración. Por estas razones, el material elegido en estos casos es el SAE L6, un acero económico, con bajo nivel de aleantes, pero que se adapta muy bien al trabajo en estos exigentes equipos.
Independientemente de lo comentado, existe un segundo grupo, cuyo aleante principal es el tungsteno, con porcentajes que van del 9 al 15%, que conservan mayores durezas y resistencia mecánica a temperaturas más altas aún (entre 500°C a 600°C).

Un análisis mas detallado indica que, los factores a considerar para la selección de un acero para fabricar una matriz de estampado en caliente, son los siguientes:

- **Cantidad de piezas a conformar:** para forjar una serie pequeña de piezas, digamos unas 100 unidades, es conveniente la selección de un acero al carbono. En estos casos puede ser suficiente con construir una estampa, en un acero económico, con una única cavidad, cuyo grabado sea el de la forma final, e introducir el tocho caliente directamente en el, aunque la matriz, se deteriore rápidamente. Por el contrario, cuando la serie aumenta, lo más adecuado es elegir un acero aleado, que si bien posee un precio muy superior al anterior, nos proveerá de muy buen rendimiento y duración.
- **Diseño de los pasos de forjado:** una matriz de un único paso (terminación), hace trabajar excesivamente a la cavidad de forjado, dado que en una sola fase debemos pasar del tocho caliente a la pieza final. Este sistema expone al grabado, a un proceso de desgaste acelerado. En cambio, si la modificación de la geometría se va realizando en forma paulatina (repartidor, preforma, terminación), el desgaste se va distribuyendo entre las distintas fases, y de este modo, se alarga la duración de las estampas.
- **Elección de la máquina apropiada:** un equipo cuya energía es escasa, necesitará dar más golpes de los necesarios para conformar la pieza, de modo que se expondrá a la estampa a una mayor exigencia. Por otro lado, una máquina sobredimensionada, hará que el exceso de capacidad que no se requiere para la deformación plástica del material, se traduzca inevitablemente en un impacto exagerado sobre las matrices, afectando su duración.
- **Lubricación:** una correcta elección del lubricante, como de su dosificación y distribución, asegurará una mayor vida útil del herramental.

- **Precalentamiento de la estampa:** si esta temperatura resulta elevada, puede hacerle perder dureza a la matriz. Si es baja, la estampa puede comportarse en forma frágil, pudiendo provocar la rotura de la misma.
- **Tipo de material a forjar:** los aceros de bajo carbono son los materiales que presentan mayor facilidad para su conformación en caliente. Muy distinto ocurre con los aceros de alta aleación o los inoxidables, que poseen muy baja conformabilidad.
- **Precio del acero:** dado que se trata de aceros de media aleación, y en consecuencia de elevado valor, el proyectista deberá considerar para su elección, la cantidad y calidad de la pieza, para alcanzar así un costo razonable.

Suponiendo hayamos realizado una correcta evaluación y selección de cada uno de los factores anteriores, esto no alcanzará por si sólo para obtener un correcto desempeño de la estampa, porque estará faltando definir con precisión, la condición metalúrgica apropiada para el acero elegido, esto es, su composición química, tratamiento térmico, microestructura, dureza de trabajo, y conservación de las propiedades durante el propio proceso de forja.

Entonces, los requisitos metalúrgicos y las comprobaciones experimentales que debe cumplir un acero para trabajo en caliente, son las indicadas a continuación:

- Gran resistencia mecánica y tenacidad en caliente, necesarios para que la estampa no se deforme ni se fracture. Estas condiciones pueden valorarse a través de las curvas obtenidas en ensayos de fractura por tracción en caliente (ver figura 6.2), y las curvas de revenido (ver figuras 6.3 y 6.4). Juzgando sobre cual podrá ser la mayor temperatura que ocurrirá sobre la estampa durante el trabajo de forja, se debe elegir aquel acero cuya curva de revenido este siempre por encima de esta temperatura máxima. Nota: Los diagramas de barras de la figura siguiente, corresponden a ensayos efectuados sobre probetas de acero SAE H13 y acero SAE H13 modificado. Este último, presenta principalmente respecto del acero tradicional, un mayor porcentaje de Molibdeno (3%), y un menor porcentaje de Vanadio (0,6%)

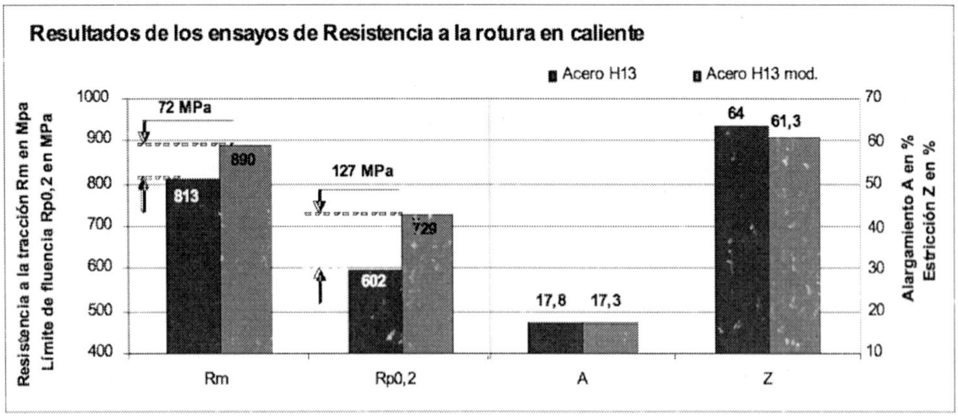

Figura 6.2: Valores de ensayos de fractura por tracción en caliente (Fuente: Thyssen)

- Gran resistencia al desgaste, para soportar la acción de esmerilado de la cascarilla de la pieza, y la erosión ocasionada en el canal de rebaba, por el exceso de material saliente en dicha zona. Se puede mejorar mediante el empleo de tratamientos superficiales como la nitruración iónica, y según Siamak Abachi, puede cuantificarse mediante un ensayo de desgaste tipo pin-on disk.

- Resistencia al shock térmico, para poder soportar, sin la aparición de fisuras, los cambios de temperaturas propios de la cadencia de producción, y/o las paradas de trabajo para retocar la estampa, o realizar actividades de mantenimiento sobre la máquina. Las precauciones que se pueden adoptar para controlarla son: mantener calientes las estampas, eliminar las tensiones en las matrices luego de usarlas durante un tiempo prolongado, y evitar su construcción con ángulos vivos o cambios bruscos de sección.

- Elevada templabilidad para alcanzar dureza en el núcleo de la estampa, y a la vez poder templar el material en medios de menor severidad (aceite o incluso aire), evitando así la aparición de deformaciones y grietas durante el tratamiento. Esta propiedad se evalúa mediante las curvas de templabilidad obtenidas mediante ensayos Jominy.

Para finalizar, todos los datos correspondientes a un tratamiento térmico eficaz del acero, deberán ser aportados por la acería (temperatura, tiempo de permanencia, medios de enfriamiento para el temple, y curva de revenido), fabricante del acero en cuestión.

Aceros para matrices de forjado en caliente:
En la mayoría de los casos, los aceros se emplean con durezas post-revenido de entre 34 HRc a 56 HRc, rango de dureza que exige un porcentaje de carbono entre 0,5% a 0,9% para los aceros comunes, y de 0,3% a 0,6% para los aceros aleados. En ambos casos, la dureza máxima obtenible dependerá del porcentaje de carbono, y su conservación a la temperatura de trabajo, será función de los elementos de aleación.

La disminución de dureza que sufren estos aceros durante el trabajo de forja, es asimilable a la propia acción del revenido. Es así, que un acero al carbono sólo puede usarse hasta los 300°C, porque encima de ese valor, su dureza se reduce considerablemente.
En cambio, los aceros de 5% de cromo, como puede ser el SAE H13, mantienen un nivel de 50HRc, a una temperatura de 600°C (ver figura 6.3).

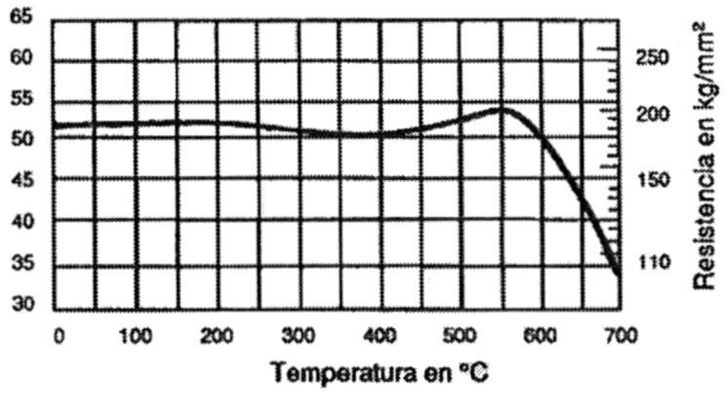

Figura 6.3: Curva de revenido para un acero SAE H13 (Fuente: Bohler)

Por lo comentado previamente, se recomienda seleccionar el tipo de acero a utilizar en la fabricación de una estampa para forjado en caliente, según sea su dureza, a la temperatura de trabajo. Y es aquí donde la termografía puede tener una aplicación muy interesante mediante la obtención de imágenes termográficas, es decir, mapas de temperaturas, sobre la superficie de matrices de forja, para conocer, cuales son las exigencias en términos de temperatura, a que se encuentran sometidos estos materiales.

Por otra parte, un acero con 1% de cromo y 1,7% de níquel, como puede ser el SAE L6, mantiene un nivel de 40 HRc a 45HRc, a una temperatura entre 500°C a 550 °C (figura 6.4).

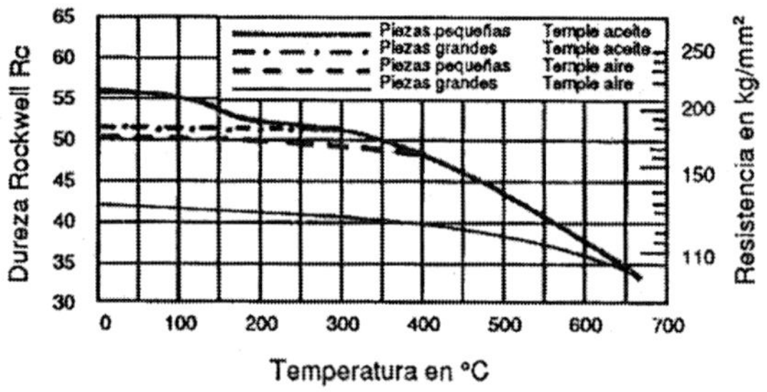

Figura 6.4: Curva de revenido para un acero SAE L6 (Fuente: Bohler)

Con otra mirada, según Avner, los aceros para herramientas, para trabajo en caliente (correspondientes mayoritariamente a la serie SAE H, en donde la H representa la palabra Hot, caliente), pueden ser divididos en tres grupos a saber:

a) *Aceros para trabajo en caliente base cromo* (del H11 al H19): presentan un mínimo de 3,2% de cromo, y cantidades menores de vanadio, tungsteno y molibdeno. Poseen buena dureza debido a su porcentaje de cromo, y que a su vez, todos sus elementos de aleación son formadores de carburos. El bajo porcentaje de carbono, asegura una excelente tenacidad cuando se los templa entre 40HRc a 56HRc, aunque estos bajos porcentajes son comunes en las tres series de aceros H. Adicionalmente presentan un coeficiente de expansión térmica relativamente bajo, y resistencias a la oxidación y corrosión superiores al promedio.

b) *Aceros para trabajo en caliente base tungsteno* (del H21 al H26): contienen al menos 9% de tungsteno y entre 2% a 12% de cromo. Son aceros que poseen mayor tenacidad que la serie anterior, aunque en el rango de 45HRc a 55HRc son más frágiles. Esta fragilidad le deja poco margen para su empleo en matrices de forja, dado el rango habitual de dureza empleado en ellas (34HRc – 56HRc), salvo que sean aplicados a materiales de menor resistencia a la deformación que los aceros, como pueden ser el aluminio, cobre y sus aleaciones.

c) *Aceros para trabajo en caliente base molibdeno* (del H41 al H43): con 8% de molibdeno, 4% de cromo y cantidades menores de tungsteno y vanadio. Son aceros muy similares a los base tungsteno.

Durezas más convenientes para distintas clases de matrices:

La dureza adecuada para una matriz depende de la forma, espesor y material de la pieza a forjar, como también de la calidad del acero utilizado para su fabricación. En la tabla 6.I se presenta una guía sencilla para orientar la selección del tipo de acero y su dureza.

Tabla 6.I: Dureza y tipo de acero según el trabajo de forja a realizar (Fuente: Apraiz)

	Tamaño pieza		**Forma**		**Profundidad grabado (mm)**				**Tamaño matriz**		**Tolerancia pieza**		
	Chica	Grande	Simple	Difícil	5	8	25	>25	Chica	Gde	Baja	Med	Alta
HB	350 - 450	300 - 350	350 - 450	300 - 350	450	400	350	300	400	350	400-500	350	300
Acero	A	A	A	A	A	A	A	A	A	A	A	C	C

A = Acero aleado; C = acero al carbono.

Del análisis de la tabla anterior se evidencia que, a medida que se desea una mayor dureza y que aumenta el tamaño del bloque a utilizar para fabricar la estampa, se deben emplear aceros aleados de alta templabilidad, para lograr un resultado adecuado.

Por otro lado, la empresa Thyssen Krupp presenta dentro de su material técnico una información más actualizada, dirigida específicamente a los aceros aleados que se usan en la fabricación de matrices para forja en caliente. Allí presenta una tabla de durezas recomendadas, según sea el tamaño y el espesor de la matriz.

Tabla 6.II: Durezas para matrices de forja en caliente (Fuente: Thyssen Krupp)

Matrices pequeñas	Espesores < 80mm	46 – 48 HRc
Matrices medianas	Espesores entre 80 y 145mm	44 – 46 HRc
Matrices grandes	Espesores > 145mm	42 – 44 HRc

Nota: estas opciones de dureza podrán ser adoptadas, según sean las dimensiones y los perfiles de las herramientas, como también del tipo de equipo que realiza el tratamiento térmico (hornos de vacío, horno de sales, o de atmósfera controlada).

El acero SAE H13:

Tal es el grado de importancia que se le asigna a este acero en la fabricación de matrices de forja, que el Profesor Anselmo Diniz, en su trabajo “Tool life and tool wear in the semifinish milling of inclined surfaces”, con el objeto de analizar la influencia sobre la duración del filo de corte de fresas esféricas, cuando estas mecanizan paredes inclinadas (ver figura 6.5), típicas de toda matriz de forja (ya que el ángulo de salida propicia el desmolde de la pieza forjada), realizó una serie de experiencias prácticas de fresado sobre un acero SAE H13 templado y revenido a una dureza de 50 HRc. En este trabajo concluyó que, en base a los resultados obtenidos en el fresado de semiacabado sobre placas de acero SAE H13, utilizando insertos de metal duro recubierto, la vida de la fresa disminuyó con el aumento de la inclinación de la superficie (las pruebas fueron realizadas con inclinaciones de 45° y 75°), mientras que otras variables ensayadas, como el avance por diente y la profundidad de pasada, no afectaron significativamente la duración del filo (decimos aumento de la inclinación, cuanto la superficie a mecanizar más se acerca a la vertical. Ver figura 6.5).

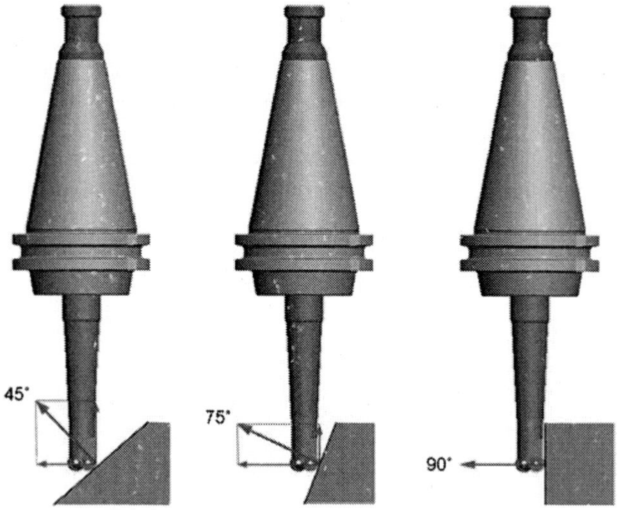

Figura 6.5: Influencia de la inclinación de la pared de una matriz sobre los esfuerzos de fresado (Fuente: A. Diniz)

En referencia específica al acero SAE H13, algunos fabricantes siderúrgicos (como Böhler, Thyssen), se refieren a él como un acero de gran tenacidad y mínima deformación por el calor. Con elevada resistencia a la oxidación y a la formación de fisuras. Apto para el temple al vacío y la nitruración. No lo afectan los cambios de temperatura, y su aplicación la encuentra en matrices para prensas y recalcadoras, y en el estampado en caliente de materiales ferrosos y no ferrosos.

En la tabla 6.III se presenta la composición química del acero SAE H13, o también denominado por su equivalencia, acero DIN 1.2343.

Tabla 6.III: Composición química del acero SAE H13 (Fuentes: Böhler y Thyssen)

	%C	%Cr	%Mo	%V	%Si
Análisis nominal	0,4	5 a 5,3	1,3 a 1,4	1	1 a 1,2

Tratamientos térmicos del acero SAE H13:

Forjado: 1100°C a 850°C. Luego enfriar lentamente en ceniza seca.

Recocido: 750°C a 800°C, 3 a 5 horas. Enfriar en horno apagado.

Templado: temperatura de temple 1000°C a 1050°C. Se lo puede enfriar en baño caliente entre 500°C a 550°C y luego aire, o en aceite a 80°C.

Revenido: 500°C a 600°C. Con enfriamiento en baño caliente entre 500°C a 550°C y luego aire, o en aceite a 80°C, se pueden alcanzar durezas entre 52HRc a 56HRc. Con enfriamiento directo en aire, se obtienen durezas de 46HRc a 48HRc.

Importante: toda matriz para forjado en caliente, construida con este acero, deber ser precalentada, en forma homogénea, a temperaturas del orden de 250°C a 300°C.

Es necesario volver a remarcar que, dada su vital importancia para el cuidado del herramental, la falta de precalentamiento, provoca roturas frágiles y prematuras en la estampa. Por ello, es imprescindible seguir las instrucciones del fabricante del acero, o en su defecto, calentar las estampas, previo a su utilización, a temperaturas entre 200°C a 300°C que se adaptan a los rangos de distintos aceros que suelen emplearse para estos fines. Dicho calentamiento deberá ser lo más uniforme posible. Para alcanzarlo se emplean, alguna de estas técnicas: calentamiento por resistencia, por mechero, o disponiendo material caliente, sobre la superficie de la matriz.

Dado el elevado valor de este acero, con el objeto de ahorrar material, algunas estampas para prensas, se suelen construir con tres materiales diferentes: para el sector exterior se emplea un material económico (SAE 1040), para el grabado principal, un acero para estampas (SAE H13), y de existir un tetón (un saliente del grabado), se usa otra calidad de acero también para trabajo en caliente (SAE H10). El ensamble de las partes se realiza por clavado en frío, dado que las superficies de contacto, terminadas por rectificado, presentan una interferencia "diseñada" con ese destino.
En la figura siguiente se presenta un esquema de una matriz conformada con insertos.

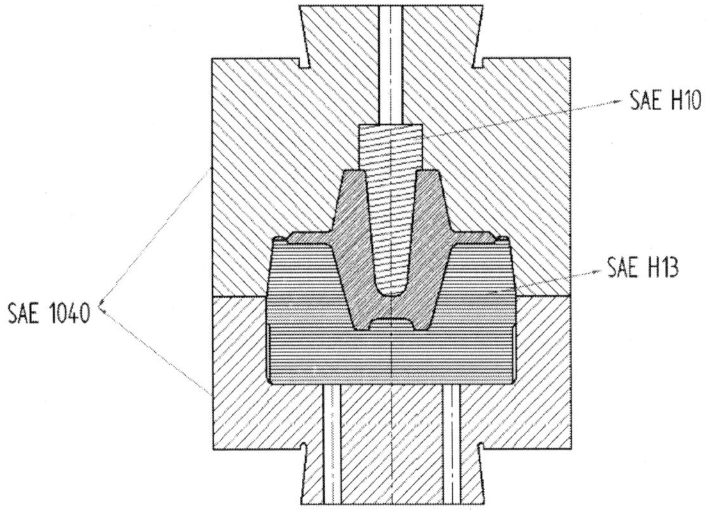

Figura 6.6: Matriz con insertos de distintos materiales

El acero SAE L6:
En referencia específica al acero SAE L6, algunos fabricantes siderúrgicos (como Böhler, Thyssen), se refieren a él como un acero tenaz para matrizado, con muy buena penetración de temple, que soporta mejor los golpes, pero menos el calor. Es un acero estándar para estampas medianas y grandes de las más altas exigencias. Apto para herramientas de trabajo en caliente, como punzones, herramientas para recalcado, cortantes y estampas para martillos. En la tabla 6.IV se presenta la composición química del acero SAE L6, también llamado DIN 1.2714.

Tabla 6.IV: Composición química del acero SAE L6 (Fuentes: Böhler y Thyssen)

	%C	%Cr	%Mo	%V	%Ni
Análisis nominal	0,55	1 a 1,1	0,5 a 0,6	0,1	1,7

Tratamientos térmicos del acero SAE L6:
Forjado: 1050°C a 850°C.
Recocido: 680°C a 700°C, 2 a 4 horas.
Templado: temperatura de temple 860°C a 900°C en aire, ó 840°C a 870°C en aceite.
Revenido: 450°C a 650°C, 2 a 3 horas.

Dado que es habitual el empleo de este acero, para la fabricación de matrices de gran tamaño usadas en el martillo, en razón de su templabilidad moderada ocurre que, conforme se va utilizando la matriz, y con los sucesivos regrabados, se produce una variación en el rendimiento de la estampa, por diferencias de dureza hacia el interior del material.
Por citar un ejemplo de la práctica dado por Bonnemezón. Al forjar una pieza con matriz nueva de acero SAE L6 se obtuvieron 6000 piezas. Luego del regrabado, que dejó expuesto como superficie de trabajo, un material con menor dureza, sólo se alcanzaron 4000 piezas. En la repetición de esta tarea, por las irregularidades en la dureza propias de estos aceros, puede suceder que, después de otro regrabado, aumente la cantidad de piezas forjadas, se mantenga o disminuya.
Si bien se sugiere que los regrabados sean de unos 5mm, en referencia a la cantidad de veces que una estampa puede ser regrabada, no es posible establecer una cantidad precisa, dado que dependerá de la figura de la cavidad, de la preforma, y de cuan generosas sean las dimensiones originales de la matriz.

Condiciones de diseño:
El proceso de diseño de una matriz para forjado en caliente, se inicia a partir del plano de fabricación de la pieza mecanizada (figura 6.7), construyendo a partir de él, el plano de la pieza forjada (figura 6.8). Para ello, se deberán considerar los sobremateriales necesarios para su posterior mecanizado, los ángulos de salida, y los radios de acuerdo, que eliminen la posibilidad de aparición de fisuras superficiales sobre la pieza, como consecuencia de su enfriamiento, una vez alcanzada la temperatura ambiente.

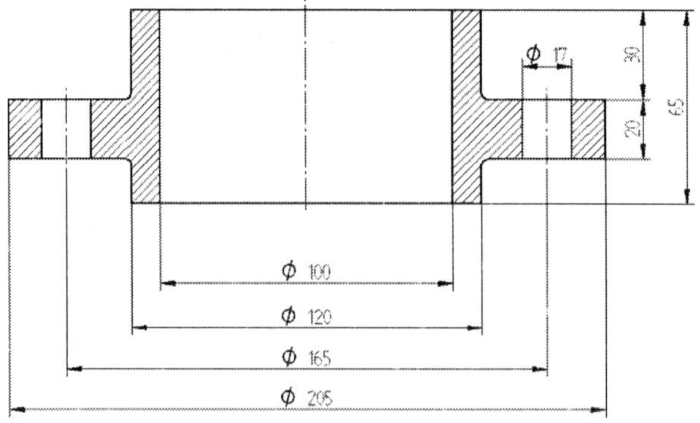

Figura 6.7: Ejemplo de plano de fabricación de una pieza mecanizada.

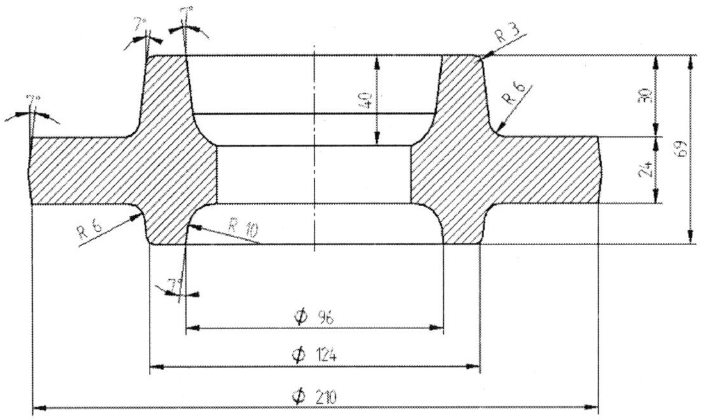

Figura 6.8: Ejemplo de plano de fabricación de una pieza forjada.

Una vez obtenido el plano de forja, restará para completar el diseño de la matriz de estampado en caliente (figura 6.9), tener en cuenta los siguientes aspectos: 1) la contracción del material a forjar, 2) que la cavidad de la matriz será un porcentaje proporcionalmente más grande, que la pieza forjada a temperatura ambiente, y 3), agregar el flash y el canal de rebaba, cuya función, como ya se dijo previamente, consiste en restringir el flujo de material durante el estampado, con el objeto de lograr el llenado total de la cavidad de la matriz, y albergar así el material por exceso proveniente del trozo inicial, sobredimensionado al efecto.

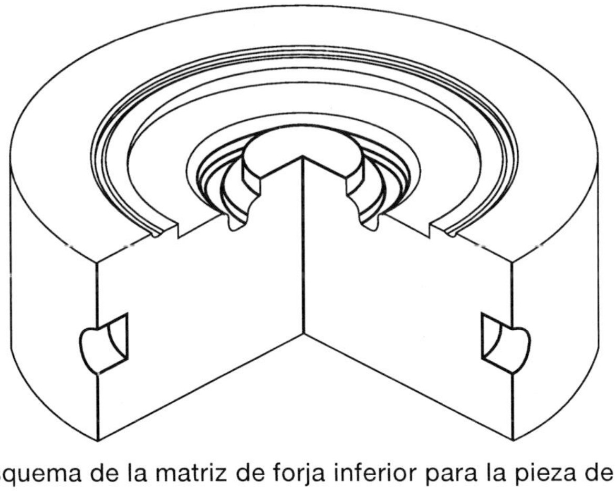

Figura 6.9: Esquema de la matriz de forja inferior para la pieza de la figura 6.8.

Con el objeto de resumir lo expuesto en referencia al "camino de diseño" que se debe recorrer para lograr una matriz de forjado en caliente, partiendo del plano de mecanizado, hasta obtener el plano de la matriz, presentamos seguidamente un cuadro en cascada que representa el citado proceso (Ejemplo: Plano de la pieza + Sobrematerial + Radios mínimos + ángulos de salida = Composición del plano de la pieza forjada).

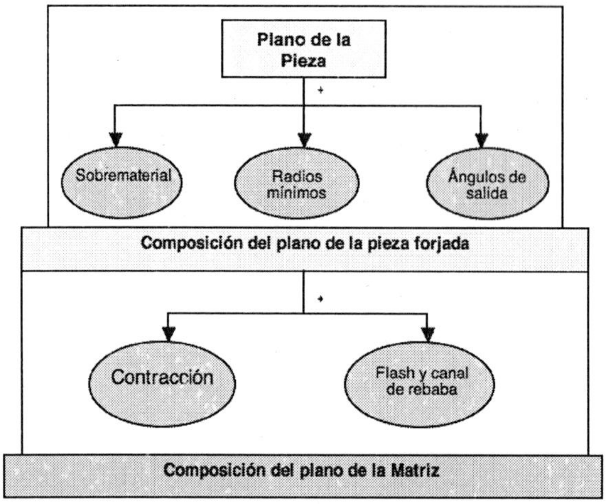

Figura 6.10: Diagrama en cascada para la obtención del plano de la matriz de forja.

Sobrematerial:

Según Mario Rossi, depende de las dimensiones de la pieza a estampar. En la tabla siguiente, se dan los valores recomendados, para piezas forjadas en estampas cerradas.

Tabla 6.V: Sobremateriales recomendados para piezas forjadas (Fuente: Mario Rossi)

Dimensiones (mm)	Sobrematerial s (*) por lado (mm)
Hasta 20	0,5 a 1
De 20 a 80	1 a 1,5
De 80 a 150	1,5 a 2
Más de 150	2 a 3

(*) ver figura 6.11.

Al realizar el diseño de la pieza a estampar, es importante considerar los ángulos de salida, por lo cual, los valores indicados para los sobremateriales, deben aplicarse en la cota de menor medida, es decir, donde se inicia la inclinación (llamado bajo fondo).

Ángulos de salida:

Loa ángulos de salida (alfa y beta en la figura 6.11), son aquellos que forman las paredes del grabado de la estampa, con la dirección en que esta se desplaza. Como ya se indicó anteriormente, son necesarios para facilitar el desmolde de la pieza, ya sea este manual (pinza), o con punzón extractor.

Aquellas partes de las cavidades de las matrices que se presentan en relieves salientes, denominadas habitualmente tetones, deben tener un ángulo de salida mayor al de las paredes laterales, dado que, una vez estampada la pieza, la misma se enfría, y por consecuencia, contrae sus dimensiones, tendiendo a agarrarse sobre ellos.

En la tabla que sigue a continuación, se recomiendan los valores para los ángulos de salida, diferenciándose según sea el tipo de máquina a utilizar, y la ubicación de la pared (interior o exterior).

Tabla 6.VI: Ángulos de salida para piezas forjadas en caliente (Fuente: Nello Mizzau)

Tipo de máquina	**Angulo de salida pared interior**		**Angulo de salida pared exterior**	
	Angulo α (°)	**Observación**	**Angulo β (°)**	**Observación**
Martillo	7 a 8	Valor normal	7 a 8	Nervio alto
	6	Tetón bajo	6 a 3	Valor normal
Prensa vertical	7 a 8	Cavidad profunda	6	Pieza de revolución alta
	6	Valor normal	3	Valor normal
	3	Con extractor	1	Con extractor
Prensa horizontal	3 a 1	Cavidad ciega	3 a 1	Valor normal
Para "nervios" usar siempre salidas con pendientes del 9% al 12%				

Otro autor como Mario Rossi, recomienda ángulos de 5° a 7° para las paredes exteriores, y de 7° a 8° para las interiores, indicando inclusive que por razones de practicidad se acostumbra a unificar estos ángulos, utilizando para ambos casos 6° ó 7°.

Hay que tener cuidado con aumentar estos ángulos innecesariamente, dado que se incrementará, tanto el costo de material, como también el de mecanizado, ya que habrá mayor cantidad de material a remover.

Radios de acuerdo:

En las piezas a estampar es muy importante que no existan ni cantos ni ángulos vivos, dado que durante la contracción por enfriamiento pueden aparecer fisuras, que suelen propagarse hacia el interior de la pieza, alcanzando profundidades de 2mm a 5mm.

Por otra parte, cuanto más pequeño sean los radios de redondeo, mayor será el esfuerzo exigido durante el forjado, y como consecuencia directa de ello, menor la duración de las estampas.

Resulta entonces necesario no disminuir en ningún caso, los valores indicados en las tablas. Incluso, para simplificar y facilitar la fabricación de las estampas, suele emplearse un único valor de redondeo, correspondiente al valor más alto recomendado.

En la figura 6.11, se muestran las cotas correspondientes a los sobremateriales (s), los ángulos de salida de pared interior (alfa), de pared exterior (beta), y los radios de acuerdo (r, r_1 ó r_2), que debe tener una pieza forjada en caliente (para poner de manifiesto los sobrematieriales en la figura siguiente, se dibujó, en línea de puntos la pieza mecanizada, superpuesta a la pieza forjada).

Si se consulta bibliografía avanzada, como puede ser el texto de Jesús del Río, se puede observar que, las deformaciones geométricas resultantes en materiales sometidos a procesos de forjado sin estampa (forja libre), resultan ser de tipo logarítmico. Cuando la deformación se efectúa dentro de la cavidad de una matriz, el proceso es el mismo, hasta que el material se encuentra con las paredes de la estampa. A partir de ese momento, el libre movimiento del material se va entorpeciendo, resultando conducido hacia otros lugares distintos a su tendencia natural de deformación logarítmica. Es así que, respecto de los radios de la cavidad, sería interesante proyectarlos con formas logarítmicas, dado que de este modo, no se contradicen las tendencias naturales de deformación de los materiales metálicos, evitándose posibles pliegues, grietas o malformaciones, que pueden llegar a invalidar el producto final buscado (esta metodología no se aplica en Argentina).

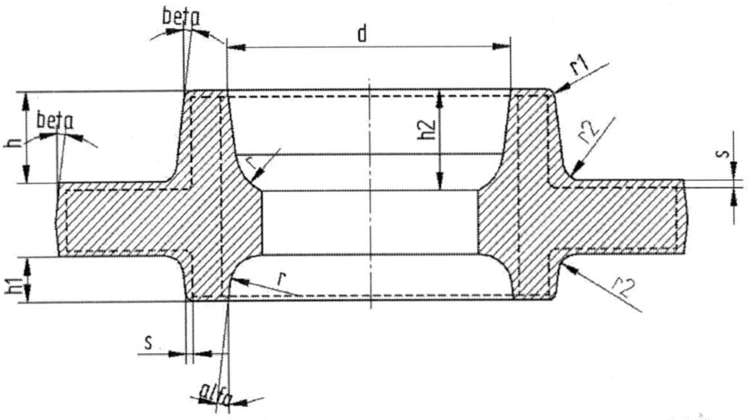

Figura 6.11: Sobremateriales, ángulos y radios de una pieza forjada (Fuente: N. Mizzau)

En la tabla siguiente, se presentan los valores mínimos para los radios de acuerdo, en función de las alturas h, h_1 y h_2 ó del diámetro d, indicados en la pieza de la figura 6.11.

Tabla 6.VII: Redondeo de aristas de piezas forjadas en caliente (Fuente: Nello Mizzau)

Medida h, h_1, h_2 ó d	Radio r (mm)	Radio de arista r_1 (mm)	Radio de empalme r_2 (mm)
0 a 25mm	5	1	1
25 a 40mm	8	1	1,5
40 a 63mm	12	1,5	2
63 a 100mm	20	1,5	2,5
100 a 160mm	30	2	3
160 a 250mm	50	2,5	3,5

Dimensiones de los nervios y las almas:

En principio queremos aclarar que, se entiende por nervios, a los salientes con ángulos de salida (parte con altura h en la figura 6.12), que presentan las piezas forjadas, mientras que al alma, le corresponde el espesor indicado como t en la figura siguiente.

Si bien sería deseable disponer de total libertad para el diseño de las piezas forjadas, existen restricciones geométricas, dado que, el superar determinados límites, supondrá obtener como resultado una pieza con deformaciones superiores a lo aceptable. Es por ello que, el espesor t del alma a utilizar, será función de los valores asignados a la altura h de los nervios, como también a la dimensión principal W. Se debe tener en cuenta que, a menor espesor de alma, mayor posibilidad que la pieza forjada, resulte con deformaciones inaceptables, una vez alcanzada la temperatura ambiente.

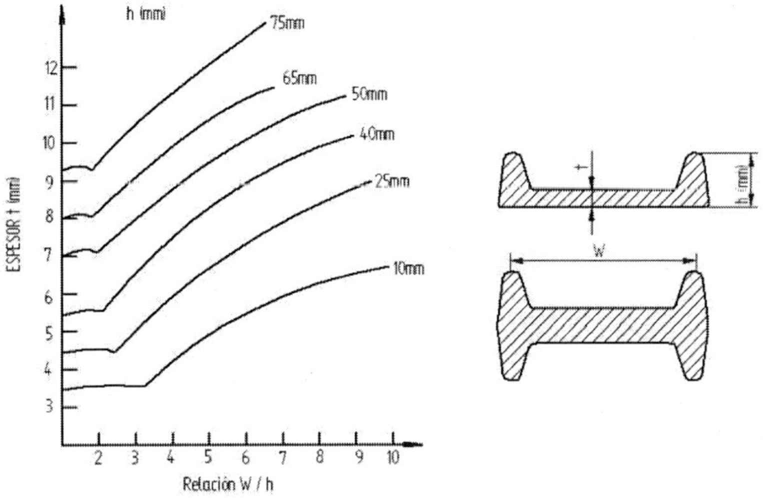

Figura 6.12: Dimensiones recomendadas para piezas forjadas (Fuente: Schäefer)

Agujeros para la salida de aire:
En principio queremos aclarar que se trata de una práctica no recomendable, por tres motivos, a saber:

- La dificultad técnica para producir agujeros pasantes de 2mm de diámetro, en bloques de material habitualmente gruesos.

- Porque se conoce de la experiencia práctica, que todas las matrices de forja que poseen agujero para la salida de aire, se fracturan en su zona de influencia.

- Durante el proceso de conformado, el material fluye dentro de los agujeros, dificultando la extracción de la pieza, y requiriendo esta, una vez liberada, de un proceso de amolado adicional para su eliminación.

A pesar de ello, hay piezas que los requieren, para lograr el llenado de la cavidad, ya que por su intermedio, el material puede desplazar, no sólo el aire contenido en la matriz, sino también el lubricante.
En la figura 6.13 se presenta una pieza denominada garra polar desarrollada por Bonnemezón, en cuya matriz se realizaron una serie de agujeros de 2mm, en el extremo de cada saliente vertical (parte muy fina donde se junta aire y/o lubricante), para resolver su fabricación por forjado.

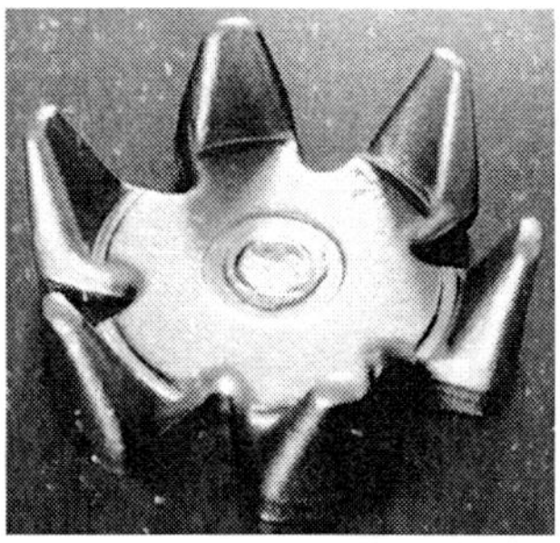

Figura 6.13: Garra polar forjada (Fuente: Forja Sudamericana)

Contracción del material a estampar:

No es otra cosa que una consecuencia de la dilatación por calentamiento, ya que la contracción es exactamente el fenómeno inverso, que se produce durante el proceso de enfriamiento del material.

El porcentaje de contracción depende de la temperatura de finalización de forja.

Es evidente que, las dimensiones de la estampa, deberán contemplar este fenómeno, debiendo incrementarse sus dimensiones nominales en un porcentaje fijo, según sea el material a estampar. Algunos valores recomendados, para diferentes materiales forjables, se presentan en la tabla 6.VIII.

Tabla 6.VIII: Valores de contracción para distintos materiales (Fuente: Nello Mizzau)

Material	Temperatura final (°C)	Contracción (%)
Acero	1020	1,2 a 1,5
Bronce	800	1,6
Latón	675	1,2 a 1,5
Cobre	520	0,8
Aluminio	525	1,3 a 1,5

Con una mirada sobre la cavidad de la matriz, estos valores de contracciones normales, a los efectos de considerar el desgaste de las estampas, serán redondeados en menos, cuando el grabado presente una tendencia a agrandarse por el uso, como es el caso de un diámetro exterior. En cambio, para los salientes (tetones) en la matriz, se los deberá redondear en más, por cuanto el desgaste reducirá sus dimensiones. En resumen, el concepto que se pretende explicar es que el desgaste de la matriz, modifica sus dimensiones originales.

Finalmente, el plano de la cavidad de la matriz de forja, se realizará entonces, multiplicando todas las cotas del plano de la pieza de forja, por un valor fijo, por ejemplo 1,013 si la contracción es del 1,3%.

En el caso que surgiera algún problema durante la fabricación, se deberán corregir las cotas correspondientes, según lo indique la experiencia del forjador.

Dimensionado del bloque:

Una vez logrado el diseño de la pieza a forjar, se debe proceder a definir el diseño de la matriz que se empleará para conformar la pieza forjada.

Las dimensiones y las formas del bloque de la estampa, se deben elegir según sea la geometría y el tamaño de la pieza a forjar, así como también considerando la máquina de forjado a usar. Lo más corriente es el empleo de bloques con forma de paralelepípedo o cilindro (para la fabricación de matrices para martillos se usan bloques rectangulares, mientras que para las estampas de prensa, usualmente se emplean tochos circulares).
Con el objeto de unificar las dimensiones de estos bloques, se eligen medidas en números redondos como pueden ser 200mm, 300mm, 400mm, 500mm, etc.
Es prácticamente intuitivo pensar que, a medida que aumenta la profundidad del grabado de la matriz, mayor deberá ser el espesor del bloque, como también la distancia del grabado a los bordes, o incluso la distancia entre grabados, en el caso de haber más de uno, fundamentalmente porque todo aumento de la profundidad, implica un incremento de las cargas en todas las direcciones. Existe una limitación respecto de la altura, que estará dada por la altura libre entre la superficie inferior del carro, y la mesa de la prensa (a modo de aclaración, en la figura siguiente, nos referimos la distancia entre la cara inferior del carro, y la superficie de la mesa).

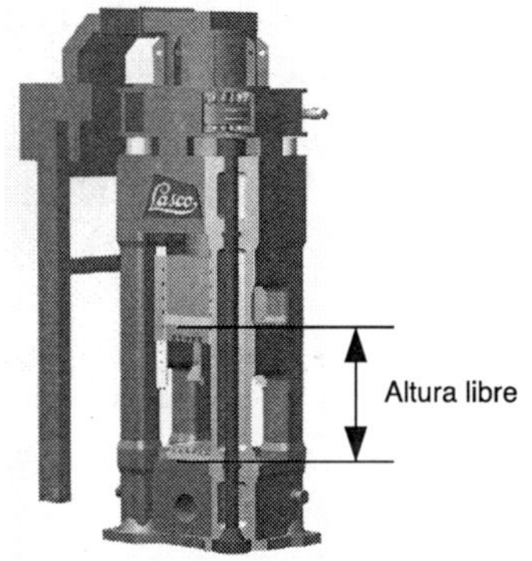

Figura 6.14: Prensa de husillo (Fuente: Lasco, Alemania).

En cuanto al espesor o altura H de la matriz, según sea la profundidad máxima del grabado p_g, puede calcularse $H = f_1 * p_g$, en donde los valores de f_1 se obtienen de:

Tabla 6.IX: Valores de f_1, según la profundidad del grabado p_g (Fuente: Nello Mizzau)

p_g (mm)	20	40	60	80	100	140
f_1	7	5	3	3	2,5	2,5

En tanto que, las proporciones adecuadas para los bloques de matrices, es decir, la relación entre ancho y altura son las siguientes:

Tabla 6.X: Relación entre ancho y alto de matrices de forja (Fuente: Nello Mizzau)

Ancho (mm)	200	250	300	350
Alto (mm)	150	175	175	175 a 200

Una información más completa surge de una bibliografía alemana referida al "Diseño de matrices para forja", en la cual se sugieren las distancias mínimas entre grabado y pared exterior, grabado y grabado, y altura de bloque, en función de la profundidad de la cavidad.

Tabla 6.XI: Dimensiones de matrices según la profundidad del grabado (Fuente: Gestaltung der Schmiedegesenke).

Profundidad del grabado (mm)	Distancia grabado-exterior (mm)	Distancia grabado-grabado (mm)	Altura de bloque (mm)
6	12	10	100
10	20	16	100
16	32	25	125
25	40	32	160
40	56	40	200
63	80	56	250
100	110	80	315
125	130	100	355
160	160	110	400

Nota: para mayor información sobre diseño de matrices consultar el libro especializado "**Forging Design Handbook**" de Sheridan, ASM, 1972.

Por otro lado, los bloques deben proyectarse de forma que posean suficiente resistencia mecánica para soportar los impactos de la máquina de forja, incluso cuando no se haya interpuesto el material a conformar. Para que esta condición se cumpla, es suficiente que, la superficie de impacto, es decir, la superficie del bloque de matriz menos las correspondientes a los grabados, y las rebabas, esté en condiciones de soportar toda la energía de la máquina. Según Jesús del Río, para verificar esta situación, las estampas deben disponer como mínimo de la siguiente extensión:

- Con martillos de caída de h=1m se requieren 200cm^2 por cada tonelada de mazo.
- Con martillos de caída de 1,5m se requieren 300cm^2 por cada tonelada de mazo.
- Con martillos de caída de h=2m se requieren 400cm^2 por cada tonelada de mazo.
- Con prensas mecánicas se requieren 200cm^2 por cada 1000 toneladas de esfuerzo nominal.

Sistemas de guiado:

Con el objetivo de limitar el desplazamiento de las estampas, es decir el corrimiento de la parte superior móvil, respecto de la parte inferior fija, la parte superior tiene que estar bien guiada por el carro de la prensa. Sólo de esta manera pueden obtenerse piezas con pequeño error de excentricidad. Si con este guiado no bastara, se deberá recurrir a algún tipo de sistema, que formará parte de la propia estampa. Existen entonces tres sistemas simples de guiado y uno combinado, a saber:

- Por columna cilíndrica: es el sistema más sencillo. Debe ser lo suficientemente robusto para que estas no se deformen. En la matriz inferior se disponen dos columnas cilíndricas postizas ubicadas en diagonal (para sus dimensiones ver tabla 6.XII), o cuatro columnas. La posición para columnas en diagonal será tal que, del lado que el operario reciba la pieza, la columna va atrás. En la matriz superior se ubican orificios alineados con las citadas columnas, y cuyo juego depende de la cercanía de estas, con la cavidad de la pieza a forjar. A mayor proximidad, mayor juego, dado que aumenta la dilatación, modificando así el entrecentro. A pesar de su simplicidad, es un sistema resistido, porque ante un inconveniente con alguna de las columnas (por ejemplo, falta de alineación), puede tornarse imposible abrir la matriz. Sin embargo, la colocación de columnas no representa un costo elevado, y además, pueden ser sustituidas con facilidad, cuando se hayan desgastado. La distancia mínima entre el centro de la columna, y el borde exterior de la matriz deberá ser de al menos 1,5 veces el diámetro de la columna empleada. Respecto del largo saliente, se procede de la siguiente forma: apoyado el material a forjar sobre la cavidad de la estampa inferior, se baja la matriz superior, de manera tal que los bujes (agujeros) emboquen la columna, antes que se produzca el contacto de la matriz superior, con el material a forjar (la altura de la columna siempre será menor al espesor de la estampa superior). Se emplean habitualmente, en el martillo y las prensas de fricción, para evitar la torsión de sus estructuras. En cambio, en las prensas mecánicas no se usan.

Tabla 6.VII: Redondeo de aristas de piezas forjadas en caliente (Fuente: Nello Mizzau)

Medida h, h_1, h_2 ó d	**Radio r (mm)**	**Radio de arista r_1 (mm)**	**Radio de empalme r_2 (mm)**
0 a 25mm	5	1	1
25 a 40mm	8	1	1,5
40 a 63mm	12	1,5	2
63 a 100mm	20	1,5	2,5
100 a 160mm	30	2	3
160 a 250mm	50	2,5	3,5

- Por columna cuadrada: estas columnas se mecanizan sobre la estampa inferior, rebajando el material del bloque de matriz, mientras que en la superior se deben virutear las cavidades correspondientes. Evidentemente es un sistema muy costoso, porque produce un gran desperdicio de material, como también un exceso de utilización de horas de máquina. Sin embargo, y como puede apreciarse en la figura 6.15, existe una alternativa de menor costo, que consiste en utilizar columnas postizas atornilladas al cuerpo de la estampa.

Figura 6.15: Matriz de forja inferior (izq.) y superior con columna cuadrada postiza

- Por guía troncocónica: este sistema de guiado, también llamado por centrado directo, es de todos los planteados, el más eficiente. Según Nello Mizzau, sus alturas h y h1 (ver figura 6.16), pueden adoptar los siguientes valores: h de 20mm a 25mm, y h1 de 26mm a 32mm.

En la figura 6.16, se pueden apreciar tres esquemas correspondientes a los sistemas de guiado simples analizados.

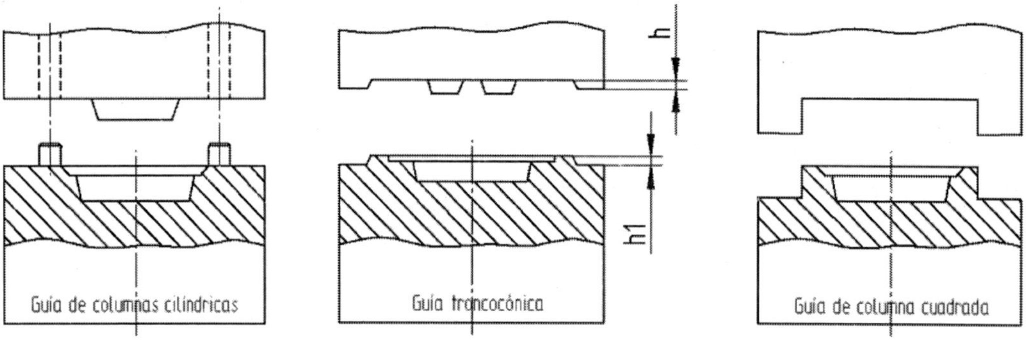

Figura 6.16: Los sistemas de guiado más comunes (Fuentes: Lenhert – Nello Mizzau)

Una cuarta alternativa, consiste en utilizar un sistema combinado constituido por columnas cilíndricas y guías troncocónicas, variante que reúne las virtudes de ambos tipos.
Para ello, se proveerá a las columnas cilíndricas de la altura suficiente, para que entren en contacto con la cavidad de la matriz superior, antes que el material a forjar, lo haga con la estampa superior. Este tipo de columnas, ayudan a impedir la rotación de una estampa respecto de la otra mitad.
El segundo tipo de guía (troncocónica), sirve para impedir aun más los posibles desplazamientos. Consiste básicamente en un cono truncado macho ubicado en la matriz inferior, y una hembra complementaria en la superior. El juego entre ambas dependerá, de la temperatura que se estime tendrán las estampas, a régimen de producción.
Es importante recalcar que, la matriz inferior es la que lleva las columnas, como también la parte macho del cono truncado, para evitar que las laminillas que se producen cuando el material es calentado, queden atrapadas en la cavidad que forma el cierre. En el caso erróneo de haber ubicado el labio de cierre hembra en la estampa inferior, se correrá el riesgo de inducir fracturas parciales del labio de cierre, por acumulación de laminillas (ver figuras 6.17, 6.18 y 6.19).

En la figura 6.17, se muestra un modelo virtual de una pieza conformada con este último tipo de sistema de guiado.

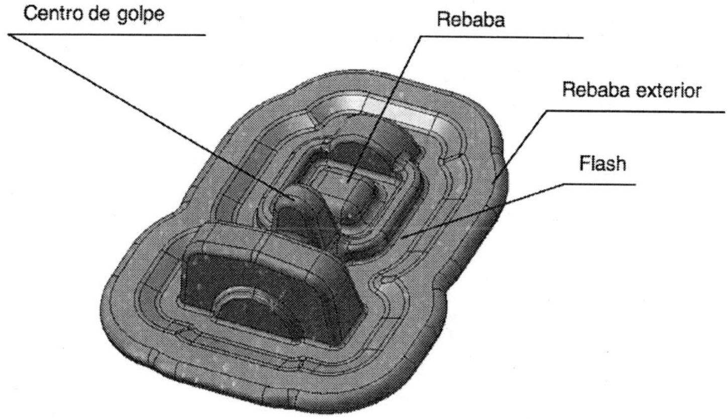

Figura 6.17: Modelo virtual de pieza con rebaba

En la figura 6.18, se observa la matriz utilizada para el forjado de la pieza de la figura 6.17. En ella se puede apreciar que el sistema de guiado corresponde al último analizado.

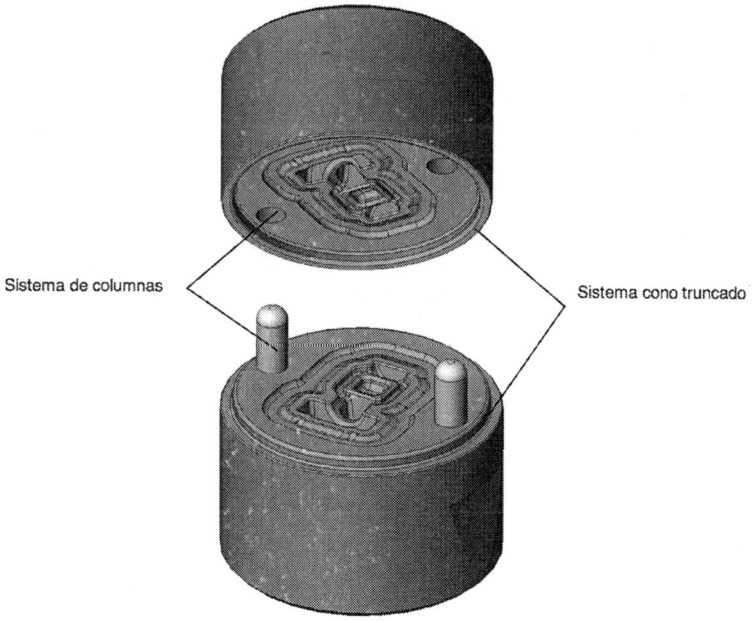

Figura 6.18: Sistema de guiado de matriz combinado columna cilíndrica - cono truncado

Para finalizar, en la figura 6.19, se muestra la pieza real punzonada y rebabada.

Figura 6.19: Pieza rebabada y punzonada correspondiente a la figura 6.17.

Dado que las guías, cualquier sea el tipo que se trate, encarecen la fabricación de la estampa, sólo debieran ser utilizadas, en el caso de requerir una mayor precisión en la pieza forjada.

Lubricación:

En principio, vamos a analizar el proceso de interacción que ocurre entre la matriz y la pieza, durante las operaciones de forjado en caliente.

En el período inicial, la superficie de la matriz se encuentra con el pulido resultante del proceso de fabricación, motivo por el cual se mantiene limpia, y libre de óxido.

Conforme va aumentando el número de piezas forjadas, se genera sobre la superficie del grabado, una red de fisuras muy finas, que son de origen térmico, de modo tal que, las partículas de óxido provenientes de la superficie del material caliente, comienzan a introducirse en estas grietas. Sucesivamente, por efecto de la acción combinada de la presión y la temperatura, nuevas partículas de óxido, se adhieren a las partículas pegadas a la superficie de la estampa en un proceso continuo, hasta que esta superficie termina totalmente cubierta de óxido.

Como las partículas de óxido, se encuentran adheridas a las grietas, comienzan a desprenderse junto con el óxido, pequeñas partículas del material de las estampas, comenzando a deteriorar por desgaste abrasivo y en forma progresiva la cavidad de estampado, influyendo además negativamente sobre el desmolde de la pieza, aumentando el período de contacto pieza caliente-matriz, e incrementando así la temperatura. De esta manera se induce la aparición de zonas blandas.

El desgaste y el choque térmico de los herramentales, pueden ser reducidos mediante la utilización de un lubricante apropiado.

El lubricante tiene distintas funciones a saber:

- Lubricar, reduciendo la fricción metal-metal,
- Desmoldar, facilitando la extracción de las piezas forjadas en la matriz,

- Refrigerar, eliminando el calor excesivo de las matrices,
- Preservar, protegiendo y extendiendo la vida útil de las matrices.

Estos lubricantes, están formados, en general, en base a dispersión de grafito en medios acuosos, o dispersión de grafito en aceites minerales o sintéticos, o compuestos sintéticos a base de sales, o dispersión de compuestos sólidos lubricantes, como puede ser el disulfuro de molibdeno.
Los lubricantes con base acuosa presentan una serie importante de ventajas a saber:

- Pueden ser aplicados con sistemas de pulverización. Estos sistemas son factibles de ser automatizados.
- Disminuyen los problemas de contaminación ambiental, dado que la base acuosa, minimiza los humos tóxicos, y casi no produce olor.
- Posee excelentes propiedades refrigerantes.
- Estos productos, no bloquean ni las tuberías, ni las válvulas.
- Forman una película uniforme sobre la matriz.
- Se mejora la calidad del forjado, dado que al disponer de una capa homogénea, se facilitan tanto la acción lubricante, como la desmoldante.
- Ausencia completa de riesgo de incendio.
- Menor espacio de almacenamiento, dado que se comercializan en forma de concentrados.
- Disminución de fisuras sobre la matriz.
- Estampas y máquinas más limpias.
- Bajo costo.

Según Jesús del Río, *"la calidad de un sistema de lubricación debe ser evaluada considerando su capacidad de recubrimiento, su incombustibilidad, su bajo precio, su facilidad de manejo, su no formación de humos, ni olores. El lubricante incluso, deberá poseer una acción de aislante térmico, evitando así un sobrecalentamiento excesivo de la estampa".*

Respecto de las tendencias actuales en la lubricación de matrices de forjado, por un lado, se apunta a la automatización en el proceso de aplicación de lubricantes, con el objeto de aumentar la producción horaria, mientras que por otro, las aplicaciones del lubricante se efectúen en forma atomizada, fundamentalmente para penetrar la barrera térmica próxima a la matriz, formando así una película lubricante adherida a esta, que la refrigera en forma rápida.

Un dato interesante aportado por el Ing. Schiuma dice que: *"con la correcta elección del lubricante es posible mantener el costo total del herramental, por debajo del 10% de los costos totales de la producción".*

Volviendo a los modos de aplicación, la atomización tanto puede ser realizada desde puntos fijos localizados en los portamatrices superior o inferior, como también utilizando pistolas de pulverización ya sea en forma manual, o vinculadas al extremo móvil de un pistón neumático, cuyo vástago ingresa hasta el centro del espacio interestampas, y aplica el lubricante por pulverización, en forma simultánea sobre las superficies de ambas matrices (figura 6.20). Como contraparte, el método más simple consiste en pintar las superficies empleando pinceles impregnados con el producto.

Figura 6.20: Sistema de lubricación por pulverización (Fuente: Forja Sudamericana)

El lubricante debe aplicarse inmediatamente después de haber concluido el ciclo de forja, siguiendo las siguientes pautas: primero se efectúa una limpieza de toda la superficie de contacto mediante sopleteo con aire comprimido, ya sea en forma manual o automático. Luego se aplica el desmoldante sobre el grabado, pulverizando el lubricante en forma perpendicular a la superficie. En tal sentido, la matriz se deberá encontrar a la temperatura de trabajo adecuada, y completamente limpia de residuos.

Existen en la industria del forjado empresas que además de lubricar la matriz, también lo hacen con el material de trabajo. Queremos aclarar que esta práctica no es necesaria, salvo que se trate de un proceso de forjado en tibio, o también llamado por otros autores como forjado semicaliente (este proceso de forjado, no es tratado en este texto).

Es muy importante resaltar que, la lubricación produce resultados positivos, sólo si las superficies de las matrices se encuentran en el rango de temperaturas de 110°C a 350°C.
Si es menor a 110°C queda en la cavidad de la matriz, y termina generando rayas indeseables. Por el contrario, si la temperatura es muy alta, el lubricante se evapora, y no cumple con los objetivos deseados.

Para finalizar, ni la fase inicial de aplastado-desescoriado, ni la final de rebabado, requieren del uso de lubricantes.

Desgaste de matrices de forja:
Para desarrollar este apartado nos basaremos en la tesis de maestría de Siamak Abachi, denominada “Wear analysis of hot forging dies”.

Según Abachi, los factores que tienen mayor incidencia sobre la vida útil de las matrices de forja son la fatiga térmica, la deformación plástica, y el desgaste. En referencia a esta situación, Lange reporta que es el desgaste, el mecanismo de falla predominante, siendo responsable aproximadamente de un 70% en la ocurrencia de las mismas.
En el mismo sentido, y aportando una información más completa, Heinemeyer sostiene que las principales causas de rotura en herramentales de forjado, obedecen en un 72% a desgaste, un 25% a fisuración mecánica, un 2% a fisuración térmica, mientras que el 1% restante corresponde a deformación plástica.

Por otro lado, un dato de la extensa experiencia de Bonnemezón, y en relación a los aceros que se emplean para la fabricación de estas matrices indica que, hace muchos años, estos aceros eran materiales “nobles”, que aceptaban incluso gruesos errores en su utilización, sin que su vida útil se viera afectada. El paso de los años, y el desarrollo tecnológico del sector siderúrgico en esta área, fue promoviendo la aparición de aceros especializados, muy susceptibles a los errores de uso, pero que, en el caso de emplearlos con los debidos controles y prudencia, otorgan una duración de la estampa, muchas veces superior a la que podían proveer aquellos primeros aceros.

Es evidente que, las distintas variables del proceso afectan la duración de las estampas.

Así, clasificados los procesos de forja según sea la temperatura (forjado en caliente, forjado tibio, o forjado en frío), y desde la óptica de los esfuerzos puestos en juego, el forjado en caliente, es de todos ellos, el proceso que produce menores exigencias sobre las matrices.

Si de otro modo, clasificáramos los procesos de forja según la máquina a utilizar, el martillo aporta en mayor grado que la prensa, a la fisuración mecánica, mientras que las prensas, dada su menor velocidad de trabajo, generan un mayor tiempo de contacto entre el material a forjar y las estampas, provocando así un mayor aumento de la temperatura, y como consecuencia de ello, cierta predominancia del desgaste como modo de falla.

Desde el punto de vista si el proceso es de forja libre, o de forja en estampa, las restricciones que la cavidad de la estampa impone al flujo de material que se va deformando, promueve el desgaste de la matriz, por fricción del material que se forja, contra las paredes del grabado.

Dada la cadencia del proceso de producción, la renovación del contacto con el metal caliente, así como su enfriamiento, son circunstancias que debe soportar la herramienta. El material con el avance del proceso de deformación alcanza rápidamente la superficie de la herramienta, y como consecuencia del propio proceso, es calentada y enfriada en fracciones de segundos. Este calentamiento efectúa un incremento de volumen de las capas superficiales, incremento que no llega a las capas o zonas inferiores que están a menor temperatura, produciéndose así tensiones de compresión que se convierten en tensiones de tracción en el enfriamiento siguiente, cuando la superficie se contrae. Estos cambios continuos no solamente dan lugar a la fatiga del material, sino que pueden ocasionar deformaciones plásticas y roturas.

Además de las fisuras por recalentamiento, se presentan las llamadas grietas en estado caliente (hot cracks), fenómeno que afecta principalmente a las herramientas con grabados profundos, cambios bruscos de sección, o ángulos vivos en su interior. Se trata de grietas de tensión, las cuales, al contario de las fisuras por recalentamiento, pueden penetrar a gran profundidad en el herramental.

Las grietas en estado caliente, pueden evitarse mediante la aplicación de un recocido intermedio distensionante. Este proceso debe efectuarse cinco o seis veces, durante la vida útil de la herramienta, y siempre a una temperatura de 30°C a 50°C inferior a la última temperatura de revenido.

Dada la importancia del desgaste como modo de falla, es interesante presentar una definición sobre el mismo. Decimos entonces que se entiende por desgaste de una matriz de forja, al daño progresivo, que involucrando pérdida de material, ocurre sobre la superficie de la cavidad de la estampa, como consecuencia de la fricción y el movimiento relativo entre el material que se deforma, y las paredes del grabado.

Causas de las fallas de las matrices:
Las tres causas básicas de la falla prematura de una estampa son, la sobrecarga mecánica, el desgaste abrasivo, y el sobrecalentamiento.

Sobrecarga mecánica:
La sobrecarga provoca sobre la matriz un rápido desgaste, pudiendo incluso inducir la fractura de la misma.
Estas sobrecargas pueden evitarse siguiendo algunas recomendaciones a saber: 1) con una selección adecuada del acero de la estampa y su dureza, 2) usando para la construcción de la matriz bloques de las dimensiones apropiadas, 3) aplicando adecuadamente la presión de deformación, 4) utilizando un diseño del grabado que favorezca el flujo plástico del material deformado, y 5) con un montaje correcto de la estampa sobre la prensa o el martillo.

Desgaste abrasivo:
El desgaste suele ser particularmente severo si el diseño de la matriz es de geometría compleja, y/o si el material a forjar posee una elevada resistencia en caliente, y/o si el material a forjar presenta escoria, y/o si existe mucha diferencia de medida entre la forma que se quiere forjar y el tamaño de la cavidad (a mayor diferencia, mayor desgaste. Los forjadores hablan, ante un desgaste generado por esta situación, de "desbocado" del grabado).

Con el progreso del desgaste, se produce la desaparición del flash, de manera tal que no se llena la cavidad, y la pieza no sirve.

Inclusive, la combinación de una limpieza inadecuada (queda escoria en la cavidad), con un exceso de lubricación, pueden producir rayados radiales sobre el grabado, dada la no compresibilidad del medio líquido, habitualmente agua. El proceso de desgaste sucede a partir del cierre de la estampa. Las superficies de contacto comprimen así el lubricante, y este sale de la cavidad arrastrando óxidos, erosionando el grabado en forma radial (figura 6.21 izquierda). En la misma figura, a la derecha, se observa una muestra de la pieza que se obtuvo con la citada matriz, cuando esta no presentaba aún signos de desgaste.

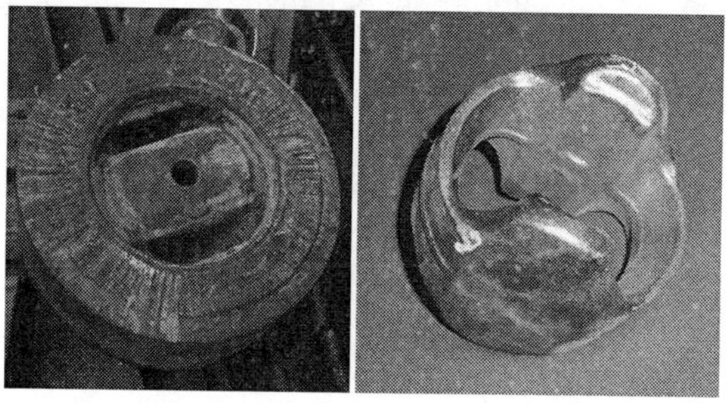

Figura 6.21: Rayado radial sobre una matriz de forja (Fuente: Forja Sudamericana)

Si bien el desgaste no puede ser eliminado, se lo puede minimizar con un buen diseño de la matriz, tanto de la que realiza la operación final, como la de todos y cada uno de los pasos de forjado, de modo que se llegue a la pieza terminada de la manera más progresiva posible. Son importantes también, una selección cuidadosa del acero para la estampa y su dureza, como el empleo de una técnica de forjado adecuada, esto es, calentamiento apropiado, desescoriado y correcta lubricación.

Sobrecalentamiento:

Cuanto más caliente se encuentre la matriz, menor es su resistencia al desgaste. El sobrecalentamiento ocurre preferentemente sobre los tetones, y cuanto menor sea el espaciado temporal de la operación de forjado (nos referimos a la reiteración de la misma operación, en la misma matriz), peor será.

Si bien existen temperaturas óptimas para el material a forjar en el rango de los 370°C (aleaciones de magnesio) a los 1260°C (aceros aleados y al carbono), la temperatura del bloque de la estampa, debe poder cubrir este basto rango.

En el forjado de aluminio y aleaciones de magnesio, es deseable mantener la temperatura de la estampa muy próxima a la del material a forjar, para minimizar el enfriamiento de la pieza (muy rápido en el aluminio), por diferencia de temperaturas entre las partes.

Si bien en el forjado de acero se pueden alcanzar sobre la matriz, temperaturas de 425°C a 550°C, los rangos habituales se sitúan entre 150°C a 350°C.

Es así que, con el paso de las operaciones de forjado, en estampas sometidas a elevadas temperaturas, comienzan a desarrollarse pequeñas fisuras en el grabado. Una vez que estas aparecen, las fuerzas de forjado (en especial las de impacto = martillo), causan el crecimiento de las fisuras, y si estas continúan, terminan provocando la fractura de la estampa.

Estos mecanismos interactúan entre sí para producir el desgaste, y tal como sucede con el de una herramienta cortante de torno, se distinguen tres fases:

a) Una primera fase de desgaste rápido, que se produce con la ejecución de unas pocas centenas de piezas.

b) Una segunda fase de desgaste constante, y que corresponde al 80% ó 90% del tiempo de servicio de la estampa. En esta fase puede ser necesario realizar pequeños retoques sobre ella.

c) Una tercera y última fase de desgaste, que viene acompañada de la aparición de surcos más profundos de lo normalmente aceptables, y que tienen por consecuencia, la baja de la estampa del proceso productivo hasta que la misma sea reparada, o si no fuera posible, se le de su salida definitiva.

Los factores que afectan la duración de la estampa:
La duración de la matriz depende de su material y dureza, de la composición química del material a deformar, de la temperatura de forja, de la geometría de la cavidad y su rugosidad, del tipo de máquina a usar, y del diseño de la pieza a estampar.

El material de la estampa y su dureza tienen una influencia decisiva en su duración. Los aceros SAE H13 y SAE L6, son los más comúnmente usados para operaciones de forjado. Las durezas sugeridas, que suelen promover mejores resultados se encuentran, entre los 46HRc a 56HRc para el SAE H13, y 34HRc a 38HRc para el acero SAE L6.

Respecto del material a forjar, cada uno posee una resistencia a la deformación plástica en caliente diferente, produciendo entonces, diferentes tasas de desgaste sobre las superficies de la cavidad de la matriz.
En el forjado de aceros, cuanto mayor sea el porcentaje de carbono, menor la duración.
Incluso, el enfriamiento progresivo del material a forjar, va provocando un incremento de su resistencia a la deformación plástica, y correspondientemente de su abrasividad.
Una manera de cuidar la matriz que hace la operación de terminación consiste en volver a calentar la preforma, a la temperatura necesaria.

En referencia al diseño de la pieza, por ejemplo, si esta presenta un espesor delgado, su rápido enfriamiento, produce un mayor desgaste de la matriz, por lo comentado previamente. Grabados profundos, necesarios para piezas altas, también son causa de un mayor desgaste, dada la aparición de elevados esfuerzos durante la forja.

Tal es el grado de influencia de la forma de la pieza a forjar, sobre la duración de la estampa, que el menor de los cambios en su diseño, puede provocar una disminución muy significativa del número de piezas aceptables que puede producir la matriz.
La formación de escoria, es el resultado de la oxidación del acero, proceso que se inicia a los 200°C por el contacto de la superficie caliente del material a forjar con el aire. Sin embargo, una pérdida significativa por transformación del acero en escoria, recién se inicia a partir de los 850°C. La cantidad de escoria que se forma, depende de la temperatura, como también de la cantidad de tiempo que se expone el material, a dicha temperatura (depende de la eficiencia del sistema y del tipo de calentamiento).
En tanto que, el tipo de óxido formado, dependerá de la temperatura de la superficie del acero. Por debajo de los 900°C, la capa de óxido se compone fundamentalmente de Wustita (FeO), y una pequeña proporción de Magnetita (Fe_3O_4).
Para temperaturas superiores a los 900°C, la proporción de Magnetita aumenta, disminuye la Wustita, y se forma algo de Hematita (Fe_2O_3 – FeO_4). El tipo de óxido formado, influye en el desgaste de las estampas, dado que cada uno, presenta un grado de dureza diferente (ver tabla siguiente).

Tabla 6.XIII: Dureza Vickers de los distintos tipos de óxido que componen la escoria

Tipo de óxido	Dureza Vickers
Hematita (Fe_2O_3 – FeO_4)	1030
Magnetita (Fe_3O_4)	450 – 500
Wustita (FeO)	270 – 350

Por consiguiente, el óxido formado en la superficie del acero, cuando se encuentra a temperaturas superiores a 900°C, es más duro, y en consecuencia, más abrasivo. Por lo tanto, a esta situación están sujetas todas las matrices involucradas en el proceso de forjado de una pieza de acero.

Al margen de lo comentado, con el objeto de controlar el desgaste de la matriz, muchas veces se da un golpe para desescoriar, antes de realizar un paso de forja.

Bruchanow y Rebelski, recomiendan porcentajes tolerados para la formación de escoria, en función del tipo de calentamiento empleado (los valores mínimos son para equipos en muy buenas condiciones):

Tabla 6.XIV: Valores tolerados de formación de escoria

Tipo de calentamiento	Escoria tolerada (%)
Combustible	4,0 ó mayor
Gas	3,0 ó mayor
Electricidad	1,5
Inducción	1,0

En cuanto a la rapidez e intensidad del impacto, la mejor duración se obtiene cuando la energía se aplica en forma rápida, uniforme, y sin una presión excesiva.

En el caso de conformar una pieza, con un solo golpe, no significa necesariamente, que se obtendrá una elevada duración de la estampa.

Los efectos descriptos producen distintos modos de falla sobre las estampas. En la figura siguiente se indica la distribución de los modos de falla, según la zona de la matriz que suelen afectar cada uno.

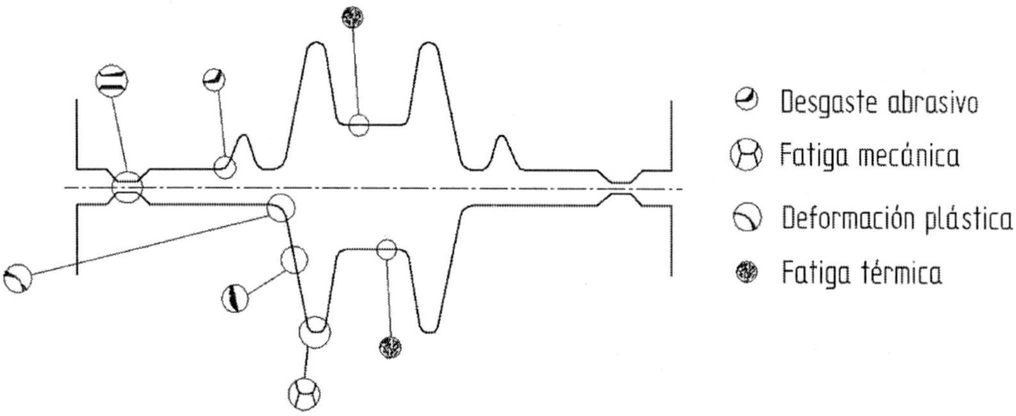

Figura 6.22: Modos de falla en matrices de forja

En referencia a la posibilidad de predecir la duración de una matriz, el análisis bibliográfico indica que, como ya se comentó anteriormente, aunque es el desgaste el mecanismo de falla predominante, y que existen ecuaciones que describen el desgaste abrasivo, pareciera ser que por el momento, no se ha logrado un modelo que se ajuste a todas las situaciones imperantes en la forja en caliente, motivo por el cual, habrá que seguir aguardando una respuesta confiable sobre este particular.

A modo de ejemplo citamos dos modelos sencillos. El primero corresponde a Archard:

$$W = \frac{K_{abr} \times F_n}{D_m} \quad (14)$$

Donde:
W: tasa de desgaste abrasivo,
K_{abr}: coeficiente adimensional de desgaste abrasivo.
F_N: fuerza normal entre las superficies en contacto.
D_m: dureza del material cuyo desgaste se desea evaluar (matriz)

En el segundo caso, se dispone de una ecuación, que muchos investigadores sobre forjado en caliente, la aplican para modelar el proceso, y permite estimar un coeficiente de desgaste K_d, mediante un sencillo ensayo realizado en un equipo del tipo pin-on disk:

$$K_d = \frac{\Delta V \times D_m}{L \times F_n} \quad (15)$$

Donde:
K_d: coeficiente adimensional de desgaste.
ΔV: volumen de material perdido durante el ensayo.
D_m: dureza del material cuyo desgaste se desea evaluar (matriz).
L: longitud total de deslizamiento.
F_N: fuerza normal entre las superficies en contacto.

Como mejorar el rendimiento de una matriz de forja:
En este apartado, nos basaremos en un trabajo muy completo realizado por Bayramoglu y otros, denominado **"Cost and performance evaluation of different surface treated dies for hot forging process".**
En el mismo, el grupo de investigación sostiene que, la utilización de matrices para la fabricación de productos forjados, incrementa notoriamente la producción y mejora la repetibilidad obtenida sobre las piezas. Sin embargo, el costo de estos herramentales es sumamente elevado, y como consecuencia de ello, se requerirá de una prolongada duración de la matriz, en orden de reducir el costo de producción.
Según Bayramoglu, el costo de la matriz, representa aproximadamente el 30%, del costo del proceso de forjado en caliente. En consecuencia, un incremento del 100% en la duración de la estampa, reducirá esta incidencia a sólo un 15%.
En razón de lo expresado, muchas de las investigaciones llevadas adelante en procesos de forjado en caliente, han tenido y tienen por objetivo, concentrarse en evaluar el empleo de distintos tratamientos de superficie, aplicados a estas matrices, buscando incrementar su vida útil.
En tal sentido, Bayramoglu y su grupo, trabajaron en producción, sobre un semielaborado destinado a una selectora de encaje de caja de cambios (dimensiones: ϕexterior 185mm; ϕinterior 138mm y espesor 26,5mm), fabricada en acero al cromo-manganeso y realizada en tres pasos de forja en una prensa de 2500tn: (b) aplastado y desescoriado, (c) preforma y (d) forma final. En la figura 6.23 paso (a), se observa el trozo de palanquilla, en el (e) la pieza punzonada y rebabada, y en el (f) las rebabas.

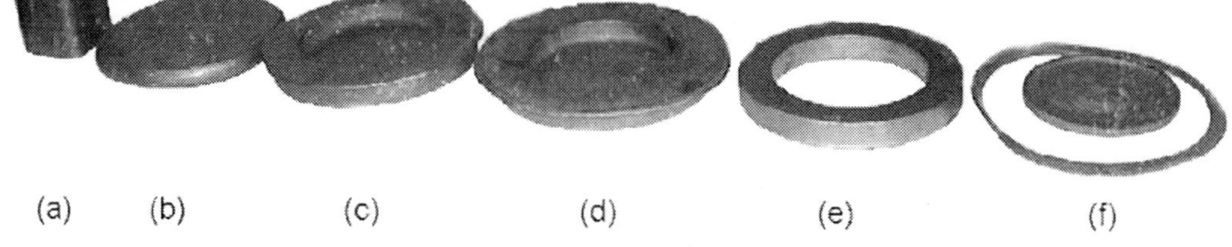

Figura 6.23: Pasos de obtención del aro forjado (Fuente: Bayramoglu)

Para realizar las pruebas se mecanizaron un total de 5 matrices para la forma final, construidas estas en acero SAE H13. Todas las matrices fueron tratadas por temple y revenido alcanzando una dureza de 45HRc. Una de ellas fue tomada como referencia, y a las otras cuatro, se le aplicaron los siguientes tratamientos de superficie: nitrurado en baño de sales; recubrimiento monocapa de nitruro de titanio y aluminio (TiNAl); recubrimiento multicapa, y recargue superficial por soldadura con stellite 6 y remecanizado posterior.
Todas las matrices fueron sometidas a un proceso de pulido manual, con el objeto de alcanzar una rugosidad en la superficie del grabado de R_a = 1µm.
La vida útil de cada matriz final, fue definida como una cantidad de piezas "buenas", a partir de utilizar controles dimensionales sobre las piezas producidas, con el objeto de verificar el cumplimiento de las tolerancias establecidas en el plano de forja correspondiente. Una vez que la superficie del grabado presentaba marcas, y zonas deformadas, aunque todavía manteniendo las piezas en tolerancia, se detenía el proceso, y se procedía a realizar el pulido de la matriz, reparando las zonas afectadas.
Las matrices originales fueron sometidas al menos, a dos procesos de pulido, además del inicial. Seguidamente presentamos una tabla, con los resultados obtenidos:

Tabla 6.XV: Número de pulidos y de piezas forjadas obtenidas con las matrices experimentales (Fuente: Bayramoglu)

Pulido	**Cantidad de piezas forjadas**				
	Templado y revenido	**Nitrurado**	**Recubrimiento monocapa**	**Recubrimiento multicapa**	**Recargue con Stellite**
Original	1440	3920	4810	4660	8330
Primero	1260	2140	1980	2030	8410
Segundo	1320	2110	1860	1750	7830
Total de piezas	4020	8170	8650	8440	24570
Incremento porcentual	0%	203%	215%	210%	611%

Por los resultados obtenidos se concluye que:

- La matriz que no presentó tratamiento de superficie, fue aquella que produjo la menor cantidad de piezas forjadas.

- Aquellas matrices con tratamientos de nitrurado, recubrimiento monocapa y multicapa, tuvieron un rendimiento muy similar, conformando aproximadamente el doble de piezas que la matriz sin tratamiento de superficie.

- La matriz con recargue por soldadura fue la que resultó con el mejor rendimiento, incrementando la cantidad de piezas forjadas, en un 611% respecto de la matriz con el tratamiento de referencia.

- De la matrices evaluadas con tratamiento de superficie, la matriz con recargue por soldadura, fue aquella que presentó la menor dispersión, cuando se comparan la cantidad de piezas forjadas obtenidas en los distintos pulidos.

Fabricación de la matricería:

Si bien es posible fabricar matrices: a) por grabado de las huellas con máquinas-herramienta, b) por hincado con un macho de hincar (de este modo se hacen estampas poco profundas para el acuñado de monedas, medallas y cubiertos), y c) por fundición de precisión, dada su importancia, sólo nos referiremos al método a).

En la actualidad no se concibe otra manera de encarar la fabricación tradicional (*) de una matriz de forja, que no sea integrando tres tipos de tecnologías: de diseño y manufactura CAD-CAM, de desbaste y semiterminado por arranque de viruta en un centro de mecanizado CNC, y de terminación, mediante un proceso de electromecanizado, como es la electroerosión por penetración.

(*) Hablamos de fabricación tradicional, porque de momento, no estamos considerando el proceso de fabricación por Mecanizado de Alta Velocidad (MAV), que elimina el proceso de terminación por electroerosión. Más adelante nos referiremos a este método.

Proceso tradicional:

El primer paso, consiste en efectuar la programación del centro de mecanizado, en forma automática, utilizando un software de los denominados en forma genérica como CAD-CAM. Su empleo permite, a partir del dibujo de la cavidad a mecanizar en 3D, generar por postprocesado, el código de programación ISO, según sea la marca y modelo del control numérico del centro de mecanizado a usar en la producción.

El centro de mecanizado es de algún modo, una fresadora, aunque a diferencia de esta, posee la capacidad de cambiar herramientas en forma automática, ya que dispone de un magazine de herramientas (que alberga las distintas herramientas que se van a emplear en el proceso de fabricación), y un cambiador ubicado paralelo al husillo de la máquina. De esta manera, el proceso de fabricación se efectúa en forma ininterrumpida.

Dentro de los procesos de fabricación tradicionales de matrices, estos equipos se emplean para, trabajando a partir del bloque de material en "blando", desbastar y semiterminar la cavidad de la matriz.

Seguidamente, el proceso de fabricación tradicional continua, con el temple y revenido del bloque fresado, se completa en una máquina de electroerosión por penetración EDM (Electric Discharge Machining, o sea Mecanizado por electrodescarga), y finaliza con un pulido manual.

En la figura 6.24, puede observarse con una mirada global, un proceso de fabricación de matrices realizado según la metodología a la que venimos designando como tradicional, única solución posible, hasta mediados de los años 90.

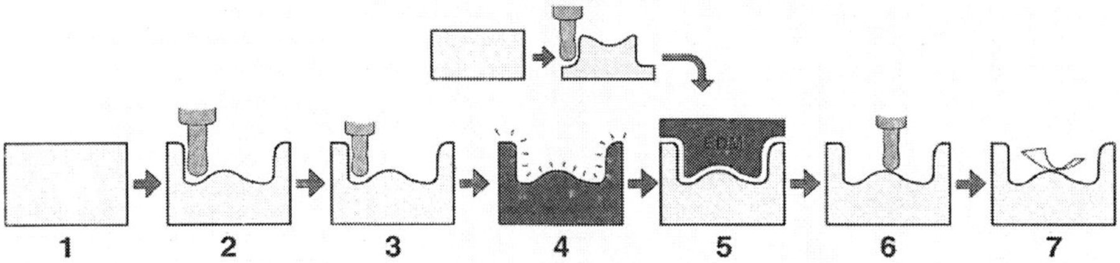

Figura 6.24: Proceso de fabricación tradicional de una matriz de forja (Fuente: Sandvik)

Se parte en el punto 1 del bloque de material en "blando", al que se le ejecutan sucesivamente un desbaste y una semiterminación por fresado (pasos 2 y 3), en el centro de mecanizado. Seguidamente se le realiza al bloque obtenido en el paso 3, un tratamiento de temple y revenido para darle la dureza solicitada en el plano de la matriz (paso 4). Paralelamente se debió construir el electrodo de cobre o grafito (macho con la forma de la cavidad a efectuar), para usar en la máquina de electroerosión por penetración. Muchas veces, el electrodo de cobre calidad electrolítico, se forja en caliente sobre la propia matriz ya elaborada, y luego se repite sobre este electrodo, un golpe con el cobre a temperatura ambiente, para garantizar su medida final. Para eliminar el óxido superficial, se lo somete a un proceso de decapado con ácido muy diluido (clorhídrico, sulfúrico o fosfórico), a temperaturas entre 30°C a 90°C, posterior lavado con agua caliente a 60°C a 70°C, neutralizado luego en un baño alcalino (de hidróxido de sodio, potasio o calcio), y finalizando con un lavado abundante con agua caliente y secado al aire, o con ventilación forzada. En cambio, los electrodos de grafito, se mecanizan por fresado en máquinas para trabajar especialmente este material, dada su abrasividad (tanto el electrodo sea de cobre o grafito, se lo puede utilizar varias veces). Seguidamente, en el paso 5, se termina la pieza por electroerosión, en el paso 6 se quita la capa blanca que produce la EDM y se repasa algún radio interior, mediante un fresado de acabado, para finalmente, en el paso 7, terminar la matriz por pulido manual (si el último proceso antes del pulido hubiera sido la electroerosión, el tiempo de suavizado aumenta un 60%, por la dureza de la capa blanca, respecto de la misma matriz, si el último proceso hubiese sido un fresado). Para completar la información, a continuación adjuntamos una imagen de un centro de mecanizado de la empresa DMG (Alemania), típico de los que se emplean para la fabricación de las matrices en estudio.

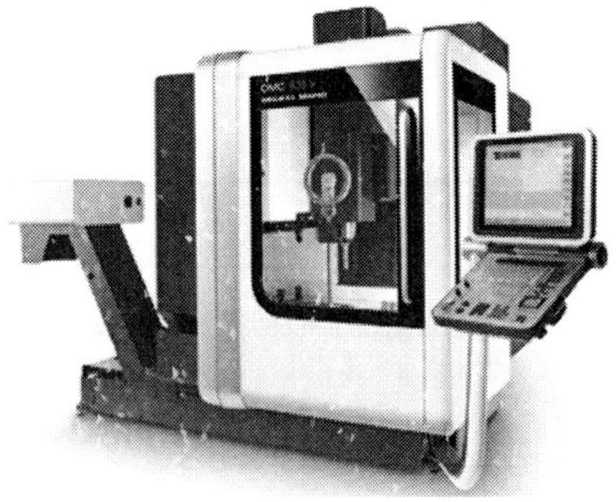

Figura 6.25: Centro de mecanizado DMG modelo DMC 635 V (Fuente: DMG)

En la tabla siguiente adjuntamos las características técnicas principales de algunos modelos de centros de mecanizado de husillo vertical de la firma DMG de Alemania, entre los que se encuentra el modelo DMC 635 V.

Tabla 6.XVI: Características técnicas de algunos centros de mecanizado (Fuente: DMG)

Característica técnica	DMC 635 V	DMC 835 V	DMC 1035 V
Carreras ejes X/Y/Z (mm)	635 x 510 x 460	835 x 510 x 510	1035 x 560 x 510
Fuerza de avance (N)	5000	5000	5000
Velocidad de avance (mm/min)	20000	20000	20000
Marcha rápida (m/min)	30	30	30
Precisión de posicionado (mm)	0,02	0,025	0,03
RPM Husillo	10000	10000	10000
Potencia husillo (kW)	9	9	9
Momento (Nm)	57	57	57
Cono de husillo	SK 40	SK 40	SK 40
N° de herramientas	30	30	30
Diámetro máx. de herramienta (mm)	80	80	80
Longitud máx. de herramienta (mm)	300	300	300
Tiempo de cambio (s)	1,6	1,6	1,6
Tiempo de viruta a viruta (s)	5	6	6
Superficie de sujeción (mm)	790 x 560	1000 x 560	1200 x 560
Altura de carga (mm)	720	720	720
Carga sobre mesa (kg)	600	800	1000
Control numérico	Siemens 840D, Fanuc 32i		

En referencia a las máquinas de electroerosión por penetración, en la figura siguiente se muestra un equipo de la empresa AGIE-Charmilles, apropiado para la terminación de matrices de forja.

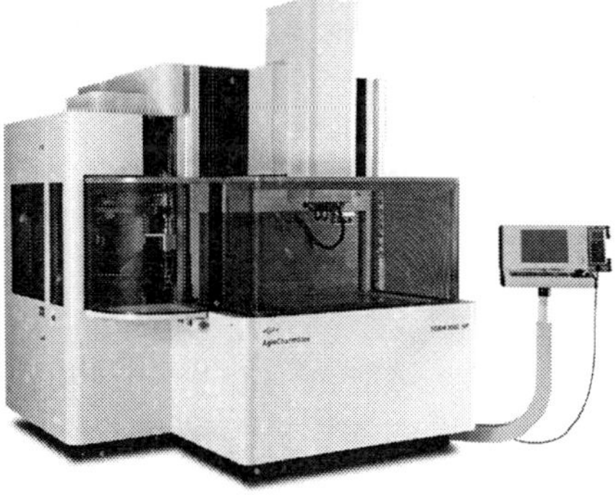

Figura 6.26: Máquina de electroerosión modelo Form 3000 HP (Fuente: AGIE)

En la tabla siguiente adjuntamos las características técnicas principales de algunos modelos de máquinas de electroerosión por penetración correspondientes a la firma AGIE-Charmilles, entre los que se encuentra el modelo FORM 3000 HP.

Tabla 6.XVII: Características de algunos equipos de electroerosión (Fuente: AGIE)

Característica técnica	FORM 2000 HP	FORM 3000 HP
Dimensiones de la máquina Ancho x profundidad x alto (mm)	1410 x 2460 x 2660	1790 x 2860 x 3110
Carreras ejes X/Y/Z (mm)	400 x 300 x 350	600 x 400 x 500
Rápido ejes X/Y (m/min)	6	6
Rápido eje Z (m/min)	15	15
Área de trabajo Ancho x profundidad x alto (mm)	900 x 630 x 350	1280 x 1040 x 450
Dimensiones de la mesa (mm)	600 x 400	800 x 600
Distancia máx./mín. husillo- mesa (mm)	520 – 170	700 – 200
Peso máx. electrodo (kg)	50	50
Peso máx. de la pieza (kg)	800	2000
Dimensiones máx. de la pieza (mm)	820 x 580 x 250	1200 x 800 x 350
Altura del dieléctrico (mm)	0 – 290	0 – 390
Capacidad de dieléctrico (l)	490	940
Amperaje máx. (A)	60	60
Mejor rugosidad R_a (μm)	0,1	0,1
Peso total de la máquina sin dieléctrico (kg)	4230	6620

Proceso MAV:

Veamos ahora como sería el proceso de fabricación en el caso de utilizar la técnica de mecanizado denominada "Mecanizado de alta velocidad" (MAV), o también conocida por sus homónimos en inglés "High Speed Machining" (esto es HSM = Mecanizado de alta velocidad), o "High Speed Cutting" (HSC = Corte de alta velocidad).

Antes que nada debiéramos decir, que el proceso MAV, es un proceso que emplea una tecnología específica, es decir, las máquinas (centros de mecanizado HSC) son de diseño especial, con un concepto ultrarígido, husillos de alta velocidad con rodamientos híbridos (pista de acero templado y bolas o rodillos de material cerámico), velocidades de avance elevadas, con movimientos rápidos de hasta 80m/min, y lubricación a través del husillo; los controles numéricos poseen algunas características propias, como ser, una mayor velocidad de procesamiento de datos, y la capacidad de leer muchos bloques del programa CNC por delante del que se está ejecutando; herramientas habitualmente de metal duro integral con núcleo reforzado, recubrimiento de nitruro de titanio y aluminio monocapa (TiAlN), aristas de corte con faceta negativa, o fresas con insertos intercambiables de metal duro recubiertos; sistemas de agarre de herramientas de extrema precisión de giro y grado de balanceo, y programación CAD-CAM, con funciones específicas para alta velocidad. El conjunto permite, entre otras cosas mecanizar aceros templados con durezas mayores a 40 HRc, es decir, durezas propias de las matrices de forja.

Tal es la importancia de esta técnica, y en especial en lo que respecta a fabricación de matrices de forja que, según el Dr. Norberto López de Lacalle, *"en el sector de fabricación de matrices de forja y recuperación de las mismas, se ha venido utilizando tradicionalmente la electroerosión de penetración para la fabricación de las estampas en aceros tratados de unos 40 HRc de dureza. Sin embargo, la simplicidad de las cavidades, y las amplias tolerancias y requisitos de rugosidad a alcanzar, han hecho de esta, una de las aplicaciones estrella del fresado a alta velocidad. Es así, que en los últimos años se ha producido en Europa, una verdadera migración de la electroerosión por penetración al MAV".*

Entonces, el primer paso, en un sistema de fabricación de alta velocidad consiste, al igual que en el caso del proceso tradicional, en efectuar la programación del centro de mecanizado de alta velocidad, en forma automática, aunque utilizando un software de los denominados en forma genérica como CAD-CAM, diseñado para utilizar rutinas y generar código apropiados para alta velocidad. Su empleo permite, a partir del dibujo de la cavidad a mecanizar en 3D, generar por postprocesado, el código de programación ISO, según sea la marca y modelo del control numérico del centro de mecanizado de alta velocidad, a usar en la producción. Seguidamente, la totalidad del proceso se realiza en un centro de mecanizado de alta velocidad, eliminando por completo el proceso de electroerosión por penetración. La fabricación termina, aunque no en todos los casos, con el pulido manual de la matriz.

En la figura 6.27, se puede observar con una mirada global, un proceso de fabricación de matrices realizado según la metodología a la que venimos designando como de alta velocidad.

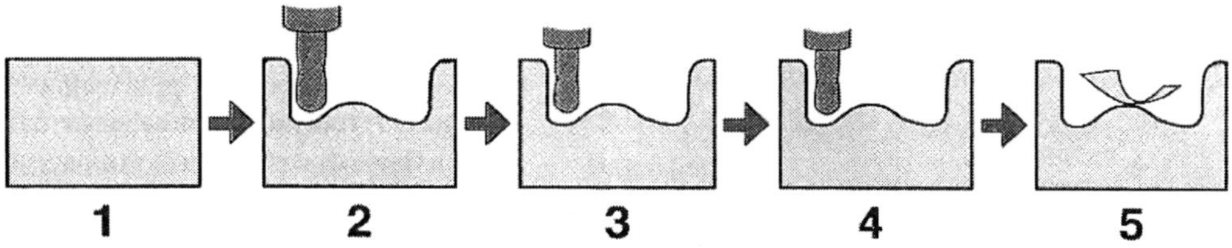

Figura 6.27: Proceso de fabricación MAV de una matriz de forja (Fuente: Sandvik)

Se parte en el punto 1 del bloque de material ya en "duro", al que se le realizan sucesivamente un desbaste, una semiterminación y una terminación por fresado (pasos 2, 3 y 4), en el centro de mecanizado de alta velocidad, para finalmente, en el paso 5, terminar la matriz por pulido manual.

Cuando se compara este proceso con el anterior (es decir, figura 6.24 con figura 6.27), se observan la reducción de dos pasos, como también la no necesidad de construcción del electrodo, ni de disponer de una máquina de electroerosión por penetración. Por otra parte, se reducen los tiempos muertos generados en los sucesivos amarres – desamarres, y todas las operaciones se efectúan con el mismo cero de pieza, hecho que se traduce en un aumento de la precisión. Sin embargo justo es decir que, en opinión del Dr. Norberto López de Lacalle: *"el empleo del MAV para mecanizar matrices de grandes tamaños puede implicar un costo muy elevado, por lo cual de momento, este tipo de esquema sólo debe emplearse en matrices de tamaño pequeño a mediano".*

Según información aportada por Sandvik, el proceso de fabricación de matrices de forja se adapta en forma excelente al proceso de alta velocidad, obteniendo con él una reducción del tiempo de fabricación respecto del método tradicional, tratado anteriormente, del 30% al 50%, en el caso de matrices pequeñas y medianas.
Para completar la información sobre el proceso MAV, adjuntamos seguidamente una imagen de un centro de mecanizado de alta velocidad de la empresa DMG (Alemania), típico de los que se podrían emplear para la fabricación de las matrices en estudio.

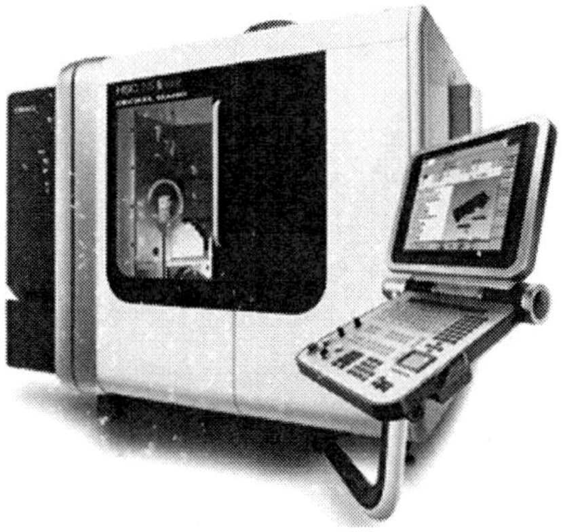

Figura 6.28: Centro de mecanizado de alta velocidad modelo HSC 55 (Fuente: DMG)

En la tabla siguiente se anexan las características técnicas principales de algunos modelos de centros de mecanizado de husillo vertical de alta velocidad, de la firma DMG de Alemania, entre los que se encuentra el modelo HSC 55.

Tabla 6.XVIII: Características técnicas de centros de mecanizado MAV (Fuente: DMG)

Característica técnica	HSC 20 linear	HSC 55 linear
Carreras ejes X/Y/Z (mm)	200 x 200 x 280	400 x 580 x 400
Velocidad de avance (mm/min)	40000	80000
Marcha rápida (m/min)	40000	80000
RPM Husillo	42000	28000
Potencia husillo (kW)	15	27
Momento (Nm)	6	38
Cono de husillo	HSK	HSK
N° de herramientas	24	30
Diámetro máx. de herramienta (mm)	30	80
Longitud máx. de herramienta (mm)	200	250
Aceleración (g)	> 2g	> 2g
Tiempo de viruta a viruta (s)	7	6
Superficie de sujeción (mm)	380 x 320	460 x 460
Carga sobre mesa (kg)	100	600
Control numérico	Siemens 840D	Siemens 840D

Finalmente, y al sólo efecto de presentar algunas de las herramientas que se suelen emplear en procesos MAV, en la figura 6.29 a la izquierda se muestran algunas variantes de fresas esféricas con punta intercambiable de metal duro revestido, mientras que en la imagen del centro y a la derecha, se observan diferentes fresas de metal duro integral, las primeras de ellas (centro), montadas en sus respectivos conos portaherramientas.

Figura 6.29: Herramientas de corte varias para MAV (Fuente: Sandvik)

Factores limitantes de aplicación del MAV a la fabricación de matrices de forja:
En principio queremos aclarar que todas las ideas expresadas a continuación pertenecen a los Dres. Norberto López de Lacalle y José Antonio Sánchez.

Estos autores, presentan en su libro sobre "Mecanizado de alto rendimiento", un resumen de los requisitos técnicos, de distintos sectores industriales, entre los que se encuentran aquellos que corresponden al sector de forja.

Tabla 6.XIX: Requisitos técnicos del sector de forja (Fuente: López de Lacalle)

Sector	Dureza estampa HRc	Rugosidad total R_t (μm)	Tolerancias (mm)	Radios de acuerdo (mm)
Forja	42 - 60	5 - 10	± 0,2	1 mínimo

A partir de esta tabla, y considerando las principales variables citadas, haremos un análisis de las posibilidades de fabricación de matrices usando MAV.

En referencia a la dureza del material a mecanizar, existe un consenso que el MAV debiera ser empleado sólo hasta los 54 HRc (más allá que posee la capacidad para trabajar hasta 60 HRc), dado que el proceso resulta económico, hasta ese valor.
Por otra parte, un parámetro que ejerce una influencia marcada y limitante en el MAV, es la esbeltez (relación entre el largo en voladizo de la herramienta y su propio diámetro), cuyo valor máximo a utilizar en cada caso, viene dado por la profundidad del grabado y el radio mínimo de la cavidad. De este modo, la herramienta deberá tener la longitud suficiente para poder acceder al fondo de la cavidad, y como máximo, el radio mínimo que tenga esta. Una primera solución consiste en la utilización de herramientas tóricas, con un radio de acuerdo muy pequeño, pero un cuerpo muy robusto. La firma OSG ofrece estas herramientas de me-

tal duro integral, en diámetros que van desde 2mm a 13mm, con radios de acuerdo desde 0,5mm a 3mm.

Figura 6.30: Fresa tórica (Fuente: OSG).

La segunda posibilidad pasa por emplear herramientas extra largas. Sin embargo, con estas soluciones se agotan las posibilidades de resolver el problema con fresadoras o centros de mecanizado de 3 ejes.

Otra solución más compleja, consiste en emplear un centro de mecanizado de 5 ejes, máquinas muy difíciles de programar, donde como el husillo de la máquina posiciona siempre la herramienta perpendicular al punto de la superficie que mecaniza, es posible lograr una significativa reducción del voladizo de la herramienta (figura 6.31).

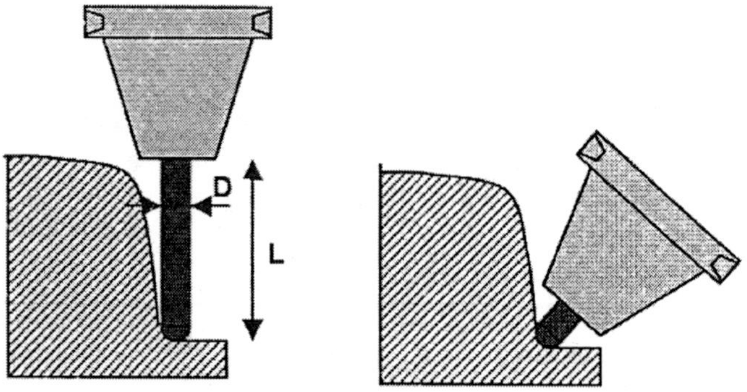

Figura 6.31: Accesibilidad de una herramienta en fresadora de 3 ejes (izq.) y 5 ejes.

Se puede afirmar entonces que, la combinación de elevadas durezas y herramientas poco rígidas, hacen que el mecanizado de una pieza por arranque de viruta sea de extrema complejidad, por lo que en estos casos, la utilización de EDM, está ampliamente justificada.

En tal sentido, existen varios trabajos de investigación que han buscado establecer la línea divisoria entre ambos procesos, de los cuales, el realizado por Toyota en 1998 es el que ha aportado mayor claridad, y fue sobre esa base, que la Universidad Politécnica de Valencia, definió un gráfico en el cual, ingresando con la esbeltez de la herramienta, y la dureza del material a mecanizar, se establecieron zonas de aplicación de cada proceso (HSM y EDM), así como también una zona de transición en la cual se deberá estudiar el trabajo en profundidad, para determinar que proceso usar (figura 6.32).

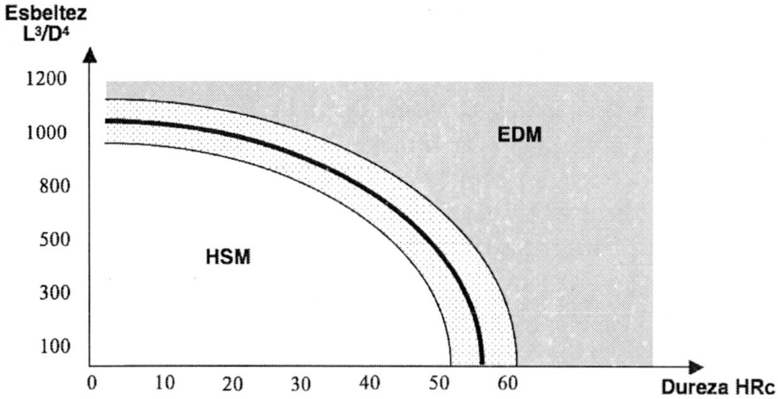

Figura 6.32: Zonas de aplicación de los procesos HSM y EDM

En referencia a la rugosidad, dado que el valor del acabado depende del avance por diente a_z, y de la profundidad de pasada radial p_r, la posibilidad de alcanzar con los centros de mecanizado de alta velocidad, revoluciones de husillo de 15000 rpm o superiores, permiten obtener muy buenas rugosidades, totalmente compatibles con las que se precisan en las cavidades de las matrices de forja, pudiendo incluso en ocasiones, eliminar la necesidad de un pulido manual final.

Control de las matrices:

Una vez fabricada la estampa, es responsabilidad del constructor, efectuar un primer control, para verificar la calidad del mecanizado. Independientemente de lo actuado, el forjador puede por su lado, realizar un control durante la recepción de la misma.

Para ello, existen dos métodos de control tradicionales; muy laboriosos y que demandan muchas horas de trabajo (siguen siendo empleados por talleres de matricería cuyas máquinas son convencionales, o por forjadores que no disponen de la última tecnología); y un método moderno. Con ambos sistemas se busca efectuar el control geométrico del grabado realizado.

En primera instancia, nos referiremos a los métodos tradicionales:

1a) La técnica de la pieza de “Yeso verde”:

Trabajando con la estampa abierta, se llenan las “medias cavidades” con el yeso. Posteriormente, se cierra la matriz, manipulando ambas mitades, con barretas aplicadas a unos orificios que estas presentan lateralmente (**).

Una vez fraguado el yeso, y dispuesta la matriz en su posición habitual de trabajo (como si estuviera montada en la máquina que corresponda al caso), se procede a abrirla utilizando la barreta y los agujeros laterales, o en forma más sencilla, tirando con un electroimán aplicado a la matriz superior.

Una vez abierta la matriz, para “despegar” la pieza de yeso de la matriz inferior, se golpean los laterales de la estampa con un martillo, hasta que la misma se desprenda.

Obtenida la pieza de yeso, se quitan los excedentes, se lijan las superficies, y se pinta en su totalidad, con la habitual pintura violeta, usada para operaciones de trazado de piezas. Posteriormente, sobre un mármol de “fundición”, típico de las empresas de forjado (los de diabasa no resisten maltratos), se traza la pieza, y se efectúa su control geométrico.
(**) Hacemos una aclaración respecto de la manipulación de las matrices: considerada la estampa un paralelepípedo, una vez escuadradas las caras, y previo al mecanizado de las cavidades, se realizan agujeros de 25 a 30mm de diámetro, por unos 30mm de profundidad, en las 4 caras laterales de cada media matriz, con el objeto de poder fijarlas con chaponetes, tanto a la mesa de la fresadora (para su mecanizado), como a la mesa de la prensa. Estos agujeros permiten “maniobrarlas cómodamente”, a pesar de sus habituales dimensiones y pesos. En el caso de tratarse bloques cilíndricos, se efectúan cuatro agujeros por bloque, similares a los mencionados, y cada 90°.

1b) La técnica de la pieza de Plomo:
En este caso hay dos caminos posibles: 1b.1) con la matriz cerrada, y aprovechando que muchas de las cavidades grabadas presentan un canal que alcanza alguno de los laterales de la estampa (para que el operario pueda tomar la pieza con una pinza, y luego pasarla a un paso posterior, se requiere de un saliente que produce el mencionado canal en la pieza forjada), se vuelca por allí el plomo líquido, hasta llenar la cavidad. Se deja solidificar, se abre la matriz, y se procede a trazar la pieza de plomo. A manera de ejemplo, en la figura 6.33, se puede observar un cuerpo de válvula conformado por esta técnica.

Figura 6.33: Pieza de control conformada con plomo (Fuente: Forja Sudamericana)

1b.2) Trabajo con cada mitad de la estampa en forma separada, llenando con plomo cada cavidad en forma independiente. Luego procedo a golpear la superficie plana de cada “medio plomo”, hasta obtener en cada caso, una réplica exacta de cada media cavidad de la matriz. La utilización de esta técnica, es la que se suele usar, para hacer el cortante (matriz de rebabado), a partir de la media pieza de plomo.
Finalmente, el “método moderno”, hace uso del equipo denominado “Máquina de medir por coordenadas” o MMC. Esta máquina posee, como superficie de apoyo-referencia, para la pieza a controlar, un mármol. A su vez, dispone de un palpador de medición por contacto, el cual se desplaza en todo el volumen de trabajo de la MMC. Relevando la geometría de la cavidad mediante un programa de palpado, realizado según sea la cavidad a controlar, el

software de la MMC compara los valores medidos, contra la geometría virtual de la cavidad, proveniente de su diseño en un sistema CAD, y de esta forma, se detectan los posibles errores de grabado.
Dado el peso de las matrices, y la superficie de apoyo de estas máquinas, para el desplazamiento de las estampas, se utilizan puentes grúas de alta sensibilidad de movimiento.
En la figura siguiente se puede observar una máquina de medir por coordenadas de la empresa japonesa Mitutoyo.

Figura 6.34: Máquina de medir modelo Bright-STRATO (Fuente: Mitutoyo)

Para complementar la información al respecto de estos equipos, en la tabla siguiente, adjuntamos las características técnicas, de tres modelos correspondientes a la serie Bright-STRATO de Mitutoyo.

Tabla 6.XX: Características técnicas de tres modelos de MMC (Fuente: Mitutoyo)

Característica técnica	**Bright-STRATO 776**	**Bright-STRATO 7106**	**Bright-STRATO 9106**
Carrera eje X (mm)	0 – 705	0 – 705	0 – 905
Carrera eje Y (mm)	0 – 705	0 – 1005	0 – 1005
Carrera eje Z (mm)	0 – 605	0 – 605	0 – 605
Resolución (mm)	0,0001	0,0001	0,0001
Dimensiones mármol (mm)	840 x 1320	840 x 1620	1040 x 1720
Material mármol	Granito	Granito	Granito
Dimensiones de la MMC (mm)	1587 x 1541 x 2715	1587 x 1841 x 2715	1787 x 1941 x 2715
Peso de la MMC (kg)	1405	1635	1940
Altura máxima de pieza (mm)	740	740	740

Montaje y reglaje de las estampas:

Toda prensa, posee un orificio central en la mesa, ya sea para disponer el extractor de pieza, y/o para usar como referencia para el centrado de la estampa.
Independientemente de lo comentado, es importante localizar la matriz lo más al centro posible, con el objeto de minimizar las cargas laterales, y permitir así un trabajo más equilibrado de la máquina.

Para cambiar de una matriz a otra, se requiere un tiempo aproximado de una hora. En principio, el oficial forjador está al tanto del próximo trabajo. Un ayudante aproxima la nueva matriz a la máquina, y la precalienta. Se quita la matriz que terminó con la producción con un autoelevador. Se realiza una limpieza a fondo de las superficies de apoyo, proceso que se facilita cuando las mismas están todavía calientes. Se sube la matriz "nueva" cerrada también con autoelevador. Al montar estas herramientas de acero para trabajo en caliente, debe observarse que apoyen bien sobre sus bases respectivas. Antes de ponerlas en uso, como ya se indicó, es necesario precalentarlas a la temperatura de trabajo, habitualmente entre 150°C a 300°C. Al calentarse la cara de la herramienta, ni bien comenzado el trabajo de forjado, debido a su núcleo frío, se producen sobre ellas tensiones que pueden causar roturas o fisuras por recalentamiento. La velocidad de calentamiento de la estampa, depende del tamaño y forma de la herramienta. Cuanto más grande sea, y más complicada su forma, tanto más lento debe ser el calentamiento. Si el precalentamiento se efectúa con un mechero de gas, debe observarse que la superficie de la herramienta no quede expuesta directamente a la llama.
Es conveniente precalentar las herramientas, no solamente al inicio de la forja, sino mantenerlas calientes también durante las interrupciones en el trabajo.

Seguidamente, se baja el carro, y se fija la estampa superior al mismo (en el caso de tratarse de un martillo, nos debemos asegurar por todos los medios que la sujeción sea muy segura. Se usa taco retén de un lado, y cuñas del lado opuesto), garantizando siempre que exista una fijación apropiada, ya que esfuerzos mecánicos excesivos pueden provocar la rotura de la estampa.
Seguidamente, pruebo las columnas, subiendo y bajando lentamente el carro. Si esta todo bien, fijo la estampa inferior.

Como recomendación adicional se aconseja que, para probar la alineación de las herramientas en una prensa / martillo, se forje en frío una pieza de plomo, y controlando la pieza, se verifica la alineación.

Reparación de matrices:
Cuando las piezas que se están obteniendo por forjado, comienzan a presentar algunas de sus cotas fuera de tolerancia, se hace necesario proceder a la reparación de la estampa, rebajando la altura necesaria en la superficie que lleva grabada la huella, para realizar sobre ella un nuevo mecanizado. Habitualmente, las profundidades de regrabado son de 3 a 5mm.

Un método convencional para la reparación de una matriz de forja consiste en:

- Evaluar la cantidad de material a remover, en términos de un valor de profundidad (regrabado).

- Remover por fresado, esta cantidad de material, de la superficie de cierre de la matriz.

- Volver a realizar la erosión por penetración de la cavidad desgastada, en una profundidad similar a la anterior.

- Realizar el pulido manual correspondiente.

En el caso que a la matriz le falte material o presente fisuras, se las suele recargar por soldadura con electrodos para reparación y recubrimiento de matrices, como pueden ser aquellos cuyos códigos son: AWS E3-UM-PT ó AWS E3-UM-50-T, por citar un par de ejemplos, previo precalentamiento del bloque. Estos electrodos se aplican sobre matrices sometidas a impacto, rozamiento y compresión, asociados a calor y corrosión. Seguidamente se le devuelve la forma original a la estampa, mediante algunos de los métodos tradicionales comentados antes (fresado, electroerosión, o una combinación de ellos).

Según palabras del Dr. Norberto López de Lacalle: *"el fresado de alta velocidad, también permite remecanizar estampas para su recuperación. Una vez utilizadas unas miles de veces en el proceso de forja, algunas partes de la estampa se desgastan, por lo que se realizan aportes de material soldado en dichos puntos. Tras este proceso, se vuelve a fresar a alta velocidad, en este caso un material menos homogéneo, en el que conviven el material original, los aportes e incluso zonas sobre templadas. El resultado final, es una estampa nuevamente lista para forjar".*

Bonnemezón aconseja que, estos regrabados sean realizados, en término medio, luego de haber forjado unas 3000 piezas. Aclara sin embargo que, hay matrices que pueden forjar 1000 piezas, mientras algunas pocas pueden alcanzar unas 10000 piezas por grabado.

Respecto de las matrices de rebabado, el filo cortante se repara utilizando un aporte de stellite. Luego se rectifica en forma plana la superficie del filo para garantizar una misma altura en todo el perímetro, y se afila por fresado, perfilando el contorno correspondiente.

Matrices de rebabado:
El material sobrante de una pieza forjada en caliente, es decir el flash y la rebaba, se quitan mediante una operación de corte, normalmente realizada en caliente, ni bien ejecutada la operación final de forjado. Este proceso se denomina rebabado, y también se puede efectuar en frío, en el caso que la pieza posea rebabas delgadas.
Esta operación se realiza con una estampa denominada de corte o rebabado, montada en un balancín. Estas estampas están compuestas de un punzón y una matriz. El perímetro de ambos, se debe adaptar a la forma de la pieza, existiendo un juego entre el cortante y la matriz, llamado luz de corte.

Para el dimensionado de la matriz de corte, existe un criterio empírico expresado por la fórmula de Dehler, que relaciona el espesor H (mm) de la matriz, con la fuerza P (kg), necesaria para el corte. La fórmula es la siguiente:

$$H = (P)^{1/3} \quad (16)$$

La fuerza P se puede estimar siguiendo los lineamientos indicados en el capítulo 5.
Las operaciones de rebabado, pueden clasificarse en dos tipos a saber:

- Rebabado indirecto: en este caso el punzón (A) no actúa sobre la rebaba (a), ya que esta descansa sobre la matriz (B). Ver figura 6.35.

- Rebabado directo: aquí la rebaba es cortada por la acción combinada de los perímetros del punzón y la matriz (figura 6.36).

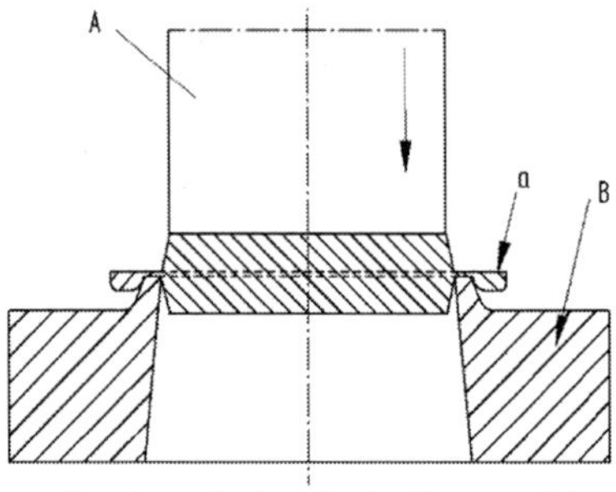

Figura 6.35: Operación de rebabado indirecto (Fuente: Nello Mizzau)

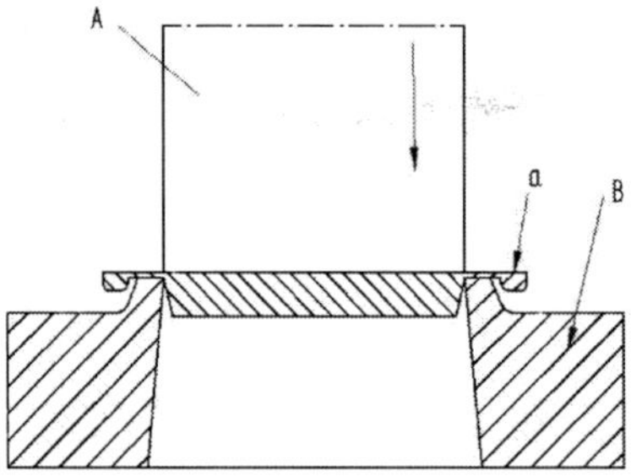

Figura 6.36: Operación de rebabado directo (Fuente: Nello Mizzau)

Es importante resaltar que, entre el perímetro del punzón y el de la matriz, debe existir un juego. El mismo es función del tipo de pieza y su medida principal (ver formas a, b y c, en figura 6.37 y tabla 6.XXI).

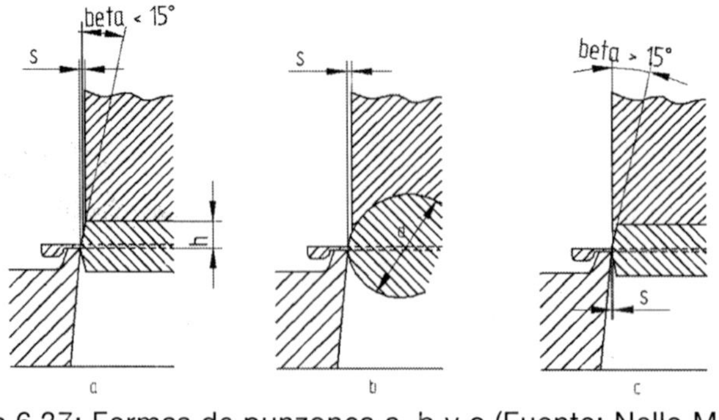

Figura 6.37: Formas de punzones a, b y c (Fuente: Nello Mizzau)

En los tres esquemas de la figura 6.37 se observa que, la matriz presenta en todos los casos, una descarga o diferencia de altura (ver en los citados esquemas borde superior izquierdo del cortante inferior), sobre la que debe apoyar solamente el flash de la pieza. Esta descarga tiene por objeto que la rebaba no descanse sobre la superficie de la estampa, y de esta manera incida en la posición de la pieza sobre el cortante. De no existir la descarga, podría suceder que, ante una rebaba alabeada, la pieza no apoye correctamente sobre el perímetro de corte de la matriz, y resulte entonces mal rebabada.

Tabla 6.XXI: Juego radial s punzón-matriz para formas a, b y c (Fuente: Nello Mizzau)

Forma a		**Forma b**		**Forma c**
h (mm)	**s (mm)**	**d (mm)**	**s (mm)**	**s (mm)**
Hasta 5	0,3	Hasta 20	0,3	0,3
5 a 10	0,5	20 a 30	0,5	
10 a 20	0,8	30 a 45	0,8	
20 a 25	1,0	45 a 60	1,0	
25 a 30	1,2	60 a 70	1,2	
> 30	1,5	> 70	1,5	

Todas las matrices de rebabado en caliente, tienen en el borde de corte, una zona sin descarga (cilíndrica) de entre 4 a 6mm, que se conoce en la jerga, como vida del cortante. De este modo, cuando la misma pierde la capacidad de corte, puede ser reafilada mediante un rectificado plano.
Luego de esos 4 a 6mm, presenta una descarga de 3° a 5°, para evitar posibles atascamientos de la pieza cortada (ver figura 6.38).

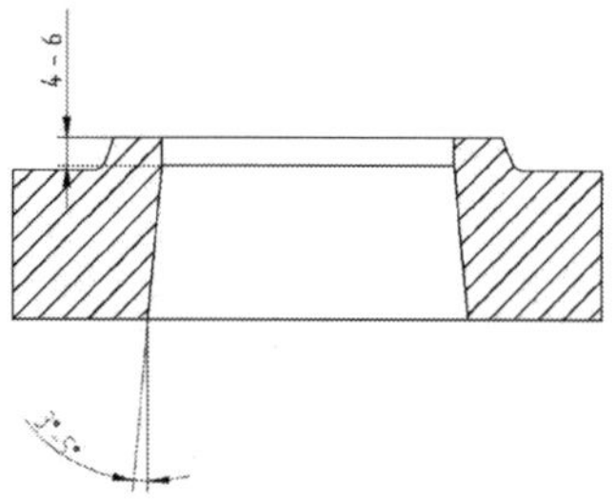

Figura 6.38: Sección de una matriz de rebabado en caliente (Fuente: Nello Mizzau)

Las matrices pueden ser construidas macizas a partir de un bloque, o con la parte cortante postiza, o bien en sectores (figura 6.39). En estos casos, las partes se espinan entre sí para darle mayor resistencia a la matriz.

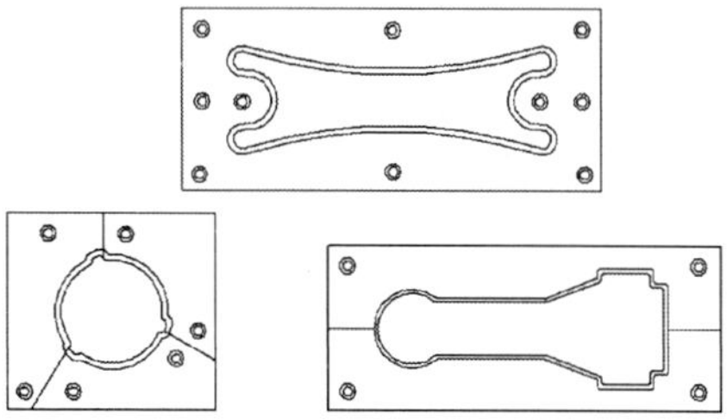

Figura 6.39: Matrices de rebabado enteriza, en dos y tres secciones (Fuente: Nello Mizzau)

Seguidamente, en la figura 6.40, se muestra el montaje de una estampa de rebabado.

Figura 6.40: Montaje de una estampa de rebabado (Fuente: Forja Sudamericana)

Para finalizar, el principio de funcionamiento de esta matriz de corte es el siguiente:

En ambos extremos se observan las columnas cilíndricas (montadas sobre la placa inferior), y los bujes guía (vinculados a la placa superior). Hacia el lado izquierdo tenemos la cama para el punzonado del denominado tejo o pastilla central, que cae hacia abajo. El punzón, cuando sube, suele arrastrar la pieza hacia arriba, motivo por el cual se dispone un "puente", que la retiene (es un extractor de pieza). Luego, el operario la toma con una pinza y la traslada a la cama para el rebabado (derecha). Cuando baja la parte superior, primero apoya la placa con los resortes, cuya presión va en aumento durante la carrera descendente, "acomodando" la pieza sobre el perímetro del cortante. Llegado un punto, actúa el punzón de rebabado, produciendo el corte, y durante la carrera ascendente, en el caso de llevarse la pieza, estos mismos resortes, la "expulsan" hacia la placa inferior.

Bibliografía y Páginas webs consultadas

- Mario Rossi, **Estampado en caliente,** Editorial Hoepli, España, 1971 (libro).

- Robert Lenhert, **La construcción de herramientas,** Editorial Reverté, 1979, Barcelona, España (libro).

- José Apraiz Barreiro, **Aceros especiales y otras aleaciones,** sexta edición, Editorial Dossat, Madrid, España, 1986 (libro).

- Avner, **Introducción a la metalurgia física** (libro).

- Norberto López de Lacalle, **Mecanizado de alto rendimiento,** Ediciones técnicas Izaro, Bilbao, España, 2004 (libro).

- Norberto López de Lacalle y José Antonio Sánchez, **Electroerosión: proceso, máquinas y aplicaciones,** Publicaciones Escuela Superior de Ingenieros, Bilbao, España, 2006 (libro).

- Siamak Abachi, Wear analysis of hot forging dies, 2004 (tésis de maestría).

- Jonas Hallström, Influence of friction on die filling in counterblow hammer forging, Journal of Materials Processing Technology, 2000 (paper).

- M. Bayramoglu y otros, Cost and performance evaluation of different surface treated dies for hot forging process, Journal of Materials Processing Technology, 2008 (paper).

- Anselmo Diniz y otros, Tool life and tool wear in the semifinish milling of inclined surfaces, Journal of Materials Processing Technology, 2009 (paper).

- Nello Mizzau, Forja, Apunte del Centro de Estudiantes de Ingeniería Tecnológica. UTN Facultad Regional Avellaneda, 1986 (apunte).

- Apuntes del curso Lubricantes para forja, dictado por el Ing. Schiuma en CAFOR, 2007 (apunte).

- Lirio Schaeffer, Introducao ao projeto de ferramentas para forjamento a quente em matriz fechada, Ferramental, 2006 (revista).

- Sandvik Coromant, Usinagens com altas velocidades de corte e usinagem convencional de moldes e matrizes, Brasil (revista).

- Catálogo Bohler de Aceros para herramientas (catálogo).

- Catálogo Thyssen Krupp de aceros especiales (catálogo).

- Consumibles para soldadura, Böhler Thyssen (catálogo).

- Catálogo electrónico de fresado, Sandvik Coromant, 2010 (catálogo).

- www.mitutoyo.com

CAPITULO 7

DEFECTOS EN LAS PIEZAS FORJADAS

"Comienza a manifestarse la madurez cuando sentimos que nuestra preocupación es mayor por los demás que por nosotros mismos"

Albert Einstein

En este apartado, intentaremos poner en evidencia la mayor cantidad posible de defectos que pueden aparecer durante el proceso de forja, explicando cuales son las dificultades que pueden acarrear sobre el producto, e indicando, de ser posible, la manera de efectuar su corrección.
Para un mejor ordenamiento, realizaremos la mención de los defectos, siguiendo un proceso de forjado paso a paso.

Defectos producidos durante el corte:
Esta información surge del material de un curso dictado por el Dr. Lirio Schaeffer.

a) Con cizalla:

- Corte en ángulo:
Dificultades que trae aparejado:
Si bien fue mencionado en otra parte del libro, la falta de escuadra, produce una serie de problemas durante el proceso de forja: cuando se ubica el tocho en la cavidad de la estampa, el mismo se puede ladear, provocando falta de llenado en la pieza. Si se trata de un trozo a recalcar, ni bien se produce el contacto del punzón con el frente inclinado de la barra, el extremo se flexiona (en resumen, se ve limitada la longitud de pandeo).

Tabla 7.I: Causas y medidas correctivas cuando se presenta un corte en ángulo

Causa	Corrección
La forma de la sección a cortar, no es compatible con la geometría de las cuchillas de corte	Colocar las cuchillas apropiadas
El material se desliza, porque está aceitado superficialmente	Limpiar la superficie de la barra
El juego entre cuchillas es excesivo, o la resistencia al corte del material es elevada	Corregir luz de corte. Ver afilado
El ángulo de corte dado en la máquina no es el indicado	Corregir ángulo

En la figura siguiente se observa un trozo de palanquilla, con un corte en ángulo producido por cizallado en frío

Figura 7.1: Palanquilla con corte en ángulo (Fuente: Forja Sudamericana)

- Deformación de la sección de corte:

Dificultades que trae aparejada:

Puede motivar la aparición de pliegues sobre la pieza forjada, e incluso falta de llenado.

Tabla 7.II: Causas y medidas correctivas cuando hay una deformación del área cortada

Causa	**Corrección**
El perfil de la cuchilla es muy grande respecto de la barra a cortar	Utilizar la cuchilla apropiada a cada caso
La resistencia mecánica del material a cortar es muy baja	Modificar la luz de corte, o el ángulo de descarga
Cuando la fuerza del soporte de la contracuchilla es muy baja o muy alta	Definir correctamente la fuerza de soporte de la contracuchilla
Cuando el ángulo de abertura es muy grande	Utilizar la cuchilla apropiada a cada caso

En la figura siguiente se muestra una cuchilla que tiene un forma distinta respecto del diámetro de la barra a cortar ($R_2 > R_1$). Adicionalmente, se observa el denominado ángulo de abertura, mencionado en la Tabla 7.II

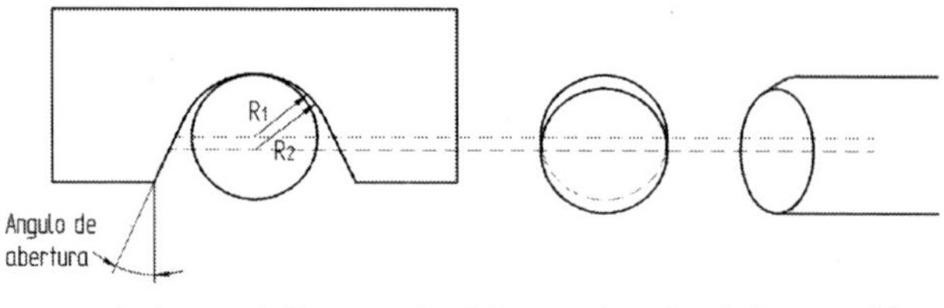

Figura 7.2: Formas de la cuchilla que inciden sobre la deformación de la sección.

Seguidamente, se presenta el caso de una barra redonda cortada por cizallado en frío, que presenta una sección de corte deformada.

Figura 7.3: Barra con sección de corte deformada (Fuente: Forja Sudamericana)

- Rebabas:

Dificultades que traen aparejadas:

Pueden acarrear la aparición de defectos superficiales sobre la pieza forjada.

Tabla 7.III: Causas y medidas correctivas cuando aparecen rebabas

Causa	Corrección
El juego de corte es excesivo	Corregir la luz de corte
Las cuchillas están desgastadas, o presentan fracturas en los filos	Cambiar las cuchillas
La forma de las cuchillas no es la correcta	Cambiar las cuchillas

- Fisuras:

Dificultades que traen aparejadas:

Las fisuras superficiales resultantes del proceso de corte, se mantienen, e incluso pueden propagarse, durante los procesos posteriores, afectando la calidad de la pieza forjada.

Tabla 7.IV: Causas y medidas correctivas cuando aparecen fisuras

Causa	Corrección
La resistencia mecánica del material a cortar es muy baja	Variar la luz de corte
La luz de corte es muy pequeña	Variar la luz de corte
El material posee una resistencia mecánica muy alta o tiene tensiones residuales	Se debe precalentar el material y protegerlo en su enfriamiento

- Fracturas:

Dificultades que traen aparejadas:

Principalmente la falta de llenado o la aparición de huellas superficiales.

Tabla 7.V: Causas y medidas correctivas cuando aparecen fracturas

Causa	Corrección
El juego de las cuchillas es excesivo	Corregir la luz de corte
La superficie de la barra a cortar está humedecida con aceite	Limpiar el material a cortar
Cuando la contracuchilla está montada muy baja, y no acciona	Aumentar la fuerza de soporte de la contracuchilla
Cuando la fuerza que soporta la contracuchilla es muy baja	Aumentar la fuerza de soporte de la contracuchilla

- Diferencias de peso:

Dificultades que traen aparejadas:

Por una diferencia en exceso se puede producir mucha rebaba, o incluso la rotura de la estampa. En cambio, por defecto, la falta de llenado.

Tabla 7.VI: Causas y medidas correctivas cuando aparecen diferencias de peso

Causa	Corrección
Varía el largo de corte	Controlar tope
Varía la sección de barra en barra	Controlar en recepción de material
La superficie de la barra a cortar está humedecida con aceite	Limpiar el material a cortar
La velocidad de avance es muy alta	Disminuir la velocidad de avance
El soporte del tope no tiene amortiguamiento	Calibrar el tope

Nota: para establecer la luz de corte apropiada, ver figura 4.5 en capítulo 4.

En la figura a continuación se observa una rebaba excesiva, sobre una pieza forjada del tipo horquilla, debida a un trozo cortado con un peso sobreabundante.

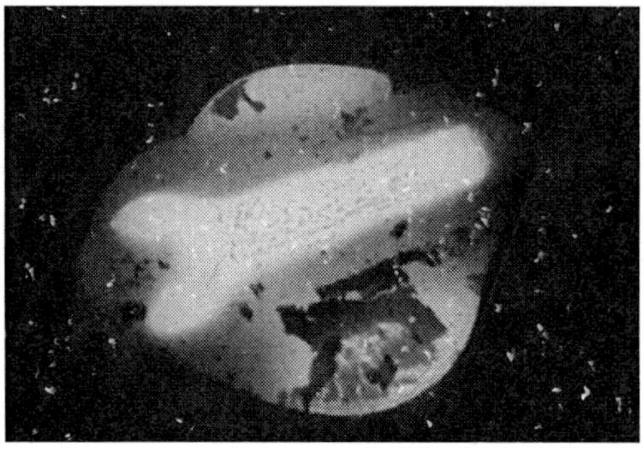

Figura 7.4: Rebaba en exceso (Fuente: Forja Sudamericana)

b) Con sierra:

- Superficie ondulada:

Dificultades que trae aparejada:

Fundamentalmente defectos superficiales sobre la pieza forjada.

Tabla 7.VII: Causas y medidas correctivas cuando aparece una superficie ondulada

Causa	Corrección
El disco o la hoja están desgastados	Reemplazar la sierra
El avance es muy grande	Disminuir la velocidad de avance
La tensión de la hoja de sierra es insuficiente	Aumentar la tensión
La guía de la hoja de sierra está muy separada	Acercar la guía

- Corte en ángulo:

Dificultades que trae aparejada:

La falta de escuadra en el corte, produce una serie de problemas durante el proceso de forja: cuando se ubica el tocho en la cavidad de la estampa, el mismo se puede ladear provocando falta de llenado en la pieza. Si se trata de un trozo a ser recalcado, ni bien se produce el contacto del punzón con el frente inclinado de la barra, el extremo se flexiona (en resumen, se ve limitada la longitud de pandeo).

Tabla 7.VIII: Causas y medidas correctivas cuando se presenta un corte en ángulo

Causa	Corrección
El material no está guiado perpendicularmente a la hoja	Revisar la posición de guía
La hoja de sierra está desgastada	Reemplazar la sierra
El avance es muy grande	Disminuir la velocidad de avance
La guía de la hoja de sierra está muy separada	Acercar la guía
El material a cortar no está bien posicionado	Limpiar la superficie de apoyo de las barras. Controlar

- Rebabas:

Dificultades que traen aparejadas:

Pueden acarrear la aparición de defectos superficiales sobre la pieza forjada.

Tabla 7.IX: Causas y medidas correctivas cuando aparecen rebabas

Causa	Corrección
El disco o la hoja están desgastados	Reemplazar la sierra
El avance es muy grande	Disminuir la velocidad de avance
En el final del corte, no se reduce la velocidad de avance	Ver regulación de la máquina
La geometría del dentado no se corresponde con el material a cortar	Reemplazar la sierra

- Superficie de corte con estrías:

Dificultades que trae aparejada:

Principalmente defectos de superficie sobre la pieza forjada.

Tabla 7.X: Causas y medidas correctivas cuando aparecen superficies con estrías

Causa	Corrección
Faltan algunos dientes o están desgastados	Reemplazar la sierra
El avance de la máquina no es uniforme	Regular la máquina
La velocidad de corte es muy alta	Reducir la velocidad
La hoja de sierra oscila	Modificar la velocidad de corte y/o cambiar el dentado

Defectos producidos durante el calentamiento:

Esta información surge del material de un curso dictado por el Dr. Lirio Schaeffer.

- Exceso de cascarilla:

Dificultades que trae aparejada:

Trae como consecuencia una mayor pérdida de material. Su formación depende de la atmósfera del horno, del tipo de horno, del tamaño del tocho, y del tipo de material a calentar (ver criterios mencionados en capítulo 4).

Tabla 7.XI: Causas y medidas correctivas cuando aparece exceso de cascarilla

Causa	Corrección
El material fue calentado en más de una ocasión	Controlar que el material a utilizar, no haya sido calentado antes. O sino perdió peso, se lo puede granallar
La atmósfera del horno es inadecuada	Regular atmósfera
El tiempo de calentamiento o de permanencia, son excesivos	Regular los tiempos y temperaturas
La temperatura de calentamiento es muy alta	Regular temperatura
La puerta del horno no presenta buena aislación	Controlar el cierre

- Quemadura localizada:

Dificultades que trae aparejada:

El material presentará distintas propiedades mecánicas en las zonas quemadas.

Tabla 7.XII: Causas y medidas correctivas cuando aparecen quemaduras localizadas

Causa	Corrección
La temperatura de calentamiento es muy alta	Regular la temperatura
Los quemadores están mal regulados	Regular quemadores
Los puntos de contacto entre el material y la superficie del horno, no están limpios	Cambiar la superficie de contacto
El material está muy próximo al quemador	Reposicionar el material

- Descarburación superficial:

Dificultades que trae aparejada:

Se alteran las propiedades mecánicas de las capas superficiales del material. La susceptibilidad del material a descarburarse depende de su porcentaje de carbono. A mayor porcentaje, mayor probabilidad.

Tabla 7.XIII: Causas y medidas correctivas cuando aparece descarburación

Causa	Corrección
La temperatura de calentamiento es muy alta	Regular la temperatura
El tiempo de calentamiento o de permanencia, son excesivos	Regular los tiempos y temperaturas

En la figura siguiente se observa una imagen metalográfica a 200X, que muestra la zona decarburada, en la superficie de una pieza forjada de medio carbono (hay menor cantidad de perlita en la superficie).

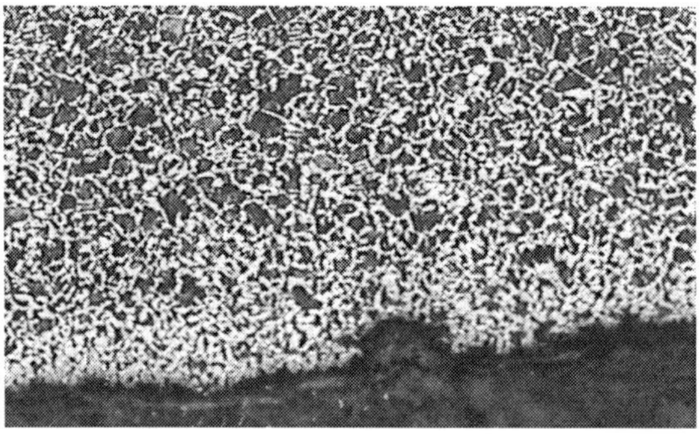

Figura 7.5: Zona decarburada en pieza forjada (Fuente: INTI-Mecánica)

- Aumento del tamaño de grano (TG):

Dificultades que trae aparejada:

Como la tenacidad depende del tamaño de grano, a mayor tamaño, menor es la tenacidad de la pieza final, a menos que se le realice un tratamiento térmico correctivo.

Tabla 7.XIV: Causas y medidas correctivas cuando aparece aumento del TG

Causa	Corrección
La temperatura de calentamiento es muy alta	Regular la temperatura
El tiempo de calentamiento o de permanencia son excesivos	Regular los tiempos y temperaturas

Como información adicional sobre el tamaño de grano, la Norma ASTM, define su valor en los aceros, mediante la siguiente relación:

$$n = 2^{N-1} \quad (17)$$

En donde:
n = cantidad de granos por pulgada cuadrada en una probeta observada con 100X.
N = es el número de tamaño de grano según ASTM.

De esta relación resultan los valores de la tabla siguiente:

Tabla 7.XV: Tamaño de grano TG según Norma ASTM (Fuente: Maroni)

TG ASTM	**Promedio de granos / pulg² (100X)**	**TG ASTM**	**Promedio de granos / pulg² (100X)**
1	1	5	16
2	2	6	32
3	4	7	64
4	8	8	128

En la figura a continuación, se muestra una lámina con los tamaños de granos definidos.

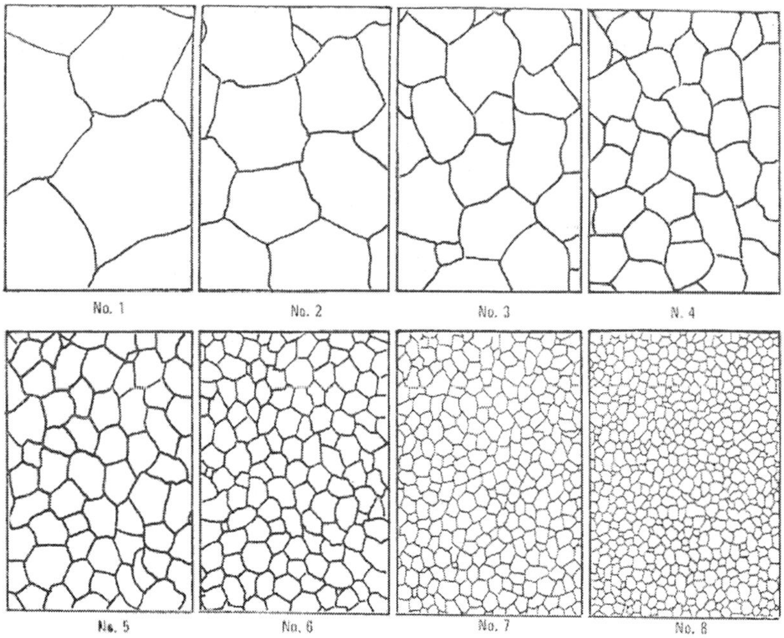

Figura 7.6: Lámina sobre los TG en aceros según ASTM a 100X (Fuente: Maroni)

Para finalizar, en toda pieza forjada, se busca que el tamaño de grano sea fino, de 5 a 8, con el objeto de garantizar una tenacidad adecuada, y se recalca que, el mismo, depende de la temperatura a que finaliza la conformación en caliente.

Defectos producidos durante el forjado:

- Pliegues:

Ocurren cuando el metal se superpone sobre sí mismo durante el forjado, y aparecen preferentemente en aquellos lugares de la pieza, donde se producen cambios bruscos de sección, como por ejemplo, en salientes verticales.

Poseen la particularidad de ser fácilmente distinguibles de una fisura, dado que suelen contener óxidos, restos de lubricantes y otros contaminantes, que fueron arrastrados durante la forja. Este defecto puede observarse en la figura siguiente.

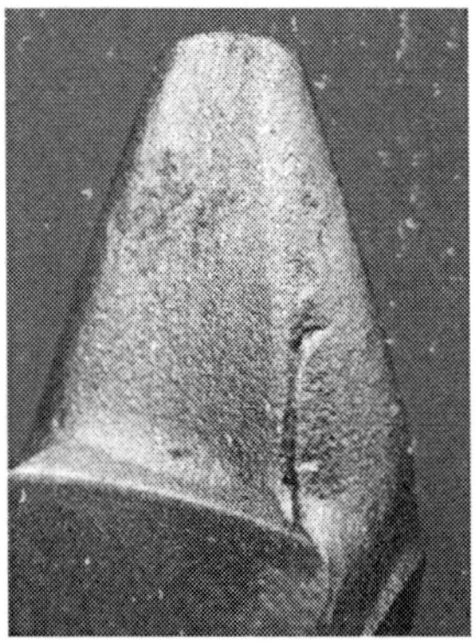

Figura 7.7: Pliegue sobre garra polar forjada (Fuente: Forja Sudamericana)

- Arruga resultante de estructura con grano grueso:

Se trata del defecto habitualmente conocido como "Piel de naranja". Estos defectos raramente son muy profundos, pero producen un aspecto superficial pobre, requiriendo para su eliminación de operaciones de amolado, o golpes adicionales.

- Fisuras longitudinales:

Se tratan de defectos típicos en operaciones de recalcado, como ser en una cabeza de tornillo, o en el prensado, y se deben a una mala calidad del material de partida: presencia de segregación, fisuras superficiales de laminación (consecuencia de sobrerelieves no deseados en los cilindros), o segundas fases frágiles.

En el forjado en caliente, la posibilidad de aparición de este defecto aumenta, cuando el material posee una temperatura de forja inferior a la requerida.

Figura 7.8: Fisura longitudinal (Fuente: Forja Sudamericana)

- Fisuras transversales:
Contrariamente a las anteriores, aparecen en la superficie del material conformado, en dirección perpendicular a la de recalcado.

- Defectos por flujo incorrecto de material:
Pueden ocurrir por elegir una posición inadecuada para la línea de cierre, o aparecer en cavidades verticales, fundamentalmente por la combinación de una matriz fría, y una lubricación insuficiente.
En las figuras siguientes, se pueden observar dos macrografías. La primera muestra un flujo correcto de material (izquierda), y la segunda, uno inapropiado. Inclusive, en esta última, se visualiza un pliegue formado por el flujo indebido del material durante el conformado.

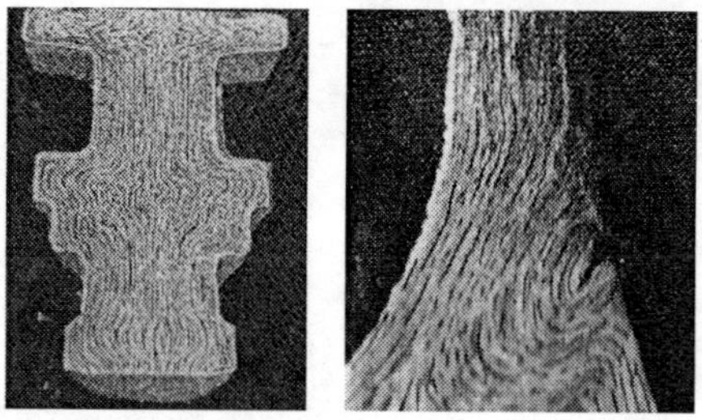

Figura 7.9: Macrografías de piezas forjadas (Fuente: Lindenvald)

- Fisuras por efecto térmico:
Suelen aparecer en piezas que tienen secciones con tamaños mayores, y son causadas por tensiones debidas a temperaturas no uniformes dentro de la pieza en elaboración.
Pueden aparecer durante el enfriamiento, y en este caso se evitan enfriando la pieza lentamente en un horno, o por haber calentado muy rápidamente el material.

- Fisuras interiores:
Este defecto suele ser grave, dado que solamente se pone de manifiesto, con la utilización de la pieza puesta en servicio.
Suelen producirse por un exceso de deformación plástica, o un cambio muy brusco de sección (fisura transversal en el interior de un cabeza de tornillo).

- Marcas superficiales:
Pueden producirse como consecuencia de agarres entre la pieza forjada y la estampa, o también como producto de golpear la pieza para liberarla de la estampa. En ocasiones el agarre se debe a la nula o escasa lubricación, o a un mal diseño de la matriz.

- Falta de llenado:
En ocasiones puede deberse a una escasa capacidad de deformación de la máquina principal de forja, a una geometría compleja de la pieza a forjar (ver figura siguiente), a una inadecuada elección de la sección transversal del material de partida, o a una disposición inapropiada del tocho inicial en la cavidad de la estampa.

Figura 7.10: Falta de llenado sobre garra polar (Fuente: Forja Sudamericana)

A continuación se presenta otro caso de falta de llenado.

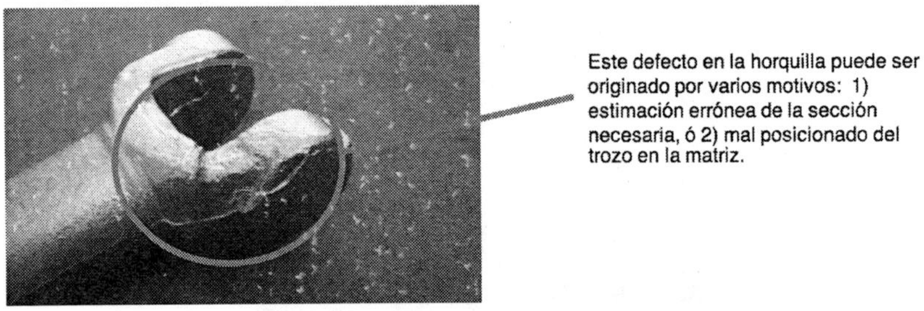

Figura 7.11: Falta de llenado (Fuente: Forja Sudamericana)

- Desplazamiento:
Este es un defecto geométrico, a veces también denominado como excentricidad, que se manifiesta como un desplazamiento de la semipieza forjada por la estampa inferior, y la semipieza forjada por la matriz superior.
Suele ser un error más común en piezas forjadas en martillo, y su tendencia se acentúa aún más, en piezas no simétricas.
El documento adjunto en el anexo, sobre "Tolerancias dimensionales para el forjado", establece los valores límites aceptables para el error de desplazamiento (cuando se usan guías en las matrices no suele ser mayor a 0,5mm).

- Presencia de huellas o cavidades:
Surgen como consecuencia de trozos de cascarillas adheridas durante la forja, ante una mala limpieza de la cavidad de la estampa (ver figura siguiente). También pueden deberse a marcas producidas por los extractores de piezas.

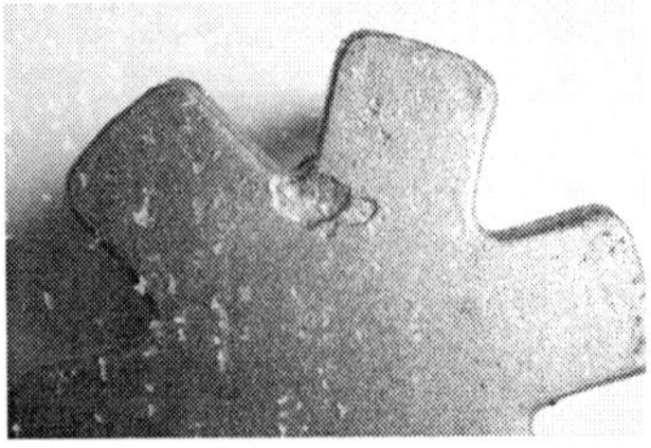

Figura 7.12: Cavidad sobre garra polar forjada (Fuente: Forja Sudamericana)

En el primero de los casos mencionados, suelen constituir películas de óxidos superficiales de poco espesor, que pueden ser separadas sin dificultad de las piezas, pero que perjudican su acabado superficial.

Como se observa en la secuencia de imágenes siguientes, si una pequeña escoria, no se remueve a tiempo, se va extendiendo, agravando así el defecto sobre las piezas forjadas, pudiendo incluso transformar las piezas en scrap (descarte).

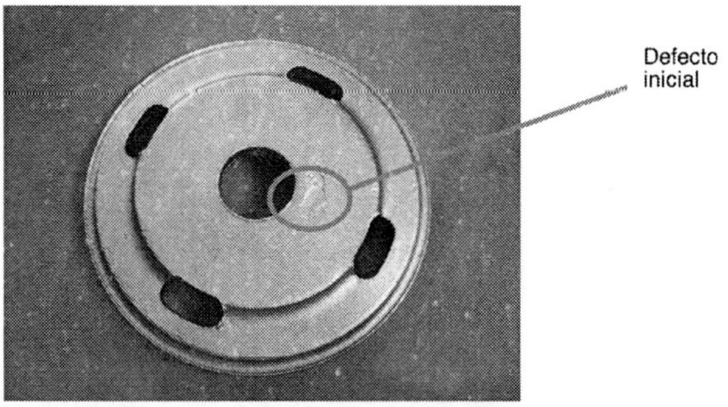

Figura 7.13: Cavidad inicial (Fuente: Forja Sudamericana)

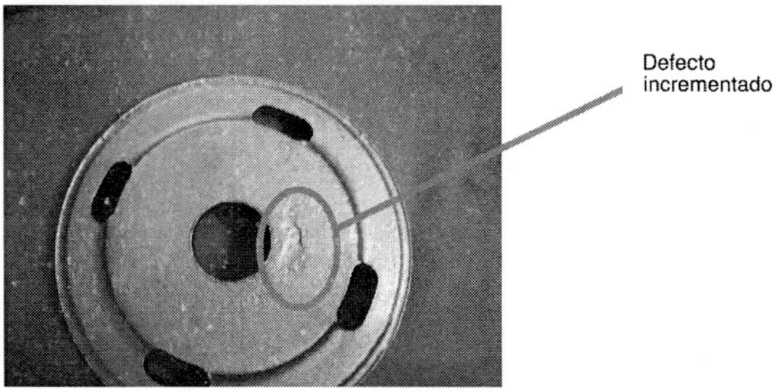

Figura 7.14: Extensión de la cavidad (Fuente: Forja Sudamericana)

En la figura a continuación, se puede observar una pieza forjada con una combinación de defectos: falta de llenado y cavidades superficiales.

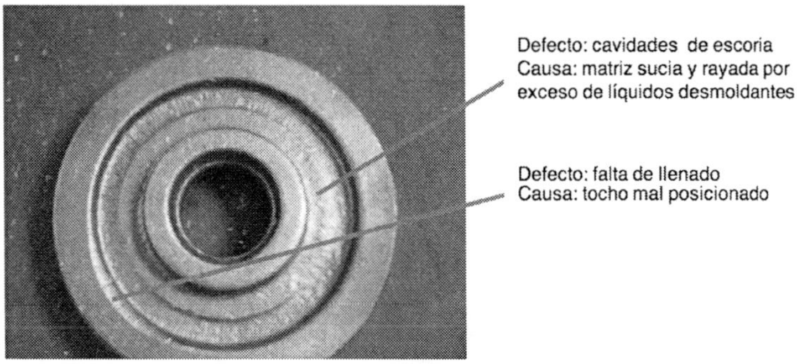

Figura 7.15: Defectos combinados (Fuente: Forja Sudamericana)

Defectos producidos durante el rebabado:

- Mal posicionamiento en la matriz:

Para obtener un rebabado eficaz es necesario que la pieza se posicione con el flash sobre el perímetro de la matriz de corte. De lo contrario, el rebabado se realizará de manera incorrecta, recortando material no previsto.

Figura 7.16: Rebabado incorrecto (Fuente: Forja Sudamericana)

- Pieza simétrica puesta al revés:

Recordando un párrafo asociado a los tres esquemas de la figura 6.35: "se observa que, la matriz presenta en todos los casos, una descarga o diferencia de altura (ver en los citados esquemas borde superior izquierdo del cortante inferior), sobre la que debe apoyar solamente el flash de la pieza. Esta descarga tiene por objeto que la rebaba no descanse sobre la superficie de la estampa, y de esta manera incida en la posición de la pieza sobre el cortante. De no existir la descarga, podría suceder que, ante una rebaba alabeada, la pieza no apoye correctamente sobre el perímetro de corte de la matriz, y resulte entonces mal rebabada".
Para solucionar este inconveniente, se suele realizar una marca en la rebaba, para que el operario la visualice, y posicione la pieza en la matriz de corte, siempre de la misma forma.

Defectos producidos durante el tratamiento térmico:

- Fisuras superficiales:

El acero durante el temple, desarrolla tensiones internas, como consecuencia de deformaciones no uniformes, que suceden durante el enfriamiento, promoviendo así la aparición de fisuras.
A su vez, las deformaciones no uniformes, son el resultado de cambios bruscos de sección en la pieza tratada, y/o variaciones de volumen debidas a transformaciones microestructurales.

Defectos producidos durante el granallado:

- Tiempo de granallado insuficiente:
En este caso, la pieza queda "sucia", dado que no se removió toda la cascarilla superficial.

- Tiempo de granallado excesivo:
Provoca pérdida de material, modificación de las medidas, y en algunos casos, la desaparición de radios.

- Marcas:
Surgen como consecuencia de una carga descuidada de las piezas en la granalladora (se golpean entre sí).

Defectos producidos durante el acuñado:

- Marcado profundo:
Aparece cuando la pieza posee una altura mayor de la que debiera tener.

- Pieza con incrustación de escoria:
Si la pieza a acuñar no fue granallada correctamente, puede poseer cascarilla en su superficie, la cual, en la operación de acuñado, se incrusta.
- Doblado de la pieza:
El posicionado incorrecto en la estampa de acuñado, puede hacer que la pieza se doble.
Métodos de inspección de piezas forjadas:
Si bien en Argentina es el examen visual, el método más ampliamente utilizado para el control de defectos de piezas forjadas, situación que se facilita por la aspereza de las superficies conformadas en caliente, existen técnicas de ensayos no destructivos, que poseen una mayor sensibilidad, y en el caso de las fisuras interiores, representan el único medio para ponerlas en evidencia, antes que la pieza entre en servicio.
Los métodos de superficie principalmente utilizados son las partículas magnetizables y los líquidos penetrantes, y para el caso de los defectos de volumen, la radiografía y el ultrasonido.

Bibliografía

-Lirio Schaeffer, **"Curso de Forja"**, dictado en instalaciones de ACINDAR, Buenos Aires, Argentina, 2005 (apunte).

-Joseph Billigmann, **Estampado y prensado a máquina**, segunda edición, Editorial Reverté, Barcelona, España, 1979 (libro).

-Nello Mizzau, **Forja**, Apunte del Centro de Estudiantes de Ingeniería Tecnológica. UTN Facultad Regional Avellaneda, 1986 (apunte).

-Jesús del Río, **Conformación plástica de materiales metálicos**, Editorial Dossat, Madrid, España, 2005 (libro).

-P.J.Maroni, **Templabilidad. Un método para seleccionar aceros**, Editorial Librería Mitre, Buenos Aires, Argentina, 1976 (libro).

-Nora Lindenvald, **La estructura de los metales**, Editorial Géminis, Buenos Aires, Argentina, 1980 (libro).

CAPITULO 8

ALGUNOS CASOS RESUELTOS

"La vida vale la pena ser vivida sólo cuando se utiliza para soñar y proyectar. Sueños y proyectos son la levadura que nos levanta, y da forma concreta a los ideales que animan el espíritu"

Fioravanti (Periodista Deportivo)

Introducción:

En este apartado presentaremos tres casos de piezas reales resueltas, cada una de ellas, con un equipo principal diferente: A) prensa de fricción / mecánica, B) martillo, y C) recalcadora, e intercalaremos otras cuatro piezas cuyo conformado fue diseñado por Smeral.

Es necesario aclarar, que si bien cada pieza, tiene un proceso ideal para su forja, las empresas del sector, adaptan su tecnología, para resolver el proceso de conformado. Dicho de otra manera, cada pieza puede tener distintas soluciones.

Caso A1: Máquina principal, prensa de fricción

Denominación: Horquilla cardánica para uso agrícola.

Plano de forja:

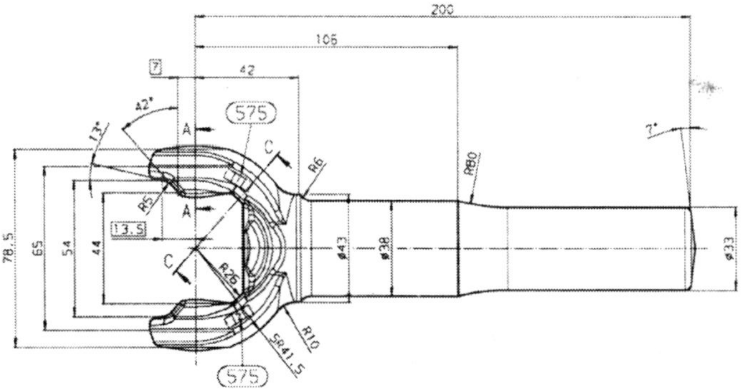

Figura 8.1: Una vista del plano de forja de la horquilla

Datos de la horquilla:

Material: acero DIN 41Cr4 (~SAE 5140).

Peso neto estimado a partir del plano de forja: 1,86 kg.

Peso de la rebaba: 0,94 kg.

Peso de corte para el trozo inicial: 2,80 kg.

Dimensiones del trozo cortado: cilindro ∅ 41,2 x 269mm.
Máquina de corte: cizalla de corte en frío de 500tn.
Equipo de calentamiento: horno de inducción.
Prensa: de fricción de 630 tn.
Pasos de conformado: recalcado en clavera, aplastado, preforma, y final.
Equipo de rebabado: Balancín de 150 tn.
Material de la estampa de forja: SAE H13.
Material de la matriz de corte: SAE 1040 con recubrimiento del perímetro de corte en Stellite.
Con el objeto de presentar una secuencia ordenada del proceso total de conformado de la horquilla, en la figura 8.2 se muestra el diagrama de flujo correspondiente, con las operaciones numeradas de 10 en 10, indicadas en el lado izquierdo del diagrama.

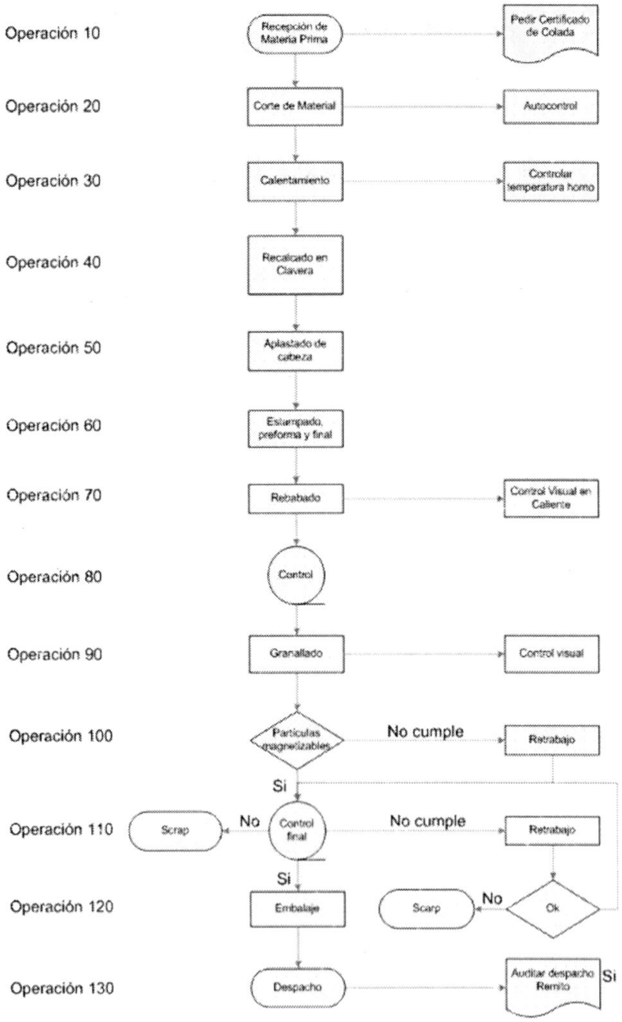

Figura 8.2: Diagrama de flujo para el conformado en prensa de una horquilla cardánica

En la descripción subsiguiente, se hará hincapié en las actividades involucradas entre las operaciones 40 y 70 inclusive, que corresponden a las operaciones principales de forjado.

La dificultad que presenta esta pieza a forjar, radica en la diferencia de secciones entre la zona del vástago y la horquilla propiamente dicha.
En el caso de no disponer de una recalcadora, una solución posible consiste en diseñar y construir una matriz denominada en la jerga como "clavera", para realizar la operación 40. Esta estampa se ubica en la mesa de la prensa de fricción, mientras la parte superior, que golpea el material es plana.
Un esquema de la clavera (diámetro exterior 120mm), se observa en la figura siguiente:

Operación 40: Recalcado en clavera

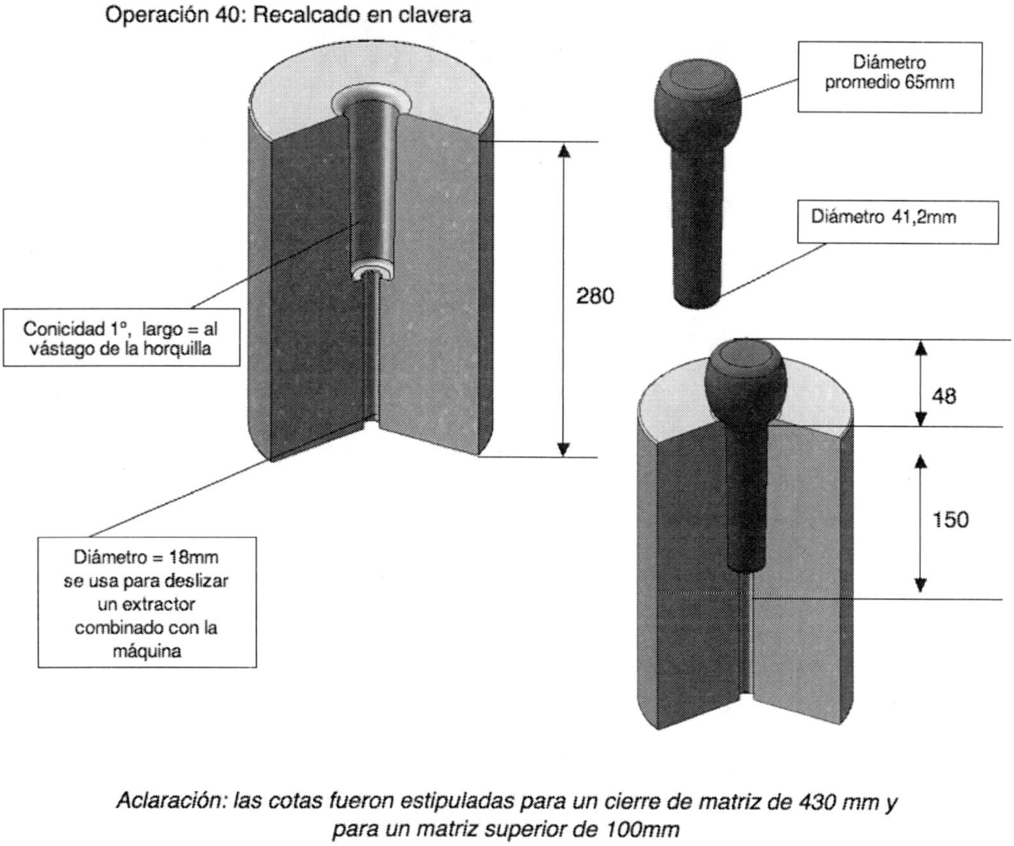

Figura 8.3: Operación de recalcado en clavera

La matriz llamada "Clavera" tiene por función realizar una operación de aplastado en matriz, cuando no se dispone de una recalcadora. Se trata de una combinación de forja con matriz y recalcado libre calculado, es decir, la altura "h" de la cabeza, en este caso aproximadamente

48mm, se fija con la relación entre el cierre de la máquina, y la altura de la clavera (ver aclaración más arriba).

En forma anecdótica queremos comentar que, si la máquina no dispone de extractores, para retirar el material de la clavera, se suele utilizar viruta de madera húmeda, que se arroja en su interior. Una vez colocado el trozo de material caliente, finalizado el golpe de aplastado, se produce una suerte de explosión de la viruta, que despega la pieza de la cavidad de la clavera.

Operación 50: Aplastado de cabeza

Esta operación de forja libre, y altura controlada, se efectúa para lograr una mejor distribución del material que va a conformar la zona de la horquilla.

Figura 8.4: Aplastado controlado, realizado por forja libre

Operación 60: Estampado preforma y final

En la figura siguiente, se observan los insertos de preforma (izquierda) y final.

Figura 8.5: Matriz de preforma y final

Operación 70: Rebabado

Figura 8.6: Operación de rebabado perimetral de horquilla cardánica

Para finalizar con esta pieza, en la figura a continuación, se observa una muestra forjada terminada, correspondiente a la horquilla cardánica en estudio.

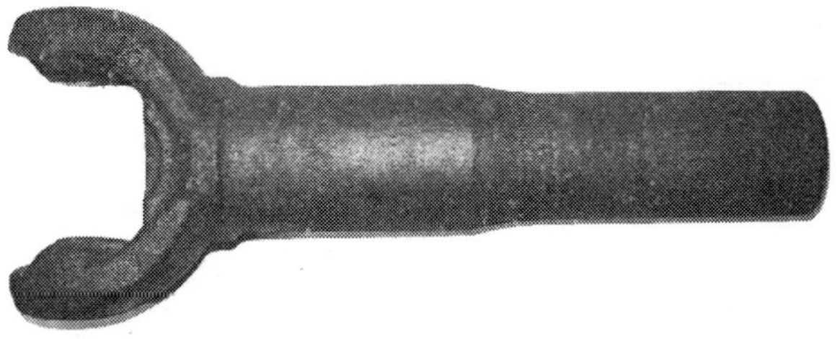

Figura 8.7: Horquilla forjada terminada (Fuente: Forja Sudamericana)

A continuación presentaremos dos piezas, cuyo proceso fue desarrollado por la empresa Smeral, considerando como máquina principal de forjado en caliente, una prensa.

Caso A2: Máquina principal, prensa mecánica
Denominación: Cruceta.
Datos de la cruceta:
Material: acero DIN 18CrNi8.
Peso neto: 2,80 kg.
Peso de corte para el trozo inicial: 3,76 kg.
Dimensiones del trozo cortado: palanquilla de 80mm de lado y 75mm de longitud.
Equipo principal de forja: prensa de forja frontal Smeral modelo LZK 2500-P.

Estas piezas son empleadas para el movimiento cardánico en automóviles, camiones, y máquinas agrícolas. Se plantea su desarrollo a partir de un trozo de palanquilla de 80mm de lado, por 75mm de longitud cortada en frío. Seguidamente, se efectuó el conformado en prensa en dos pasos, preforma y final, terminando con la operación de rebabado.

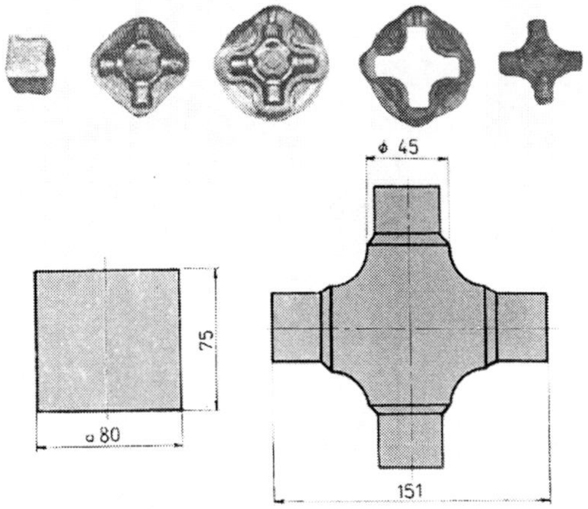

Figura 8.8: Proceso de forjado en caliente de cruceta (Fuente: Smeral)

Caso A3: Máquina principal, prensa mecánica
Denominación: Punta de eje
Datos de la punta de eje:
Material: acero DIN 31CrV3.
Peso neto: 2,60 kg.
Peso de corte para el trozo inicial: 3,25 kg.
Dimensiones del trozo cortado: palanquilla de 60mm de lado y 116mm de longitud.
Equipo principal de forja: prensa de forja frontal Smeral modelo LZK 2500-P.

El punto de partida consistió en un trozo de palanquilla de 60mm de lado, por 116mm de longitud, cortada en frío. Seguidamente, la pieza se efectuó en tres pasos: aplastado paralelo a la dimensión mayor, conformado de la preforma y final, terminando con la operación de rebabado.

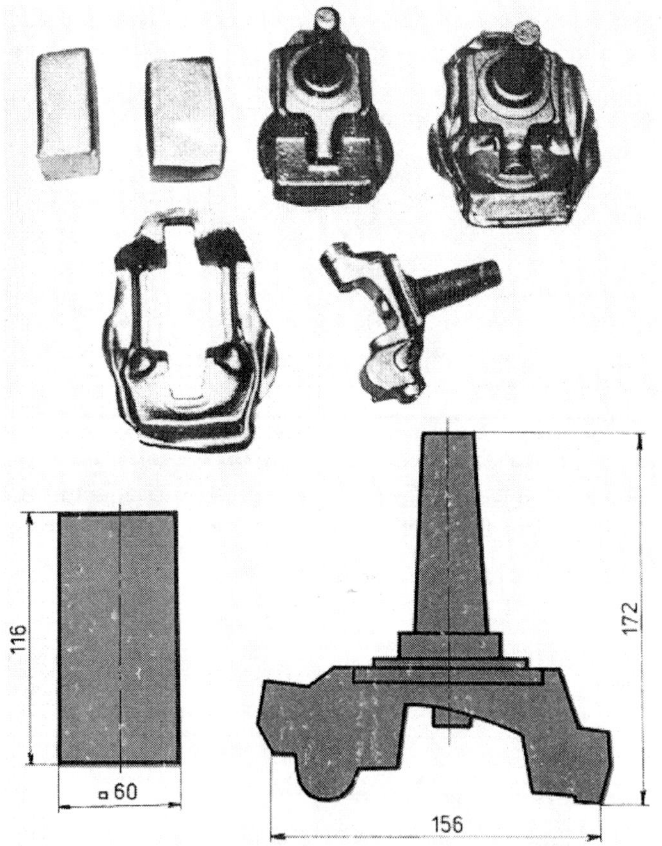

Figura 8.9: Proceso de forjado en caliente de punta de eje (Fuente: Smeral)

Caso B1: Máquina principal, martillo de vástago reducido
Denominación: Bonete para uso en válvulas para petróleo.
Plano de forja:

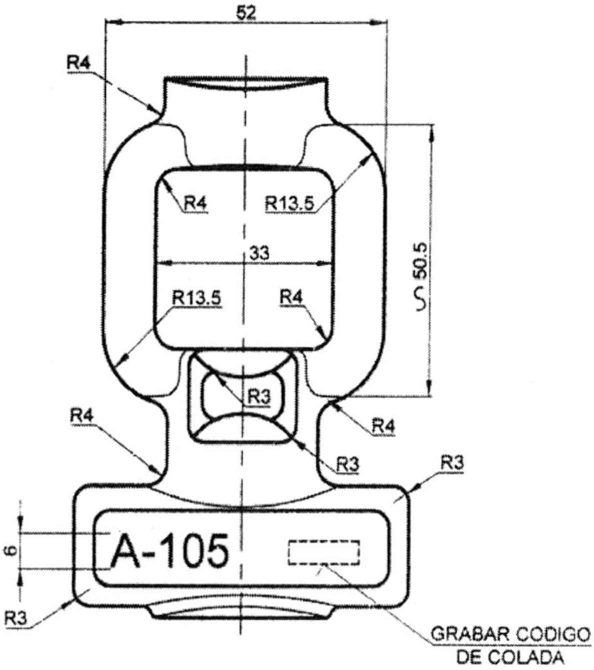

Figura 8.10: Una vista del plano de forja del bonete

Datos del bonete:
Material: acero SAE 1022 (Norma que debe verificar: A-105).
Peso neto estimado a partir del plano de forja: 0,90kg.
Peso de la rebaba: 0,6kg.
Peso de corte para el trozo inicial: 1,5kg.
Dimensiones del trozo cortado: palanquilla de 63 x 48mm.
Máquina de corte: cizalla de corte en frío de 500tn.
Equipo de calentamiento: horno de mufla.
Martinete tipo Beché de 150kg.
Martillo vástago reducido: mazo de 700kg tipo Pensotti 700 ó Erie 700 ó Candiago 700.
Pasos de conformado: estirado y cola en martinete, preforma, y final.
Equipo de punzonado: Balancín Pino de 100 tn.
Equipo de rebabado: Balancín Schüler de 100 tn.
Material de la estampa de forja: SAE L6.
Material de la matriz de punzonado y de corte: SAE 1040 con recubrimiento del perímetro de corte en Stellite.

Con el objeto de presentar una secuencia ordenada del proceso total de conformado del bonete, en la figura 8.11 se muestra el diagrama de flujo correspondiente, con las operaciones numeradas de 10 en 10, indicadas en el lado izquierdo del diagrama.

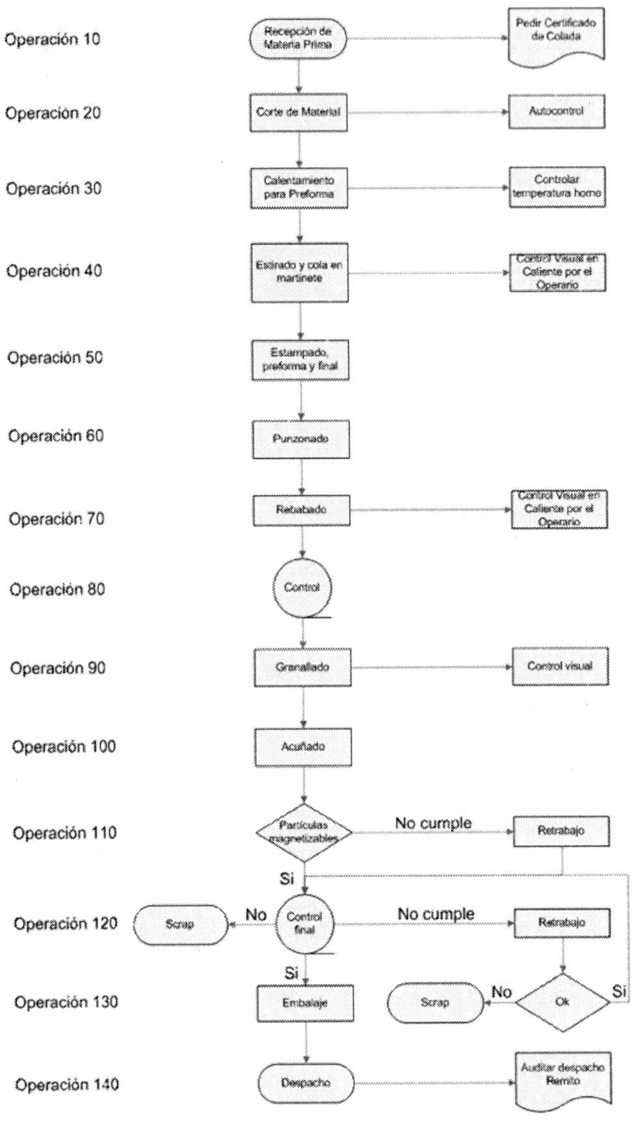

Figura 8.11: Diagrama de flujo para el conformado en martillo de un bonete

En la descripción subsiguiente, se hará hincapié en las actividades involucradas entre las operaciones 40 y 70 inclusive, que corresponden a las operaciones principales de forjado del bonete.

El proyectista, para el conformado de esta pieza, deberá analizarla en dos partes: 1) el lado "brida", cuyo grado de deformación varía muy poco, respecto de la dimensión inicial de la palanquilla, que da origen al bonete, y como consecuencia de ello, estamos en presencia de un sector de baja dificultad de forjado, y 2) el lado "volante o comando", que por el contrario, presenta un elevado grado de deformación, debido al delgado espesor presente en el perímetro de la "ventana", y a la angosta cavidad, necesaria para conformar los salientes de fijación del prensaestopa, hacia donde el material está obligado a fluir (para reconocer las partes mencionadas ver figura 8.14)

Operación 40: Estirado y cola en martinete

Esta operación manual, dependiente de la habilidad del operario, y en donde la máquina no presenta tope en su recorrido, requiere para el control de la pieza martineteada, la utilización de una plantilla, o más sencillamente, de una rebaba de la pieza final. En esta actividad, el operario compara el material deformado, contra la cavidad de la plantilla o rebaba.

Figura 8.12: Estirado y cola en martinete (Fuente: Forja Sudamericana)

Operación 50: Estampado preforma y final (cavidad izquierda)

La estampa que se ve en la figura siguiente, corresponde a la matriz superior. El lado operario (frente), se distingue por las cavidades que llegan al borde, que tienen por objeto, permitir al operario la toma del material por la cola, y pasarlo así, desde el grabado de la preforma, al de la forma final. Adicionalmente, se observan los bujes para las columnas guías.

Figura 8.13: Matriz de forja para el conformado de un bonete en dos pasos

Operación 60: Punzonado

En este paso, se corta el tejo central de la "ventana", y esta operación no es otra, que un rebabado interior.

Para que el punzonado sea correcto, el operario deberá tomar precauciones en el centrado de la pieza, apoyándola en las referencias previstas, en el dispositivo de corte.

Operación 70: Rebabado

Se sugiere que la pieza sea girada 180°, respecto de la posición en que fue realizado el punzonado previo. Esto es así, porque de haber resultado la pieza punzonada, ligeramente alabeada, se corrije en la operación de rebabado.

Como alternativa, y en el caso de disponer de un solo balancín, se ubicará la estampa de rebabado en el centro de la mesa, dada la mayor longitud de material a cortar, y como consecuencia de ello, de un mayor esfuerzo. En tanto, el dispositivo de punzonado se ubicará ligeramente desplazado, dado el menor esfuerzo requerido (ver figura 6.40).

Seguidamente, se observan un par de muestras forjadas terminadas, de distinto tamaño, correspondientes al bonete en estudio.

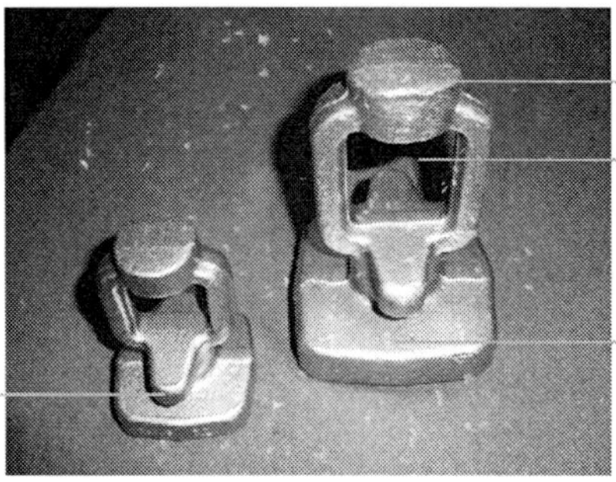

Figura 8.14: Bonete forjado terminado (Fuente: Forja Sudamericana)

Con el objeto de mostrar las capacidades de un software de simulación de Forjado en Caliente, a continuación presentamos imágenes geométricas y mapas de temperatura, correspondientes a la operación 50, del proceso de conformado del bonete, en cuatro instantes de cerrado de la máquina: las dos primeras de preforma, mientras que la tercera y la cuarta, corresponden a la cavidad final:

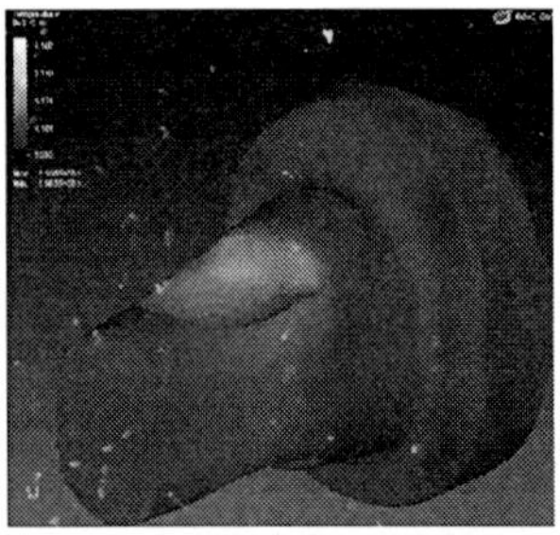

Figura 8.15: Simulación primer golpe en preforma

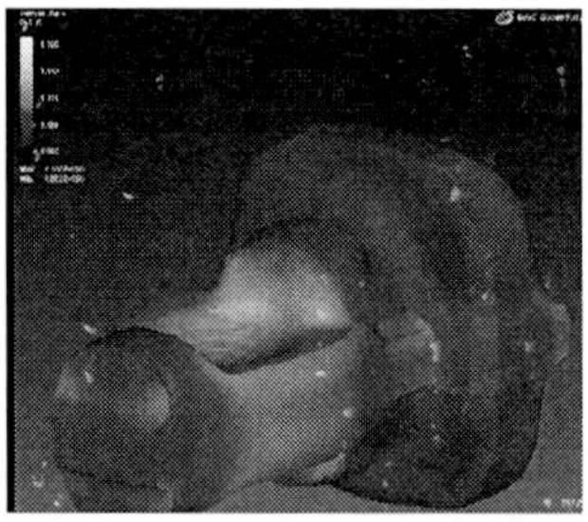

Figura 8.16: Simulación segundo golpe en preforma

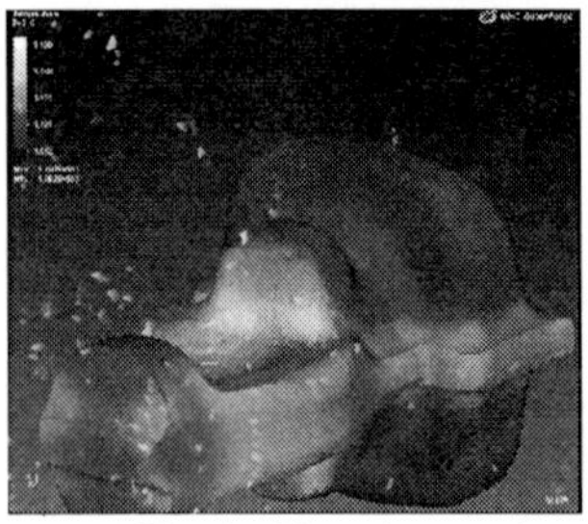

Figura 8.17: Simulación primer golpe en final

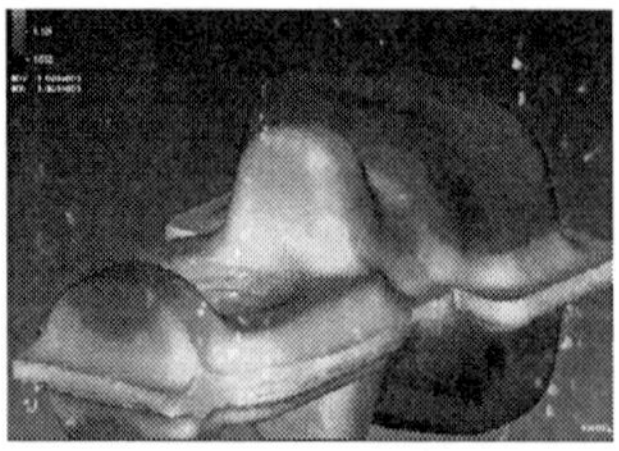

Figura 8.18: Simulación segundo golpe en final

Gracias a este tipo de herramientas, podemos conocer con precisión, como se produce el flujo del material durante el proceso, pudiendo inclusive ayudar a preestablecer defectos como faltas de llenado, pliegues, fisuras, etc, mucho antes de haber construido la matriz.

Para completar el análisis, presentamos en la figura 8.19, otra posible solución de conformado en caliente, para una pieza similar, desarrollada por la firma Smeral.

Denominación: Bonete.
Datos del Bonete:
Material: acero H11.
Peso neto: 3,85 kg.
Peso de corte para el trozo inicial: 4,90 kg.
Dimensiones del trozo cortado: palanquilla de 80mm de lado por 100mm de largo.
Equipo principal de forja: prensa mecánica Smeral modelo LZK 3150-A.

Una descripción resumida del proceso, indica que se partió de una palanquilla de 80mm de lado, cortada en frío a una longitud de 100mm, y se realizó, en primera instancia, un aplastado de la altura, que a su vez, actuó como desescoriado.
Seguidamente, se efectuaron dos pasos de aplastado parcial, uno, y el siguiente girando el material 90°, sobre la zona correspondiente al "lado volante".
Luego se procedió a estampar la preforma, la pieza final, terminando con las operaciones de punzonado, y rebabado.

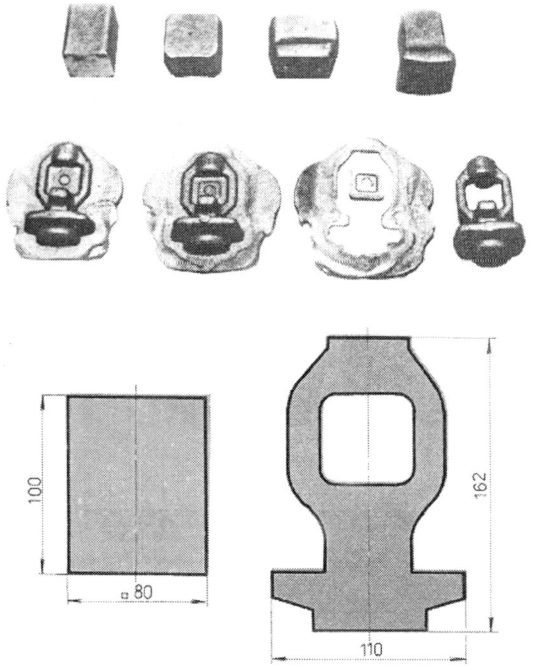

Figura 8.19: Proceso de forjado en caliente de un bonete (Fuente: Smeral)

A continuación presentaremos dos piezas, cuyo proceso fue desarrollado por la empresa Smeral, considerando como máquina principal de forjado en caliente, el martillo.

Caso B2: Máquina principal, martillo
Denominación: Llave fija.
Datos de la llave fija:
Material: acero SAE 1035.
Peso neto: 0,045 kg.
Peso de corte para el trozo inicial: 0,068 kg.
Dimensiones del trozo cortado: cilindro ⌀12mm.
Equipo principal de forja: martillo Smeral Pneumo-hidráulico modelo KHZ2.

Una descripción resumida del proceso, indica que se partió de una barra redonda de 12mm de diámetro, cortada en frío, y se realizó, en primera instancia, un repartidor en una máquina de laminación transversal.
Seguidamente, se efectuó el conformado en martillo, terminando con la operación de rebabado.

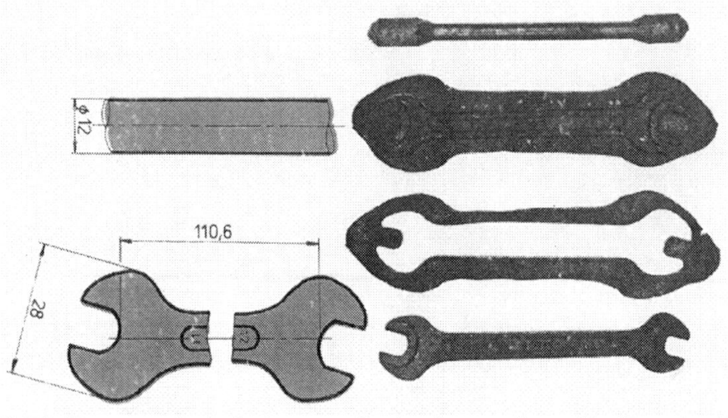

Figura 8.20: Proceso de forjado en caliente de una llave fija (Fuente: Smeral)

Caso B3: Máquina principal, martillo
Denominación: Biela.
Datos de la Biela:
Material: acero St 60-2.
Peso neto: 0,62 kg.
Peso de corte para el trozo inicial: 0,94 kg.
Dimensiones del trozo cortado: redondo de 40mm de diámetro por 75mm de largo.
Equipo principal de forja: martillo Smeral Pneumo-hidráulico modelo KHZ8.

Una descripción resumida del proceso, indica que se partió de una barra redonda laminada de 40mm de diámetro por 75mm de largo, cortada en frío. Si bien no se muestra en la figura, el primer paso fue una operación de estirado (para cubrir los 90mm de longitud de la biela), y luego se realizó el estampado de la pieza. Seguidamente, se punzonó el centro, y para terminar, fue cortado el sobrante por rebabado.

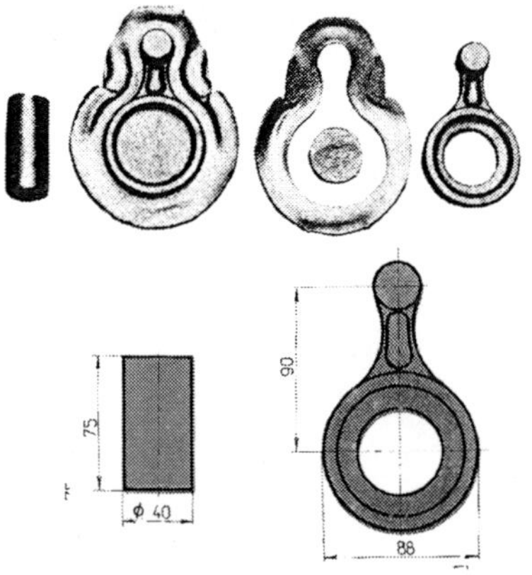

Figura 8.21: Proceso de forjado en caliente de una biela (Fuente: Smeral)

Caso C1: Máquina principal, recalcadora

Denominación: árbol de entrada de caja de velocidad.

Plano de forja:

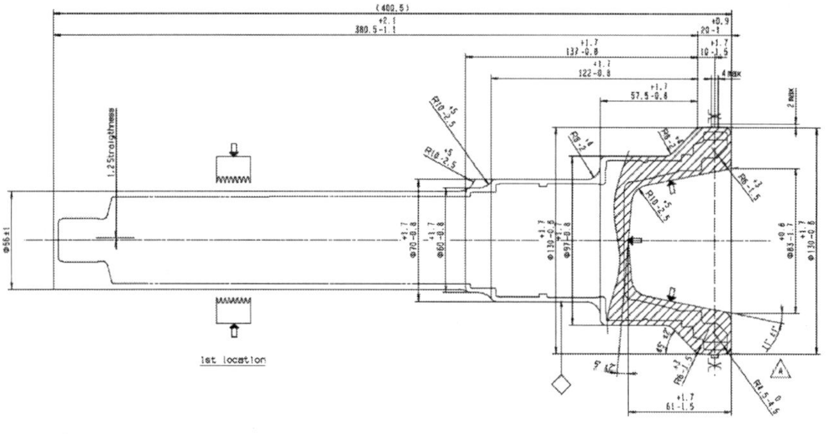

Figura 8.22: Una vista del árbol de entrada de caja de velocidad

Datos del árbol de entrada de caja de velocidad:

Material: acero DIN 20MnCr5.

Peso neto estimado a partir del plano de forja: 10,8kg.

Peso de la rebaba: 0,4kg.

Peso de corte para el trozo inicial: 11,2kg.

Dimensiones del trozo cortado: redondo Ø56 x 581mm.

Sector a recalcar: redondo Ø56 x 424mm.

Máquina de corte: sierra cinta.

Equipo de calentamiento: horno de inducción de calentamiento sectorizado.

Recalcadora : tipo Smeral, ACME, Ajax de 5".
Pasos de conformado: tres pasos de recalcado y uno de rebabado (todos en recalcadora).
Material de la estampa de forja: para el porta insertos SAE L6, y para los insertos más solicitados SAE H13.

Con el objeto de presentar una secuencia ordenada del proceso total de recalcado del árbol de entrada, en la figura 8.23 se muestra el diagrama de flujo correspondiente, con las operaciones numeradas de 10 en 10, indicadas en el lado izquierdo del diagrama.

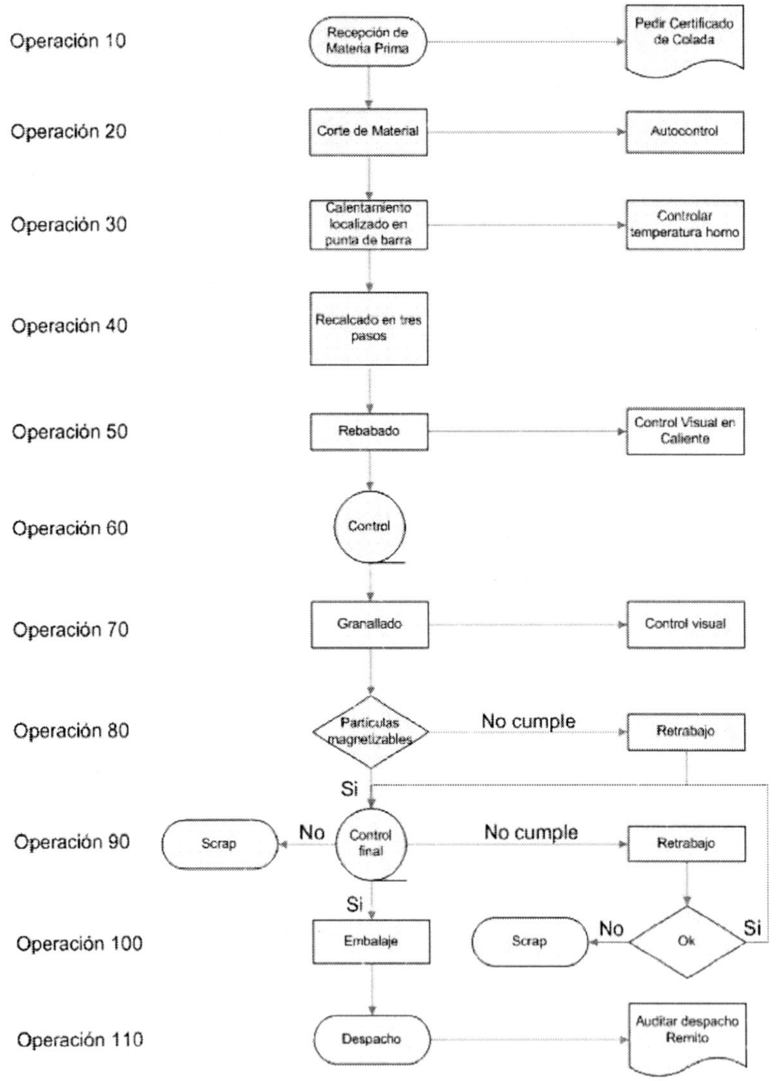

Figura 8.23: Diagrama de flujo para el conformado en recalcadora de un árbol de entrada de caja de velocidad

En la descripción subsiguiente, se hará hincapié en las actividades involucradas entre las operaciones 30 y 50 inclusive, que corresponden a las operaciones principales, de calentamiento, y forjado.
La dificultad que presenta esta pieza a forjar, radica en la diferencia de secciones entre la zona del vástago y la cabeza del árbol.
Con el objeto de economizar energía, y facilitar las operaciones subsiguientes, el calentamiento se efectúa solamente en uno de extremos de la barra redonda (sobre una longitud aproximada de 450mm), en horno de inducción.
La necesidad de realizar tres pasos de recalcado, surge de respetar la relación de pandeo, en cada uno de los pasos.
Esta pieza, tanto puede ser forjada en una recalcadora de pasaje horizontal (recalcadora de mandíbula), o en una de pasaje vertical.
A modo de ejemplo, en la figura 8.24, se presenta una estampa de pasaje horizontal, donde se observa una operación de recalcado, en el extremo de una barra, realizado en tres pasos.

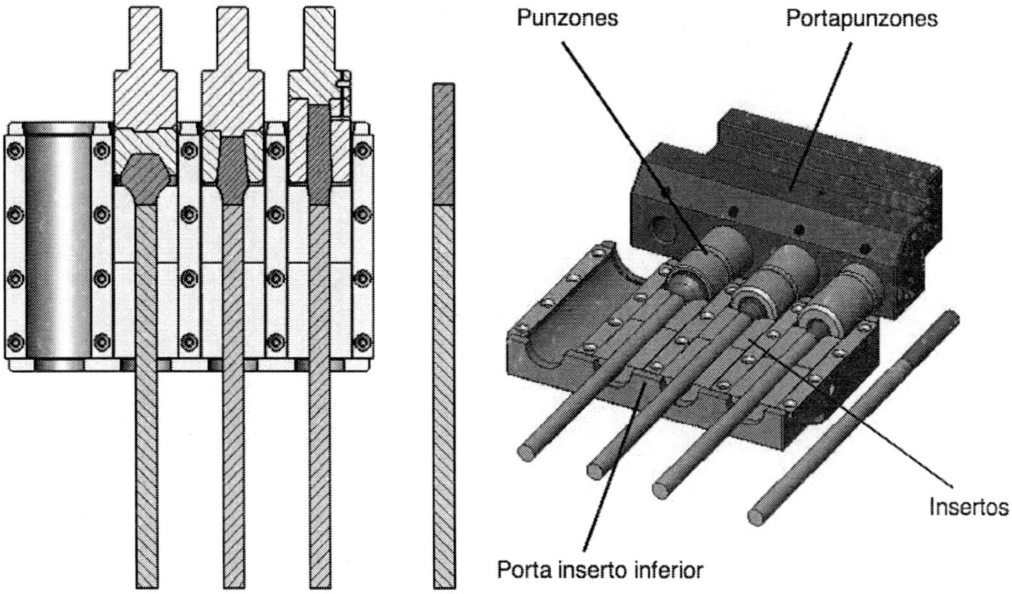

Figura 8.24: Estampa de recalcado de tres pasos de recalcadora de mandíbula (Fuente: Forja Casartelli, Italia)

Bibliografía

- Catalogue of forgings, made on machines Smeral (catálogo).

CAPITULO 9

ALGUNAS RECOMENDACIONES PARA EL BUEN FUNCIONAMIENTO DE UNA PLANTA DE FORJA

"Nunca consideres el estudio como una obligación sino como una oportunidad para penetrar en el bello y maravilloso mundo del saber"

Albert Einstein

Introducción:
Antes de concluir con el desarrollo del libro, queremos dejar al lector, una serie de consejos a considerar, para el buen funcionamiento de una planta de forja. Los mismos se referirán a tres aspectos, a saber:

- la seguridad,
- el mantenimiento de equipos,
- y algunos criterios a seguir para desarrollar un lay-out apropiado.

Aspectos de seguridad:
Es conocido que el ambiente de una forja industrial, es cuando menos riguroso. En él se debe convivir con el calor desarrollado por los equipos de calentamiento, el ruido producido por las prensas y martillos en las operaciones de conformado y rebabado, los vapores resultantes de la lubricación de las matrices, así como también, con el manipuleo de materiales muy calientes.

Si bien la obtención de piezas de calidad, depende tanto del diseño del proceso de forja, como del equipamiento utilizado, la capacitación, concentración y dedicación de los operarios, juegan un rol muy importante en este sentido. Como ejemplo de factores que pueden afectar la calidad del proceso podemos citar: la regulación de la luz de corte en los equipos de cizallado, el mantenimiento de la trazabilidad de los materiales empleados, la regulación del proceso de calentamiento, la limpieza y lubricación de las cavidades de las matrices, el correcto posicionado del material durante las operaciones de forja y rebabado, etc.

Todas estas actividades, podrán ser realizadas de forma más eficiente, si el personal dispone de los elementos de seguridad, que le permitan desarrollar su tarea cómodamente, atendiendo solamente las "necesidades" del proceso, en el cual les toca actuar.

En tal sentido, el personal de la planta, debiera disponer, de los siguientes elementos de protección personales:

- Camisa y pantalón de trabajo.
- Casco, como protección contra posibles impactos.
- Protección auditiva.
- Anteojos de seguridad.
- Manga: con el principal objeto de proteger los brazos del trabajador, resulta conveniente disponer de una manga adicional, sobre la propia de la camisa.
- Guantes: normalmente de cuero, de buen espesor.
- Zapatos de seguridad: con puntera metálica.
- Polainas: se colocan sobre el pantalón, y en cada una de las piernas, teniendo siempre la precaución de cubrir, en su totalidad, la parte superior del zapato. De esta forma, se limita la posibilidad que alguna escoria de material caliente, ingrese al interior del calzado, hecho que provocaría profundas y dolorosas quemaduras en el pie.

En la figura 9.1 se observan, ejemplos de: casco de seguridad, que combina una protección auditiva incorporada, como también un protector ocular, polaina confeccionada con descarne, un pantalón de trabajo, camisa de trabajo, guantes y gafas de protección, mangas adicionales, y zapatos de trabajo con punta de acero.

Figura 9.1: Elementos de protección personales para el operario de forja

Mantenimiento:

A manera de introducción, nos referiremos en primera instancia, a una definición sobre mantenimiento dada por The European Federation of National Maintenance que dice: "Se entiende por mantenimiento, a todas las acciones que tienen como objetivo, mantener un equipo y/o proceso en condiciones operativas, como también a su restauración, a un estado en el cual, pueda llevar a cabo sus funciones, de la manera requerida".

Al respecto de estas actividades, el autor recomienda, siempre y cuando sea esto compatible con el tamaño de la empresa, disponer de un sector de mantenimiento específico, que se ocupará de las acciones de mayor envergadura, y de las tareas programadas, siguiendo un plan de mantenimiento preventivo delineado a tal efecto. Para su diseño, se seguirán las recomendaciones dadas por los fabricantes, en los manuales de los equipos involucrados, como también, aquellas emergentes de la experiencia recabada durante su utilización. Paralelamente, y con el objetivo de resolver inconvenientes menores, se considera necesario capacitar a los propios operarios del equipo, para que puedan efectuar pequeñas tareas de mantenimiento correctivo, actividad para la cual, se los dotará, de una gaveta propia, y de las herramientas necesarias. Este concepto se basa en que son las personas que indudablemente, mayor conocimiento tienen de la máquina, y en consecuencia, son capaces de detectar cualquier tipo de anomalía, por más pequeña que sea. De este modo, se da una mayor participación al personal, como también autonomía, responsabilidad, y poder de decisión.

En este apartado nos referiremos a un sistema de mantenimiento diseñado por el autor, definiendo la metodología para el tratamiento del mantenimiento preventivo y las reparaciones, que alcanzarán, a todos los equipos de la empresa de forjado.

En tal sentido, se sugiere la utilización de cuatro formularios, que se adjuntan más adelante denominados: Nota de Pedido de Reparación; Planilla de Mantenimiento Productivo; Planilla de Mantenimiento Preventivo; y Proceso de Mantenimiento Preventivo, cuyas características principales, se detallan a continuación:

En referencia a las responsabilidades, será el Gerente de Planta el encargado de autorizar la parada de máquina para realizar tareas de reparación, o bien de mantenimiento preventivo, cuyas acciones quedarán registradas y archivadas en el formulario "**Nota de Pedido de Reparación**" (NPR), mientras que, el Encargado de Mantenimiento, deberá guardar registro y archivo de los formularios "Planilla de Mantenimiento Productivo", y "Planilla de Mantenimiento Preventivo".

Las reparaciones serán identificadas con un código numérico creciente que podrá partir del 01, seguido de una barra o guión, y luego, de dos últimos dígitos correspondientes al año en que se registró. Al comienzo de cada período anual, se volverá al número 01.
Los responsables, la frecuencia, y las tareas a realizar, serán designados en el formulario "**Proceso de Mantenimiento Preventivo**", como así también el código de cada máquina, y su identificación.

El mantenimiento preventivo, se registrará en dos formularios, diferenciados según quien sea responsable de la actividad. Es así, que toda tarea de mantenimiento preventivo, efectuada por el operario de máquina, se ha de volcar en el formulario "**Planilla de Mantenimiento Productivo**", en la cual quedará evidenciado el cumplimiento de trabajo. Y para los casos en que el responsable de la ejecución, sea un operario de mantenimiento, los registros se llevarán en un formulario, denominado "**Planilla de Mantenimiento Preventivo**".

El Jefe de Producción, y el Encargado de Mantenimiento, serán responsables de definir y realizar anualmente el Programa Anual de Mantenimiento Preventivo, en el cual se fijará la semana, y la máquina a la que se le ha de realizar el proceso, además de designar el responsable del seguimiento.
Los responsables del mantenimiento preventivo, es decir, los operarios de mantenimiento, serán los encargados de asentar en el formulario “Planilla de Mantenimiento Preventivo”, las tareas realizadas en las máquinas, como también indicar las observaciones que consideren apropiadas.

Con el objeto de obtener una óptima disponibilidad de los equipos, toda persona de la empresa que detecte una falla en las máquinas, deberá comunicarla al Encargado de Mantenimiento, quien será responsable de solicitar al Gerente de Planta, un formulario “Nota de Pedido de Reparación”, y de comunicarle el tipo de falla.
El Gerente de Planta asignará un número a la NPR, a partir de un registro armado al efecto, y asentará en él las novedades.

Toda NPR debe tener un responsable para el seguimiento de la implementación. El mismo será el encargado de verificar la eficacia de las acciones llevadas adelante, como también de formar un equipo de trabajo (cuando lo considere oportuno), gestionar los recursos cuando sean necesarios, completar los ítems del formulario “Nota de Pedido de Reparación”, cerrar la NPR cuando considere cumplidas las etapas, y entregar la documentación generada, al Encargado de Mantenimiento, para su posterior archivo.

A continuación, se adjuntan modelos de las planillas mencionadas.

NOTA DE PEDIDO DE REPARACION

Máquina N°: .... Fecha: .... N° de NPR: ....

Equipo de Trabajo: ....

Descripción del Inconveniente *(¿Cuál fue el problema?)*

Causas Potenciales del Inconveniente *(Motivos del problema ¿Porqué ocurrió?)*

Acción de Contención *(Solución momentánea)* *Responsable:* *Horas:*

Acción Correctiva *(Solución para que no vuelva ocurrir)* *Responsable:* *Horas:*

Compra de Insumos:

Ítem	**Detalle**	Cantidad	Costo	N° Sol. de Compra

Observaciones:

Horas Totales	Costo Total	Fecha de Cierre	Firma del Responsable

MANTENIMIENTO PRODUCTIVO

MAQUINA N°:	Nombre del operario:	Fecha del 1° lunes:

			Lun	Mar	Mié	Jue	Vie	Lun	Mar	Mié	Jue	Vie	OBSERVACIONES

MANTENIMIENTO PREVENTIVO

Máquina N°: .... Fecha: .... Hoja........de........

Equipo de Trabajo: ....

Asignación de Tareas:

			Ítem	Horas	Responsable	Observaciones

Compra y Preparación de Insumos:

Ítem	Detalle	Cantidad	Costo	N° Sol. de Compra

Observaciones: ....

Horas Totales	Costo Total	Fecha de Cierre	Firma del Responsable

En cuanto a la planilla "Proceso de mantenimiento preventivo", se adjuntan a continuación, algunos ejemplos, siguiendo la secuencia: corte, calentamiento, repartidor (martinete), forjado (prensa de fricción y martillo), rebabado (balancín), y granallado.

PROCESO DE MANTENIMIENTO PREVENTIVO

MAQUINA: CORT-01 CORTADORA FICEP 125

	FRECUENCIA	Nº	RESPONSABLE	DETALLE	OBSERVACIONES
SISTEMA DE LUBRICACION	POR SEMANA	1	Operario	2 veces por semana accionar lubricación gral	
	POR 2 SEMANAS	2	Operario	Controlar nivel de grasa del circuito gral	
		3	Operario	Engrasar colizas	
		4	Operario	Engrasar rodamientos de transporte de barras	
	POR MES	5	Operario	Controlar y completar vaso de corte en escuadra	
	POR 3 MESES	6	Mantenimiento	Controlar y engrasar los elevadores del carro	
	POR AÑO	7	Operario	Limpiar circuito de grasa y llenar con grasa nueva	Grasa de litio graduación 0 (cero)
SISTEMA MECANICO, NEUMATICO e HIDRAULICO	POR MES	1	Operario	Controlar seguros del volante	
		2	Mantenimiento	Verificar funcionamiento del embrague	
	POR 3 MESES	3	Mantenimiento	Controlar tensión de correas	
	POR 6 MESES	4	Mantenimiento	Regular colizas del carro porta cuchillas	
		5	Mantenimiento	Controlar orring del pistón prensa barra	
		6	Mantenimiento	Controlar válvulas de aire	
SISTEMA ELECTRICO	POR DIA				
	POR SEMANA				
	POR MES				
	POR 3 MESES	1	Mantenimiento	Verificar amperaje del motor	
		2	Mantenimiento	Limpieza de componentes eléctricos	Micros, cortactores, etc.
	POR 6 MESES				

PROCESO DE MANTENIMIENTO PREVENTIVO

MAQUINA: LPR5-02 HORNO INDUCCION ELIND 400KW

	FRECUENCIA	Nº	RESPONSABLE	DETALLE	OBSERVACIONES
SISTEMA DE LUBRICACION	POR DIA				
	POR MES				
	POR 3 MESES	1	Mantenimiento	Verificar el estado de conservación de los caños de refrigeración	Cambiar si presentan señales de envejecimiento
	POR 6 MESES				
SISTEMA MECANICO, NEUMATICO e HIDRAULICO	POR DIA	1	Operario	Verificar nivel de agua destilada	
		2	Operario	Verificar nivel de agua de torre	
	POR MES				
	POR 3 MESES	3	Mantenimiento	Limpiar el intercambiador de calor a plancha	
	POR 6 MESES				
	POR AÑO	4	Mantenimiento	Limpiar el radiador de enfriamiento de gabinete	Utilizar aire comprimido que no supere los 3 bar de presión removiendo cualquier impureza, controlando que no existan infiltraciones de polvo del exterior
SISTEMA ELECTRICO	POR DIA				
	POR MES	1	Mantenimiento	Controlar el apriete de todas las conexiones eléctricas de potencia	
	POR 3 MESES	2	Mantenimiento	Controlar el apriete de los SCR (tiristores)	El pestillo central debe rotar libre, si esto no sucede intervenirsobre los tirantes laterales apretando hasta que el pestillo pueda rotar libremente.
	POR AÑO	3	Mantenimiento	Reapretar todas las conexiones de bornera	

PROCESO DE MANTENIMIENTO PREVENTIVO

MAQUINA: LPR1-08 HORNO A GAS Nº 3

	FRECUENCIA	Nº	RESPONSABLE	DETALLE	OBSERVACIONES
SISTEMA DE LUBRICACION	POR DIA				
	POR SEMANA				
	POR MES				
	POR 3 MESES				
	POR 6 MESES				
SISTEMA MECANICO, NEUMATICO e HIDRAULICO	POR DIA				
	POR SEMANA				
	POR MES	1	Operario	Verificar fumistería (boca y piso)	
		2	Mantenimiento	Verificar estado de quemadores	
	POR 3 MESES	3	Mantenimiento	Verificar estado de turbina	
	POR 6 MESES				
SISTEMA ELECTRICO	POR DIA				
	POR SEMANA				
	POR MES				
	POR 3 MESES				
	POR 6 MESES	1	Mantenimiento	Verificar y limpiar tableros	

PROCESO DE MANTENIMIENTO PREVENTIVO

MAQUINA: LPR1-04 MARTINETE DEMOOR 150 tn.

	FRECUENCIA	Nº	RESPONSABLE	DETALLE	OBSERVACIONES
SISTEMA DE LUBRICACION	POR DIA	1	Operario	Controlar nivel de aceite	
	POR SEMANA				
	POR MES				
	POR 3 MESES				
	POR 6 MESES				
SISTEMA MECANICO, NEUMATICO e HIDRAULICO	POR DIA				
	POR MES				
	POR 3 MESES	1	Mantenimiento	Verificar coliza y tornillo de coliza	
		2	Mantenimiento	Revisar cueros de pistón de cilindro	Ver fuga de compresión
		3	Mantenimiento	Controlar tensión de correas	
	POR 6 MESES	4	Mantenimiento	Cambiar cueros de cilindro	
SISTEMA ELECTRICO	POR DIA				
	POR SEMANA				
	POR MES				
	POR 3 MESES	1	Mantenimiento	Revisar amperaje de motor	
	POR 6 MESES	2	Mantenimiento	Limpiar motor y componentes eléctricos	

PROCESO DE MANTENIMIENTO PREVENTIVO

MAQUINA: DESP-03 PRENSA ARRIGONI

	FRECUENCIA	Nº	RESPONSABLE	DETALLE	OBSERVACIONES
SISTEMA DE LUBRICACION	POR DIA	1	Operario	Engrasar coliza	
	POR SEMANA	2	Operario	Engrasar tornillo y tuerca	
	POR MES	3	Operario	Engrasar cojinetes del eje principal	
		4	Operario	Engrasar movimiento de palanca	
	POR 3 MESES				
	POR 6 MESES				
SISTEMA MECANICO, NEUMATICO e HIDRAULICO	POR DIA				
	POR 2 SEMANAS	1	Operario	Verificar luz de platos	Arrimar los platos si es necesario
	POR MES				
	POR 3 MESES	2	Mantenimiento	Verificar accionamiento mecánico	
	POR 6 MESES	3	Mantenimiento	Apretar tensores	
SISTEMA ELECTRICO	POR DIA				
	POR SEMANA				
	POR MES	1	Mantenimiento	Limpiar contactores y llaves	
	POR 3 MESES	2	Mantenimiento	Verificar descarga a tierra	
	POR 6 MESES				

PROCESO DE MANTENIMIENTO PREVENTIVO

MAQUINA: LPR1-01 MARTILLO PENSOTTI 1000

	FRECUENCIA	Nº	RESPONSABLE	DETALLE	OBSERVACIONES
SISTEMA DE LUBRICACION	POR DIA				
	POR SEMANA	1	Operario	Verificar nivel del depósito de aceite	
	POR 2 SEMANAS	2	Operario	Aceitar comandos (palancas)	
	POR 6 MESES				
SISTEMA MECANICO, NEUMATICO e HIDRAULICO	POR DIA	1	Operario	Calentar vastago antes de comenzar la jornada	
	POR SEMANA	2	Operario	Ajustar prensa estopa	
	POR MES	3	Mantenimiento	Controlar tensión de resortes	
		4	Mantenimiento	Controlar tornillos de alineación de columnas	
		5	Mantenimiento	Verificar ajuste de tornillos de tapa de cilindros	
	POR 3 MESES				
	POR 6 MESES	6	Mantenimiento	Verificar válvula reguladora de golpe	
	POR AÑO	7	Mantenimiento	Verificar cuña de columnas inferiores y superiores	
SISTEMA ELECTRICO	POR DIA				
	POR SEMANA				
	POR 3 MESES				
	POR 6 MESES	1	Mantenimiento	Verificar estado de conexión de la bomba hidráulica	

PROCESO DE MANTENIMIENTO PREVENTIVO

MAQUINA: LPR1-02 BALANCIN IMAFE

	FRECUENCIA	Nº	RESPONSABLE	DETALLE	OBSERVACIONES
SISTEMA DE LUBRICACION	POR DIA	1	Operario	Lubricar colizas	
	POR SEMANA	2	Operario	Lubricar cojinetes de cigüeñal	
	POR 3 MESES				
	POR 6 MESES				
SISTEMA MECANICO, NEUMATICO e HIDRAULICO	POR DIA				
	POR SEMANA				
	POR MES	1	Mantenimiento	Verificar estado y ajuste de colizas	
		2	Mantenimiento	Verificar juegos de pedalera	
	POR 3 MESES	3	Mantenimiento	Controlar tensión de correas	
	POR 6 MESES	4	Mantenimiento	Controlar juego de tornillo con cabeza esferica con mazo, ajustar si es necesario	
		5	Mantenimiento	Verificar tension de resorte de gatillo	
		6	Mantenimiento	Controlar juego de buje cigueñal	
SISTEMA ELECTRICO	POR DIA				
	POR SEMANA				
	POR MES	1	Mantenimiento	Limpiar contactores y llaves	
	POR 3 MESES	2	Mantenimiento	Verificar descarga a tierra	
	POR 6 MESES				

PROCESO DE MANTENIMIENTO PREVENTIVO

MAQUINA: DESP-01 GRANALLADORA CYM

	FRECUENCIA	Nº	RESPONSABLE	DETALLE	OBSERVACIONES
SISTEMA DE LUBRICACION	POR DIA				
	POR MES	1	Mantenimiento	Lubricar rodamientos de cinta elevadora	
		2	Mantenimiento	Lubricar rodamientos de cinta de goma	
SISTEMA MECANICO, NEUMATICO e HIDRAULICO	POR DIA	1	Operario	Limpiar zaranda de tolva superior	Nunca sacar la zaranda con la noria y la turbina en marcha
		2	Operario	Controlar amperaje de turbina	Debe ser 15 Amp
		3	Operario	Controlar nivel de granalla dentro del silo de almacenamiento	Debe estar 50mm por debajo de la zaranda
		4	Operario	Controlar descarga de polvo de manera continua de la manguera de granalla en desuso	La clapeta de goma debe siempre tapando el caño, no debe salir granalla buena por esta manguera. **Si no descarga polvo, verificar que no haya obstrucciones en la tolva de granall en desuso**
		5	Operario	Controlar que la manguera de descarga del decantador descargue granalla fina durante la operación	
		6	Operario	Controlar que la tolvita de descarga de granalla este tapada para que no ingrese aire	
		7	Operario	Sacudir las manqueras del aspirador 3 veces por día	La eficiencia del sacudido es importante para que las mangas duren mas
	POR SEMANA	8	Operario	Verificar az de granalla	Regular si es necesario
		9	Operario	Desmontar todas las mangueras de aire y verificar esten limpias sin presencia de polvo ni granalla	
		10	Operario	Controlar desgaste de rueda de turbina, rotor y caja de control	
		11	Operario	Controlar desgaste del revestimiento interior de la cabina	
SISTEMA ELECTRICO	POR SEMANA				
	POR MES				

La coloración asignada en las planillas, esto es, amarillo (claro) a los sistemas de lubricación, azul (oscuro) a los sistemas hidráulicos y neumáticos, y rojo (gris), a los eléctricos, permiten efectuar un plan de mantenimiento anual muy detallado y visual, en el cual, aparecen todos los equipos de la empresa, y las actividades de mantenimiento preventivo por sistema, según fecha calendario.

Criterios para realizar el lay-out:
En este item, la idea es presentar una serie de consejos, para tener en cuenta, que pueden influir sobre el lay-out de una empresa de forjado:

- Hay dos formas en que debemos pensar el lay-out: con una mirada desde el interior de la forja (producción), o desde el exterior (accesos, medio ambiente). Lo fundamental es saber con la mayor precisión posible, que tipo de piezas vamos a forjar, que cantidad, que volumen de material vamos a tener en stock, cuantas toneladas en piso, ya que conociendo estos datos, podremos estimar que tipos de máquinas serán necesarias, y decidir así la superficie requerida para el buen funcionamiento, y flujo de los materiales en proceso.

- Ante cualquier eventualidad (por ejemplo, incremento de la producción), es fundamental disponer de espacio adicional.

- En la producción de grandes volúmenes de piezas se necesitan máquinas de trabajo alternativas, por si se produjera la rotura de la principal. De no ser así, un importante cliente, puede desistir de trabajar con nuestra forja.

- Nos debemos preguntar: "el techo del galpón, en que momento lo ponemos, antes de llevar las máquinas, o después"?.

- Es muy importante considerar que, dado el porte de las máquinas principales de forjado (como pueden ser los martillos, prensas de fricción, y prensas mecánicas), el lay-out debe ser pensado alrededor de ellas, porque una vez fijadas al suelo, es imposible volver a moverlas (ver figura 9.2).

Figura 9.2: Montaje de una prensa Smeral LKM 1600 en la forja Bellucci

Por razones de seguridad, y dada la altura de las grandes máquinas, cuando se las trasladan, se mueven en forma horizontal sobre carretones (ver figura 9.3). Para ponerlas en posición de trabajo, se utilizan dos grúas en forma simultánea. Una que sostiene la base, y otra que lo hace con la "cabeza".

Figura 9.3: Carretón usado para el transporte de una prensa Smeral LKM 1600

- Sin embargo, que no se las vuelva a mover, no significa que no deban ser reparadas. Es por eso que, muchas veces resulta conveniente, disponer sobre ellas, un techo desarmable, que nos brinde la posibilidad de quitarlo, logrando así el lugar necesario para trabajar y maniobrar, con grúas de gran porte. Entre las tareas habituales de reparación, que se deben llevar a cabo, suele ser necesario bajar los volantes, el eje horizontal, y el cilindro de desplazamiento, de una prensa de fricción de 1000tn. En este caso, dichos componentes, alcanzan aproximadamente unos 12000 kg de peso, que además, se encuentran a una altura de cinco metros. Es evidente que, se trata de una tarea que demanda una coordinación muy fina entre los actores intervinientes, y sólo a modo de referencia, queremos mencionar que la reparación del vástago de un martillo chico, puede llevar como mínimo, unos dos días de trabajo.

- La inclusión de hornos de inducción para las operaciones de calentamiento, permite entre otras importantes mejoras, tener la posibilidad de disponer de un ambiente en aceptables condiciones, propiciando un trabajo más limpio y menos ruidoso.

- Toda forja, requerirá disponer de autoelevadores, dado que estos vehículos facilitan el movimiento de carga y descarga de matrices, entre otras actividades.

- Una cuestión no menor, tiene que ver con el acceso de los camiones a la forja, ya que algunos de ellos suelen medir hasta 18m de longitud. Es imprescindible contar con un espacio adecuado para su maniobrabilidad, como también para el ingreso a la playa de materiales. En esta zona de carga, será indispensable contar con un puente grúa, que permita realizar las operaciones, o descarga (viene material de la acería), de manera sencilla.

- El sector de corte, debe ser ubicado muy próximo a la playa de materiales, ya que de este modo se disminuye el movimiento de materiales pesados y de importantes dimensiones, hacia la primera etapa del proceso. El carro, o plataforma de carga, debe estar dispuesta siempre paralela, a la forma de estibar el material. De ser posible, podemos dejar este carro por fuera del galpón, mientras la cizalla de corte se encuentra en su interior. De este modo, se evita ingresar con el paquete de material al galpón, tarea difícil de realizar, dado que los mismos pesan normalmente alrededor de 2000 kg, y miden unos 6m de largo.

Bibliografía e Información

-Cuadernillo sobre el "Sistema de manufactura Deutz", primera edición, 1992.

-Empresa Forja Sudamericana, González Catán, Provincia de Buenos Aires.

CAPITULO 10

ANEXO

"Pensar es el trabajo más difícil que existe. Quizá esa sea la razón por la que haya tan pocas personas que lo practiquen"

Henry Ford

Tabla de áreas

En todas los casos "A" representa el Área de la figura

CUADRADO

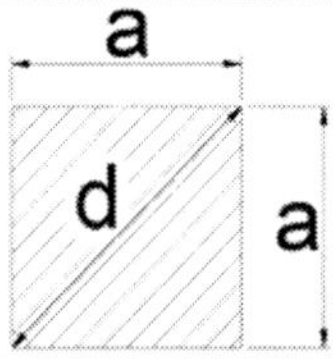

$$A = \tfrac{1}{2}\cdot d^2 \qquad A = a^2$$
$$a = 0{,}7071$$
$$d = \sqrt{A}$$
$$d = 1{,}414\cdot a = 1{,}414\sqrt{A}$$

RECTÁNGULO

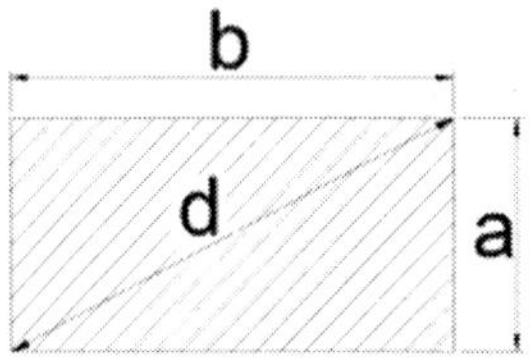

$$A = a\cdot b$$
$$A = a\cdot\sqrt{d^2 - a^2} = b\cdot\sqrt{d^2 - b^2}$$
$$d = \sqrt{a^2 + b^2}$$
$$a = \sqrt{d^2 - b^2} = \frac{A}{b}$$
$$b = \sqrt{d^2 - a^2} = \frac{A}{a}$$

PARALELOGRAMO

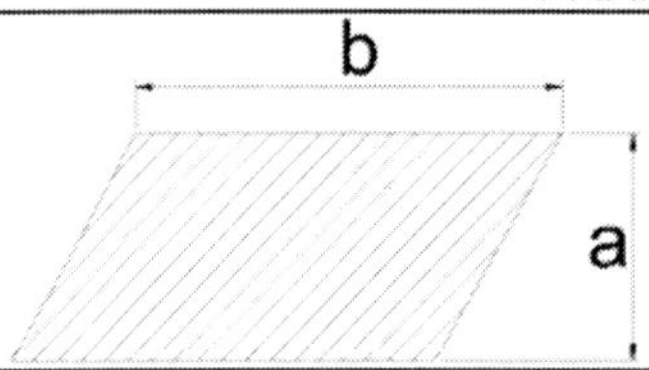

$$A = a\cdot b$$
$$b = \frac{A}{a}$$
$$a = \frac{A}{b}$$

TRIÁNGULO RECTÁNGULO

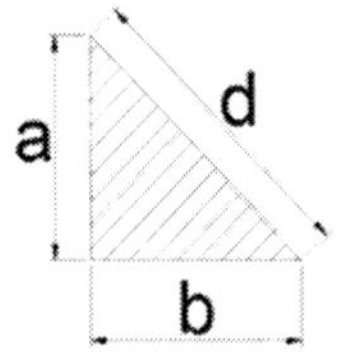

$$A = \frac{a\cdot b}{2}$$
$$d = \sqrt{a^2 + b^2}$$
$$a = \sqrt{d^2 - b^2}$$
$$b = \sqrt{d^2 - a^2}$$

TRIÁNGULO ACUTÁNGULO

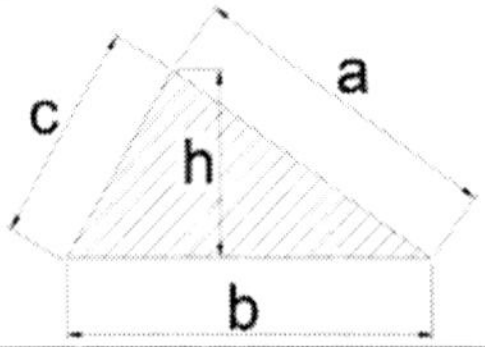

$$A = \frac{b\cdot h}{2}$$
$$A = \frac{b}{2}\cdot\sqrt{a^2 - \left(\frac{a^2 + b^2 - c^2}{2\cdot b}\right)^2}$$

TRIÁNGULO OBTUSÁNGULO

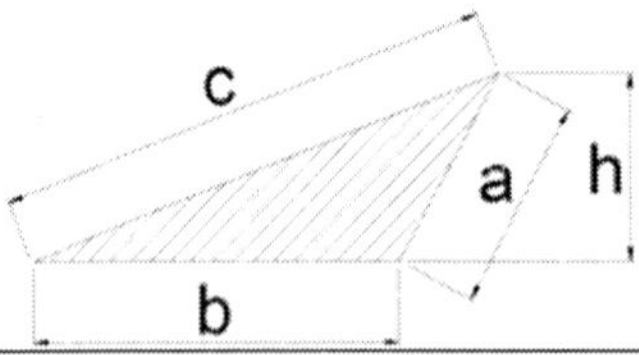

$$A = \frac{b\cdot h}{2}$$
$$A = \frac{b}{2}\cdot\sqrt{a^2 - \left(\frac{c^2 - a^2 - b^2}{2\cdot b}\right)^2}$$

TRIÁNGULO EQUILATERO

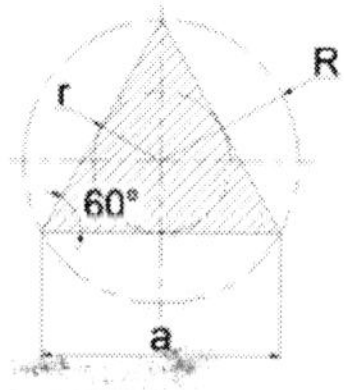

LA SUMA DE LOS TRES ÁNGULOS ES IGUAL A 180°

$$R = 0{,}577 \cdot a$$
$$r = 0{,}289 \cdot a$$
$$a = 1{,}732 \cdot R$$
$$a = 3{,}464 \cdot r$$
$$A = 0{,}433 \cdot a^2 = 1{,}299 \cdot R^2 = 5{,}192 \cdot r^2$$

TRAPECIO

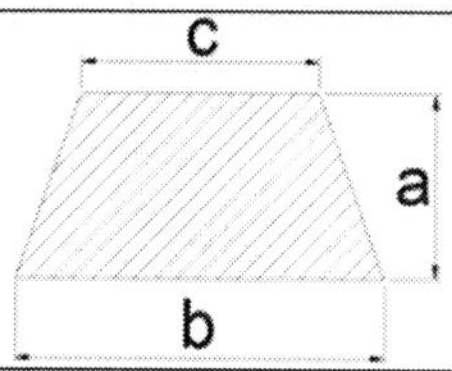

$$A = \frac{(c+b)}{2} \cdot a$$

PENTÁGONO

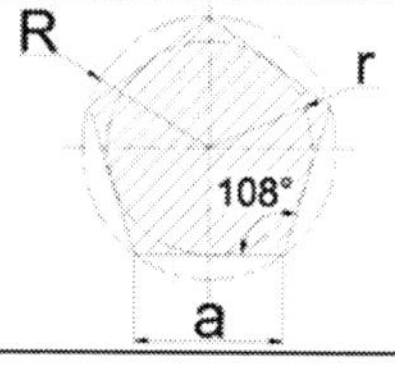

$$A = 1{,}720 \cdot a^2$$
$$A = 2{,}378 \cdot R^2 = 3{,}633 \cdot r^2$$
$$a = 1{,}176 \cdot R = 1{,}453 \cdot r$$
$$R = 0{,}851 \cdot a$$
$$r = 0{,}688 \cdot a$$

HEXÁGONO

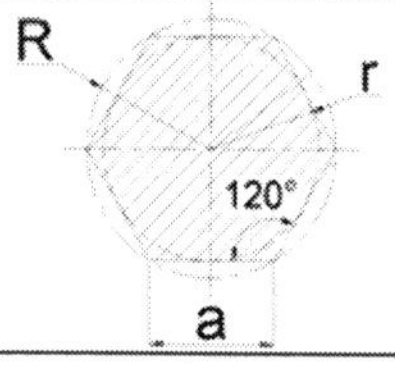

$$A = 2{,}598 \cdot a^2 = 2{,}598 \cdot R^2$$
$$A = 3{,}464 \cdot r^2$$
$$R = a = 1{,}155 \cdot r$$
$$r = 0{,}866 \cdot a = 0{,}866 \cdot R$$

CIRCULO

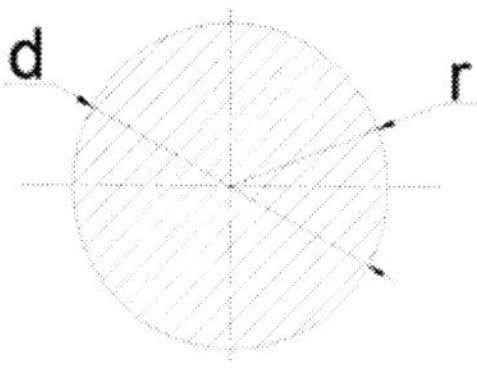

$C = CIRCUNFERENCIA$

$$A = \pi \cdot r^2 = 3{,}1416 \cdot r^2 = 0{,}7854 \cdot d^2$$
$$C = 2 \cdot \pi \cdot r = 6{,}2832 \cdot r = 3{,}1416 \cdot d$$
$$r = \frac{C}{6{,}2832} = \sqrt{\frac{A}{3{,}1416}} = 0{,}564 \cdot \sqrt{A}$$
$$d = \frac{C}{3{,}1416} = \sqrt{\frac{A}{0{,}7854}} = 1{,}128\sqrt{A}$$

SECTOR CIRCULAR

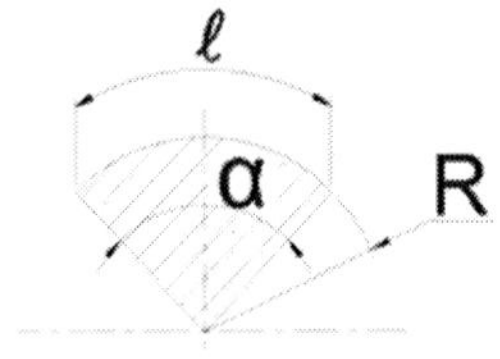

λ=LONGITUD DEL ARCO

α = ÁNGULO DEL SECTOR

$$l = \frac{R \cdot \alpha \cdot 3{,}1416}{180} = 0{,}01745 \cdot R \cdot \alpha = \frac{2 \cdot A}{R}$$

$$A = \frac{1}{2} \cdot R \cdot l = 0{,}008727 \cdot \alpha \cdot R^2$$

$$\alpha = \frac{57{,}296 \cdot l}{R}$$

$$R = \frac{2 \cdot A}{l} = \frac{57{,}296 \cdot l}{\alpha}$$

CORONA CIRCULAR

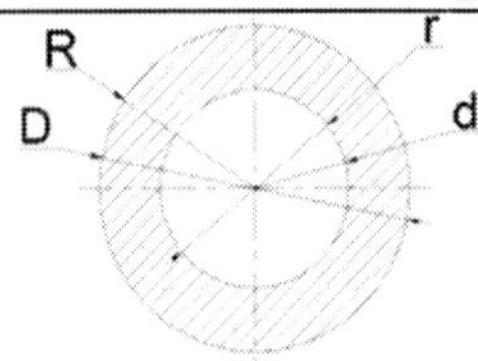

$$A = \pi \cdot (R^2 - r^2) = 3{,}1416 \cdot (R^2 - r^2)$$

$$A = 0{,}7854 \cdot (D^2 - d^2)$$

ELIPSE

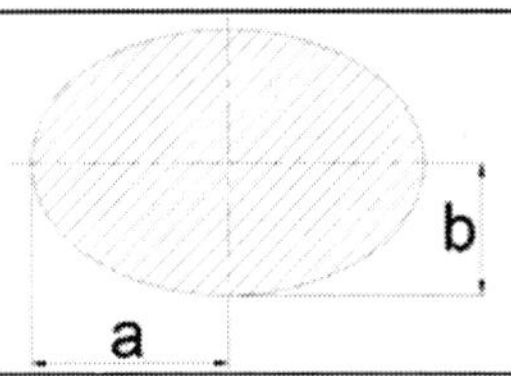

P=PERÍMETRO

$$A = \pi \cdot a \cdot b = 3{,}1416 \cdot a \cdot b$$

FORMULAS APROXIMADAS DEL PERÍMETRO

$$P = \pi \sqrt{2 \cdot (a^2 + b^2)}$$

CUADRADO

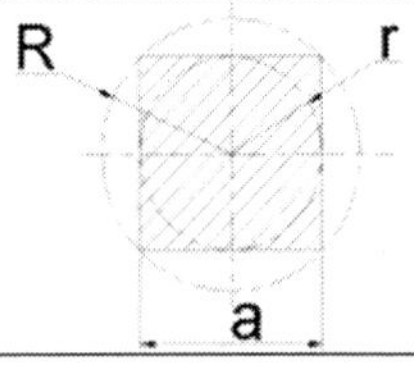

$$r = 0{,}5 \cdot a$$

$$R = 0{,}707 \cdot a$$

$$a = 1{,}414 \cdot R = 2 \cdot r$$

$$A = a^2 = 2 \cdot R^2 = 4 \cdot r^2$$

Tabla de volúmenes

En todos los casos "V" representa el volumen de la figura

CUBO

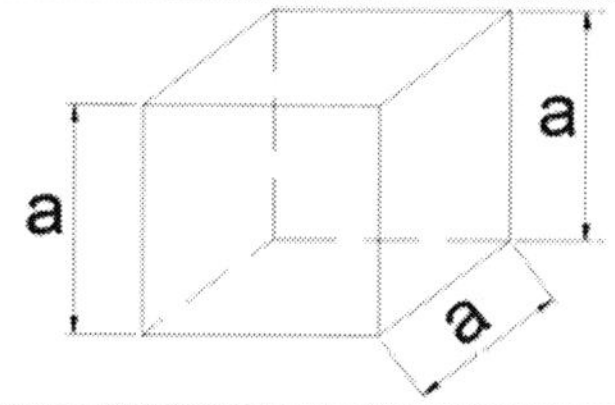

$$V = a^3$$

$$a = \sqrt[3]{V}$$

PARALELEPIPEDO

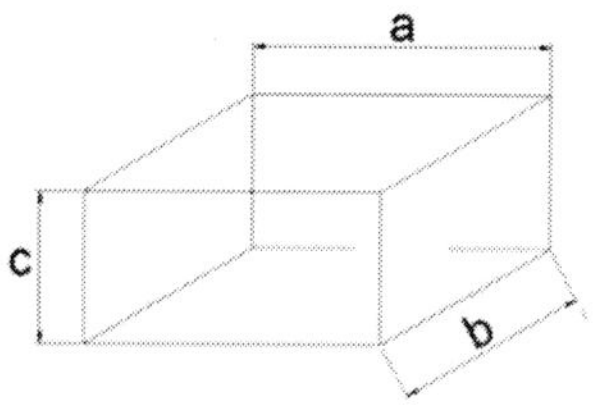

$$V = a \cdot b \cdot c$$

$$a = \frac{V}{b \cdot c}$$

$$b = \frac{V}{a \cdot c}$$

$$c = \frac{V}{a \cdot b}$$

PRISMA

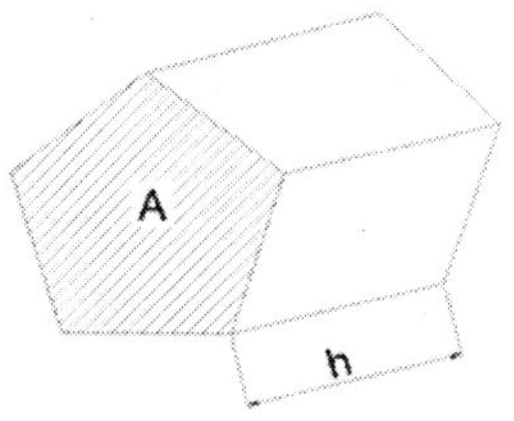

A=ÁREA DE LA BASE

$$V = A \cdot h$$

"h" se entiende perpendicular a la base

PIRÁMIDE TRUNCADA

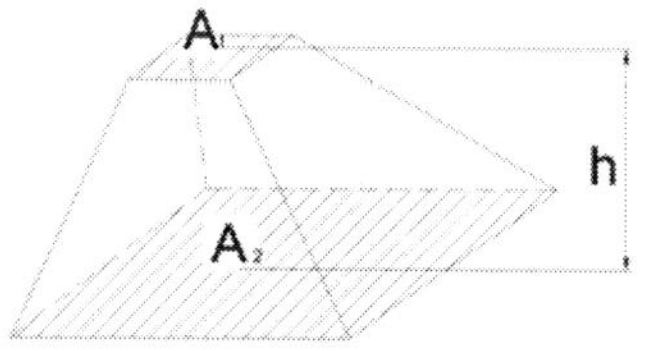

A_1 *=ÁREA BASE MENOR*

A_2*=ÁREA BASE MAYOR*

$$V = \frac{h}{3} \cdot \left(A_1 + A_2 + \sqrt{A_1 \cdot A_2}\right)$$

CILINDRO

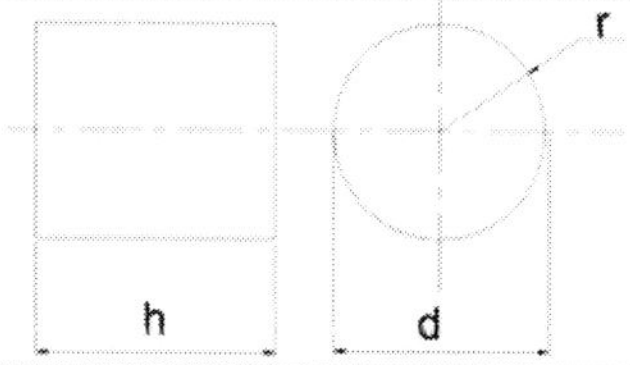

S=ÁREA DE LA SUPERFICIE LATERAL DEL CILINDRO

$$V = 3{,}1416 \cdot r^2 \cdot h = 0{,}7854 \cdot d^2 \cdot h$$

$$S = 6{,}2832 \cdot r \cdot h = 3{,}1416 \cdot d \cdot h$$

PORCIÓN DE CILINDRO

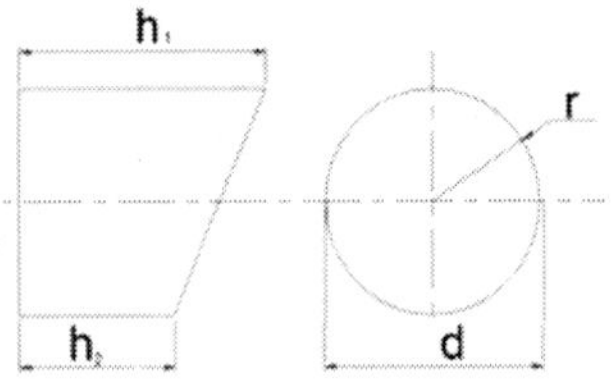

S=ÁREA LATERAL

$$V = 1.5708 \cdot r^2 \cdot (h_1 + h_2) = 0.3927 \cdot d^2 \cdot (h_1 + h_2)$$

$$S = 3.1416 \cdot r \cdot (h_1 + h_2) = 1.5708 \cdot d \cdot (h_1 + h_2)$$

CILINDRO HUECO

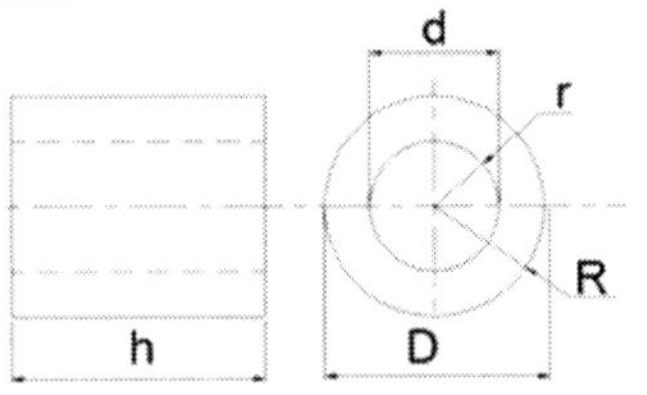

$$V = 3.1416 \cdot h \cdot (R^2 - r^2) = 0.7854 \cdot h \cdot (D^2 - d^2)$$

CONO TRUNCADO

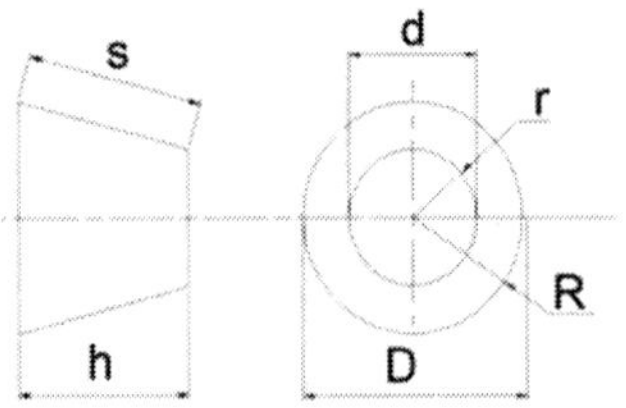

A=ÁREA DE LA SUPERFICIE LATERAL DEL CONO

$$V = 1.0472 \cdot h \cdot (R^2 + R \cdot r + r^2) = 0.2618 \cdot h \cdot (D^2 + D \cdot d + d^2)$$

$$A = 3.1416 \cdot s \cdot (R + r) = 1.5708 \cdot s \cdot (D + d)$$

$$s = \sqrt{(R - r)^2 + h^2}$$

ESFERA

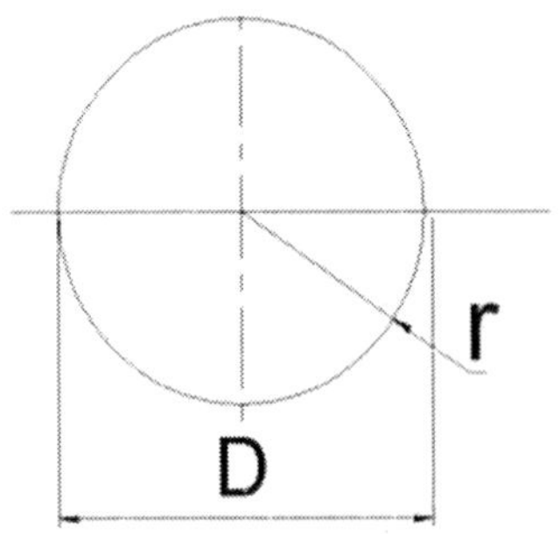

$$V = \frac{4 \cdot \pi \cdot r^3}{3} = \frac{\pi \cdot d^3}{6}$$

$$r = \sqrt[3]{\frac{3 \cdot V}{4\pi}} = 0.6204 \cdot \sqrt[3]{V}$$

SECTOR ESFÉRICO

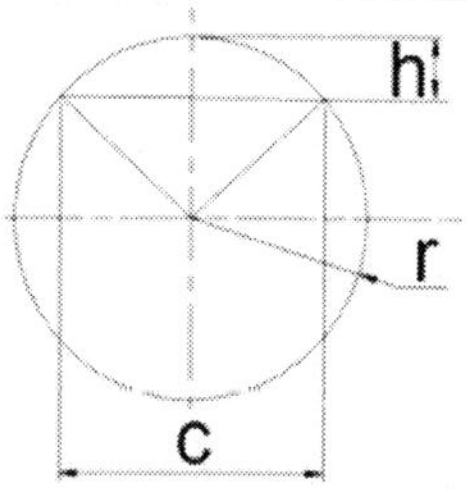

$$V = \frac{2 \cdot \pi \cdot r^2 \cdot h}{3} = 2{,}0944 \cdot r^2 \cdot h$$

$$c = 2 \cdot \sqrt{h \cdot (2 \cdot r - h)}$$

SEGMENTO ESFÉRICO

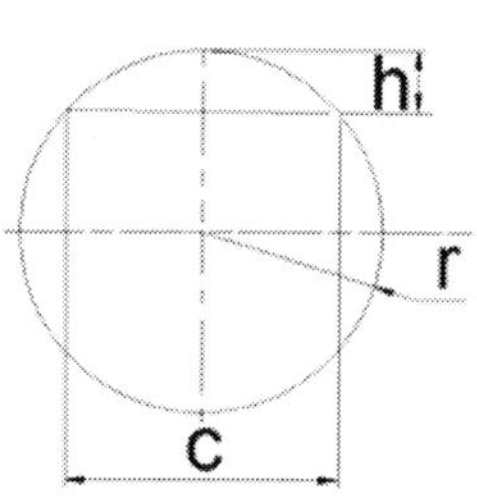

$$V = 3{,}1416 \cdot h^2 \cdot \left(r - \frac{h}{3} \right) = 3{,}1416 \cdot h \cdot \left(\frac{c^2}{8} + \frac{h^2}{6} \right)$$

$$c = 2 \cdot \sqrt{h \cdot (2 \cdot r - h)}$$

$$r = \frac{c^2 + 4 \cdot h^2}{8 \cdot h}$$

CUÑA ESFÉRICA

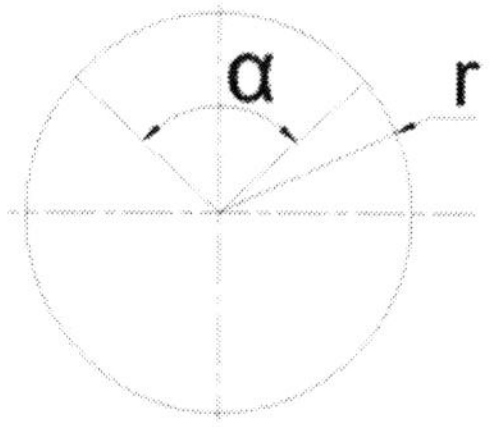

A=ÁREA DE LA SUPERFICIE ESFÉRICA

α = *ÁNGULO DE CENTRO EN GRADOS*

$$V = \frac{\alpha}{360^0} \cdot \frac{4 \cdot \pi \cdot r^3}{3} = 0{,}0116 \cdot \alpha \cdot r^3$$

$$A = \frac{\alpha}{360^0} \cdot 4 \cdot \pi \cdot r^2 = 0{,}0349 \cdot \alpha \cdot r^2$$

TORO

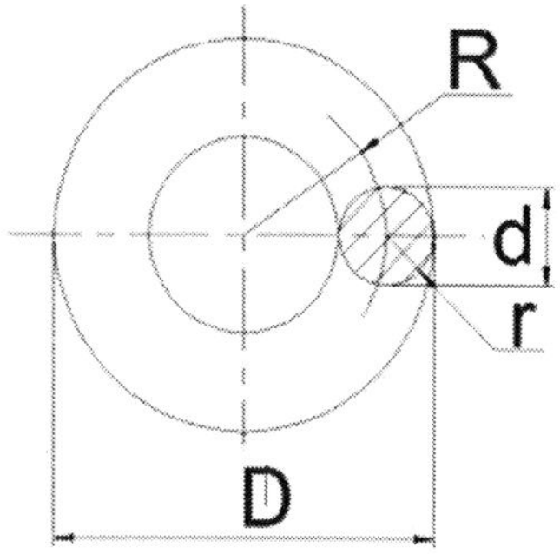

A=ÁREA

$$V = 2 \cdot \pi^2 \cdot R \cdot r^2 = 19{,}739 \cdot R \cdot r^2 =$$

$$= \frac{\pi^2}{4} \cdot D \cdot d^2 = 2{,}4674 \cdot D \cdot d^2$$

$$A = 4 \cdot \pi^2 \cdot R \cdot r = \pi^2 D \cdot d$$

Ejemplos Prácticos de aplicación:

A manera de ejemplo, se presentan a continuación tres casos resueltos, siguiendo la metodología tradicional para calcular el peso de una pieza a forjar a partir de su plano de fabricación. En un primer caso, se dividió la misma en áreas elementales conocidas, para luego calcular el área total como sumatoria de las áreas individuales. En un segundo caso la división se realizó en volúmenes elementales conocidos, para luego calcular el volumen total como sumatoria de los volúmenes individuales y por último, como tercer caso, se utilizó un sistema CAD.

Caso 1: Se requiere calcular el volumen y el peso de la plantilla de acero de espesor "a" (Figuras 1 y 2)

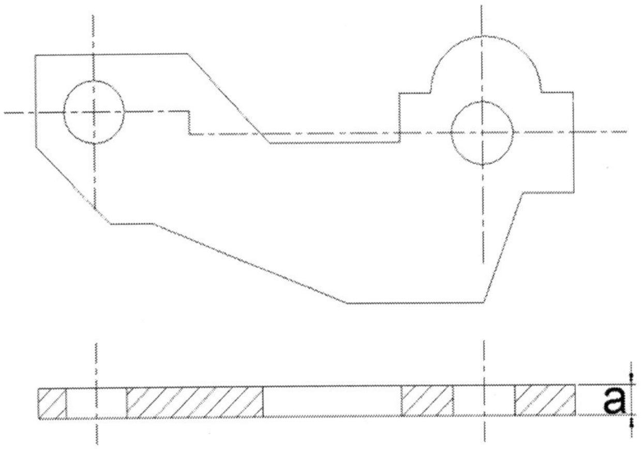

Figura 10.1: Vista superior y en corte de la pieza cuyo peso se desea calcular.

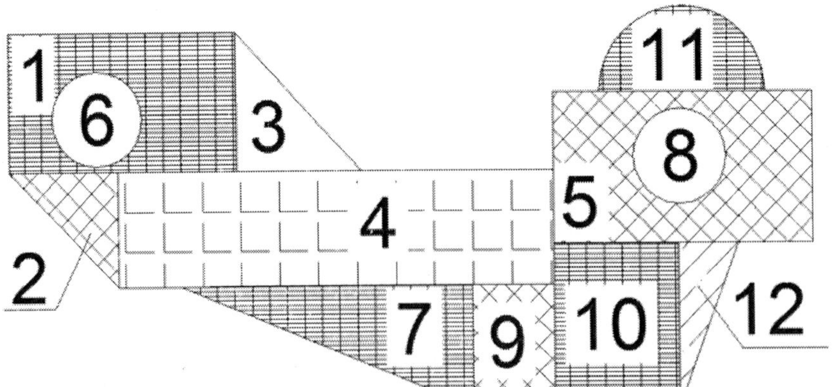

Figura 10.2: Segmentación de la pieza de la figura 10.1 en áreas conocidas.

Hecha ya la elección de figuras, empleando la tabla de áreas anexa previamente, se calcula individualmente cada área, para luego sumar y restar según corresponda.

ÁREAS positivas son las que tienen espesor "a": $A_1, A_2, A_3, A_4, A_5, A_7, A_9, A_{10}, A_{11} A_{12}$

ÁREAS negativas son las huecas o pasantes: A_6, A_8

$$\acute{A}REAtotal = A_1 + A_2 + A_3 + A_4 + A_5 + A_7 + A_9 + A_{10} + A_{11} + A_{12} - A_6 - A_8 =$$

VOLUMEN = ÁREA total . a , en consecuencia será:

PESO = VOLUMEN . P_e = PESO = VOLUMEN . 7,85 kg/dm^3

Caso 2: Para el caso de una pieza con geometría de revolución, se requiere calcular su volumen y peso correspondiente.

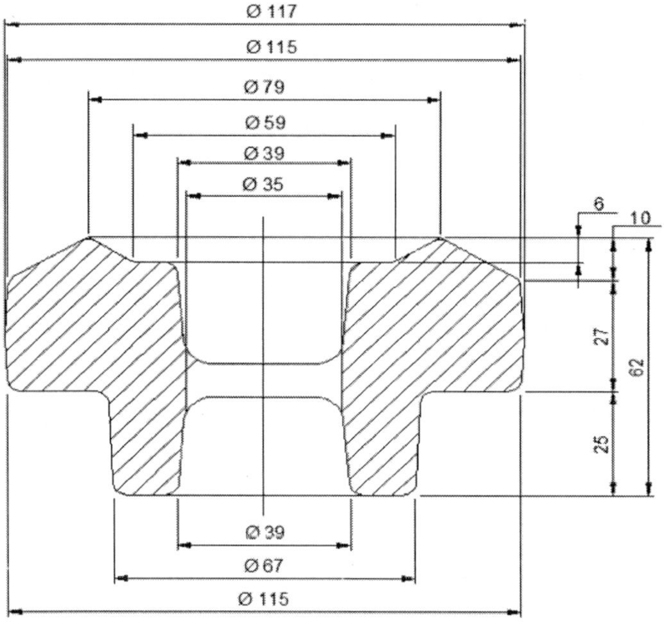

Figura 10.3: Plano de forja de un engranaje cónico.

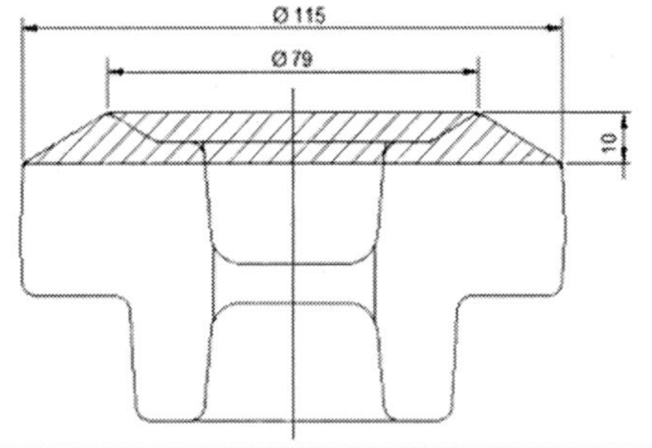

Usamos la formula de cono truncado

$$v = 1{,}0472 \times h \times \left(R^2 + R \times r + r^2\right) =$$
$$v = 1{,}0472 \times 10 \times \left(57{,}5^2 + 57{,}5 \times 39{,}5 + 39{,}5^2\right) =$$
$$v = 10{,}472 \times \left(3306{,}2 + 2271{,}3 + 1560{,}3\right) = 74746{,}5mm^3$$

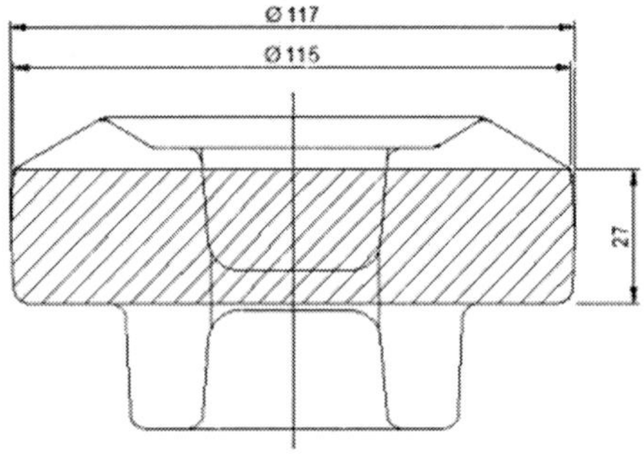

Siendo los ángulos de salida menores a 3° podemos usar los diámetros promedios:

$$\phi 117 + \phi 115 = 232 \div 2 = 116$$

Por lo tanto, si aplicamos la formula

$$v = 0{,}785 \times d^2 \times h =$$
$$v = 0{,}785 \times 116^2 \times 27 = 285345{,}2mm^3$$

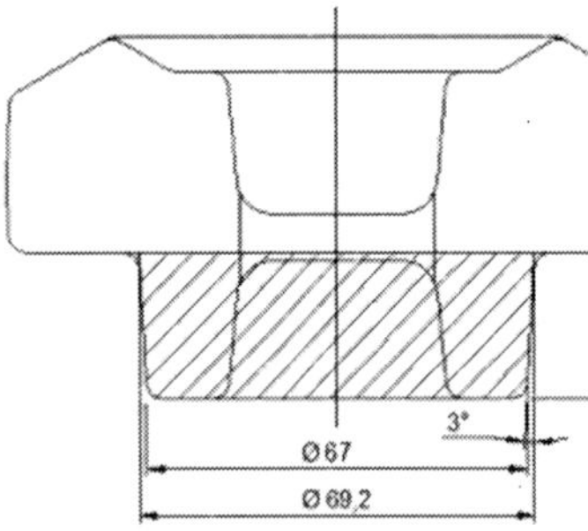

Usamos la formula de cono truncado

$$v = 1{,}0472 \times h \times \left(R^2 + R \times r + r^2\right) =$$
$$v = 1{,}0472 \times 25 \times \left(34{,}6^2 + 34{,}6 \times 33{,}5 + 33{,}5^2\right) =$$
$$v = 26{,}2 \times \left(1197{,}2 + 1159{,}1 + 1122{,}3\right) =$$
$$v = 91067{,}3mm^3$$

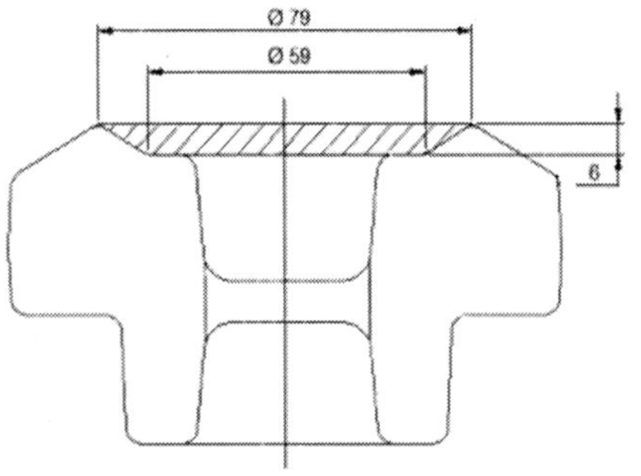

Usamos la formula de cono truncado

$$v = 1{,}0472 \times h \times \left(R^2 + R \times r + r^2\right) =$$
$$v = 1{,}0472 \times 6 \times \left(39{,}5^2 + 39{,}5 \times 29{,}5 + 29{,}5^2\right) =$$
$$v = 6{,}3 \times \left(1560{,}3 + 1165{,}25 + 870{,}3\right) =$$
$$v = 22592{,}8mm^3$$

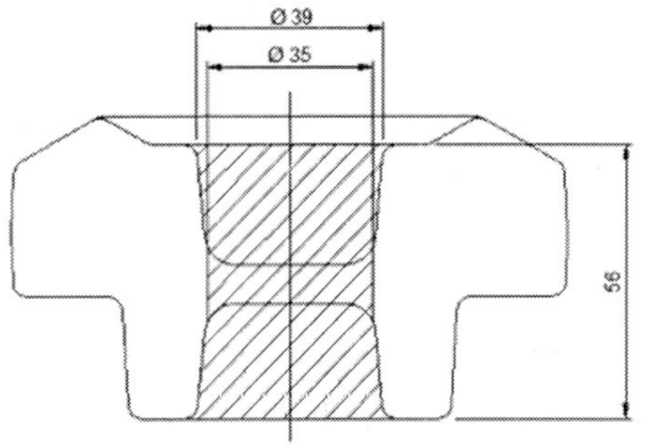

Dado que los ángulos de salida son menores a 3° podemos usar los diámetros promedios.

$\phi 39 + \phi 35 = \phi 74 \div 2 = 37$ POR LO TANTO

Si aplicamos la formula $v = 0.785 \times d^2 \times h =$

$v = 0.785 \times 37^2 \times 56 = 60211.9 mm^3$

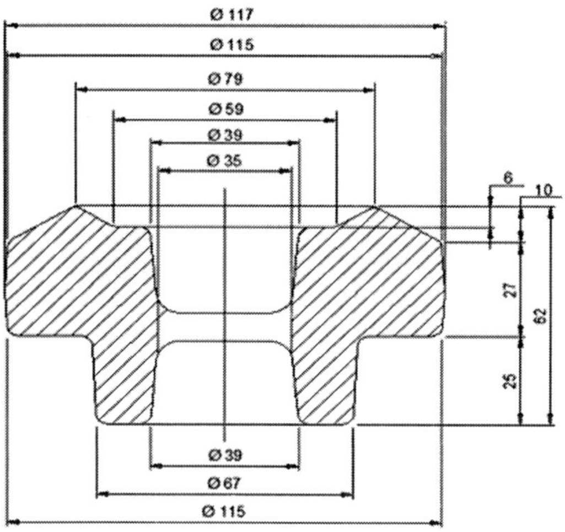

Si sumamos los tres volúmenes positivos: $74746.5 + 285345.2 + 91067.4 = 451159.1 mm^3$

Sumamos los dos negativos: $22592.8 + 60211.9 = 82804.7$

Restamos la suma de los positivos a la suma de los negativos: $451159.1 - 82804.7 = 368354.4 mm^3$

Según tabla el peso especifico del hierro Fe = $7.85 g / cm^3$

Si multiplicamos el peso especifico por el volumen de nuestra pieza

$7.85 \times 368354.4 = 2891582.04 \div 1000000 = 2.89 Kg.$

La división de 1000000 es para llevar las unidades a Kg.

Caso 3:

La popularización de los sistemas denominados CAD (Computer Assisted Design), nos permite en la actualidad, a partir del modelo virtual de la pieza a forjar en tres dimensiones, calcular en forma muy sencilla, precisa y rápida, el volumen, y luego, asignación mediante del peso específico correspondiente, el peso de la pieza a forjar. Este es el camino que emplean casi todas las empresas del sector.

Como ejemplo citamos el sólido de revolución calculado en el caso 2:

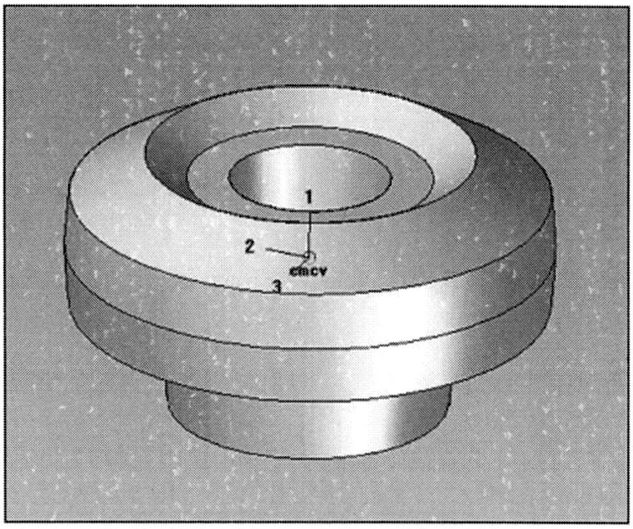

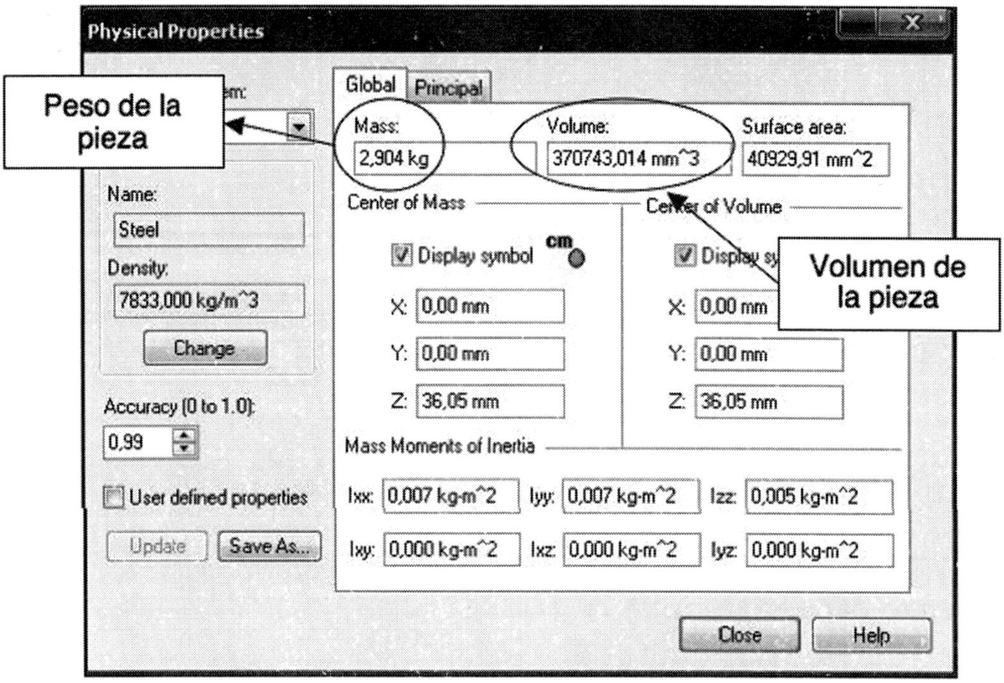

El modelo fue realizado con el Software Solid Edge ST.

Peso de barras redondas y cuadradas de acero [kg/m] (Fuente: Manual del acero)

Diámetro/Entrecara		Redonda	Cuadrada	Diámetro/Entrecara		Redonda	Cuadrada
Pulgada	mm			Pulgada	mm		
	1	0,006	0,008	1 3/8	34,92	7,509	9,560
	2	0,025	0,031		35	7,543	9,604
	3	0,055	0,071		36	7,980	10,161
1/8	3,17	0,062	0,079		37	8,430	10,733
	4	0,099	0,125		38	8,891	11,321
	5	0,154	0,196	1 ½	38,10	8,938	11,381
	6	0,222	0,282		39	9,366	11,925
¼	6,35	0,248	0,316		40	9,852	12,544
	7	0,302	0,384		41	10,351	13,179
	8	0,394	0,502	1 5/8	41,27	10,488	13,353
	9	0,499	0,635		42	10,862	13,830
3/8	9,52	0,558	0,711		43	11,385	14,496
	10	0,616	0,784		44	11,921	15,178
	11	0,745	0,949	1 ¾	44,45	12,166	15,490
	12	0,887	1,129		45	12,469	15,875
½	12,70	0,993	1,265		46	13,029	16,589
	13	1,041	1,325		47	13,602	17,319
	14	1,207	1,537	1 7/8	47,62	13,963	17,778
	15	1,385	1,764		48	14,187	18,063
5/8	15,87	1,551	1,975		49	14,784	18,824
	16	1,576	2,007		50	15,394	19,600
	17	1,780	2,266	2	50,80	15,890	20,232
	18	1,995	2,540		52	16,650	21,199
	19	2,223	2,830	2 1/8	53,97	17,935	22,836
¾	19,05	2,235	2,845		54	17,955	22,861
	20	2,63	3,136		56	19,310	24,586
	21	2,715	3,457	2 ¼	57,15	20,111	25,606
	22	2,980	3,795		58	20,714	26,374
7/8	22,22	3,040	3,871		60	22,167	28,224
	23	3,257	4,147	2 3/8	60,32	22,404	28,526
	24	3,547	4,516		62	23,670	30,137
	25	3,848	4,900	2 ½	63,50	24,829	31,613
1	25,40	3,973	5,058		64	25,221	32,113
	26	4,162	5,300		66	26,822	34,151
	27	4,489	5,715	2 5/8	66,67	27,369	34,848
	28	4,827	6,147		68	28,472	36,252
1 1/8	28,57	5,026	6,399	2 ¾	69,85	30,093	38,252
	29	5,178	6,593		70	30,172	38,416
	30	5,542	7,056		72	31,921	40,643
	31	5,917	7,534	2 7/8	73,02	32,831	41,802
1 ¼	31,75	6,207	7,903		74	33,719	42,932
	32	6,305	8,028		76	35,566	45,284
	33	6,706	8,538	3	76,20	35,753	45,522
	34	7,118	9,063		78	37,462	47,699

Peso de barras redondas y cuadradas de acero [kg/m] (Fuente: Manual del acero)

Diámetro/Entrecara Pulgada	mm	Redonda	Cuadrada
3 1/8	79,37	38,790	49,389
	80	39,408	50,176
	82	41,403	52,716
3 ¼	82,55	41,960	53,426
	84	43,447	55,319
3 3/8	85,72	45,245	57,608
	86	45,541	57,985
	88	47,684	60,713
3 ½	88,90	48,664	61,961
	90	49,876	63,504
	92	52,117	66,358
3 5/8	92,07	52,197	66,459
	94	54,408	69,274
3 ¾	95,25	55,864	71,129
	96	56,748	72,253
	98	59,137	75,295
3 7/8	98,42	59,645	75,942
	100	61,575	78,400
4	101,60	63,561	80,929
	105	67,887	86,436
4 ¼	107,95	71,155	91,361
	110	74,506	94,864
4 ½	114,30	80,445	102,426
	120	88,668	112,896
4 ¾	120,65	89,631	114,122
	125	96,221	122,500
5	127	99,315	125,451
	130	104,062	132,496
5 ¼	133,35	109,494	139,413
	135	112,221	142,884
5 ½	139,70	121,171	153,006
	140	120,687	153,664
	145	129,462	164,836
5 ¾	146,05	131,344	167,232
	150	138,544	176,400
6	152,40	143,013	182,090
	155	147,934	188,356
6 ¼	158,75	155,179	197,580
	160	157,633	200,704
	165	167,639	213,444
6 ½	165,10	167,842	213,703
	170	177,952	226,576
6 ¾	171,45	181,000	230,458
	175	188,574	240,100
7	177,80	194,657	247,845
	180	199,504	254,016
	185	210,741	268,324
	190	222,787	283,024
7 ½	190,50	223,458	284,516
	195	234,140	298,116
	200	246,300	313,600
8	203,20	254,246	323,715
	205	258,770	329,476
	210	271,547	345,744
	215	284,631	362,409
8 ½	215,90	287,019	365,444
	220	298,024	379,456
	225	311,725	396,900
9	228,60	321,780	409,702
	230	325,733	414,736

Nota 1: los valores fueron calculados para un peso específico del acero de 7,85kg/dm^3.

Nota 2: para el cálculo exacto del peso de las palanquillas (barras de sección cuadrada con cantos redondeados), se deberá multiplicar el valor de la tabla por 0,983.

ADIMRA

ASOCIACIÓN DE INDUSTRIALES METALÚRGICOS
DE LA REPÚBLICA ARGENTINA

**IMPULSANDO
LA INDUSTRIA
NACIONAL**

QUÉ ES ADIMRA

La Asociación de Industriales Metalúrgicos de la República Argentina, nació en 1904. Es la entidad que representa y promueve a un sector clave para el desarrollo del país, con 59 cámaras activas sectoriales y regionales que hoy reúnen a unas 24.000 empresas en todo el país, y cuyas actividades inciden notablemente en el PBI.

ADIMRA orienta el esfuerzo conjunto a favor del federalismo, la Industria Nacional y la integración entre gremios y empresarios. Además interactúa con diversas entidades públicas y privadas. Capacita y actualiza al personal de sus empresas asociadas. Y promueve la actualización tecnológica para proveer mejores maquinarias, equipos, componentes e insumos a otras áreas productivas.

SERVICIOS

ASESORAMIENTO PROFESIONAL GRATUITO A CARGO DE NUESTROS DEPARTAMENTOS TECNICOS

Comercio Exterior
Negociaciones Internacionales
Política Social y Relaciones Laborales
Estudios Económicos
Energía
Tecnología y Formación
Bono Fiscal para Fabricantes de Bienes de Capital
Comunicación
Programa ADIMRA PACC

OTRAS ÁREAS DE ASESORAMIENTO Y COMISIONES DE TRABAJO

Asesoramiento Impositivo y Fiscal
Dumping
Seguridad, Higiene y Medio Ambiente
Riesgos del Trabajo y Medicina Laboral
Compre Nacional
Régimen Automotriz
Comisión Nuclear Metalúrgica
Comisión ADIMRA Joven

CAMARA DEL FORJADO (CAFOR)
Asociación de Industriales Metalúrgicos

TOLERANCIAS DIMENSIONALES PARA FORJA

REPUBLICA ARGENTINA

2010

CONSEJO DIRECTIVO

Presidente: *Lic. Pedro C. Neiling (RUBOL S.A.)*

Vicepresidente 1º: *Ing. Oscar Enrique Franceschi (Tassaroli SA.)*

Vicepresidente 2º: *Sr. Sergio Dal Mas (Forjestamp SAICF)*

Secretario: *Sr. Alfredo Bonnemezón (Forja Sudamericana S.A.)*

Tesorero: *Sr. Ricardo Rodríguez (Promesa SACIFI)*

VOCALES TITULARES

Ing. Rubén Eduardo Rodríguez (Futura Hnos S.A.)

Sr. Gustavo Alberto Naranjo (Rosaforj SAIC)

Sr. Antonio Castro (Tafor Buenos Aires SRL)

Sr. Daniel Di Pasquale (Metalúrgica Elemec S.A.)

REVISORES DE CUENTAS

Ing. Edgardo Meldini (C y E Ingeniería S.A.)

Ing. Emilio Masset (Tafor Buenos Aires S.A.)

GERENTE: *Juan José Mastrolorenzo*

SECRETARIA: *Margarita Rosa Escobar*

INTRODUCCIÓN

La Cámara del Forjado (CAFOR) de la República Argentina, en atención a la importancia que la industria especifica ha alcanzado en el quehacer industrial del país y teniendo en cuenta que los equipos y tecnologías utilizados actualmente la ubican a la altura de las industrias más avanzadas en el ámbito internacional, ha estimado imprescindible poner a la consideración de los usuarios y productores locales, un documento técnico que principalmente unificará los distintos criterios utilizados hasta el momento en la materia.

En tal sentido ha realizado un análisis de las distintas Normas reconocidas mundialmente y de resultas de ello ha seleccionado, las de Euroforge aceptadas entre otros países de Europa por Alemania, Francia, Inglaterra, etc., con las que se ha realizado el presente trabajo de traducción y revisión que CAFOR recomienda especialmente utilizar, convencida de que estas Normas satisfacen plenamente el viejo anhelo de las industrias dedicadas al Forjado, como así también de las industrias usuarias, de contar con este instrumento técnico.

CÁMARA DEL FORJADO (CAFOR)
de la
Asociación de Industriales Metalúrgicos

Alsina 1609 – 3° Piso

T.E. 4382-0598

Buenos Aires
República Argentina

SUMARIO

SECCION I

Tolerancias dimensionales para piezas de acero forjadas en martillos y prensas

ESPECIFICACION – ALCANCE

Esta Norma especifica las tolerancias dimensionales para piezas de acero forjadas en caliente sobre martillos, prensas y maquinas de forjar horizontales.

SECCION I

Tolerancias dimensionales para piezas de acero forjadas en martillos y prensas

1. CONSIDERACIONES GENERALES.

1.1. Alcance de la Sección 1.

Esta sección se refiere a piezas forjadas en caliente sobre martillos y prensas, hechas en aceros aleados y al carbono. Las tolerancias especificadas se aplican a piezas que no excedan los 250 kg de peso ó 2500 mm, de dimensión máxima. Las tolerancias para piezas más pesadas ó más grandes están sujetas a negociaciones.
Las tolerancias establecidas en esta sección cubren tanto las piezas forjadas sujetas a requerimientos normales como las piezas forjadas sujetas a un rango de tolerancias restringido. Sin embargo, hay algunos casos ocasionales que necesitan tolerancias más amplias de las indicadas, por ejemplo diseños especialmente complicados y aceros que tengan características particulares en su forjado. En tales casos, estas tolerancias normalizadas pueden tomarse solamente como base para adecuar modificaciones apropiadas a circunstancias particulares.
El punto 1.3 denominado **"Tolerancias especiales"** se refiere al procedimiento a seguir en circunstancias que se requieran tolerancias más estrictas que las suministradas en esta Norma.

1.2. Grados de Tolerancias.

Alternativamente los grados F y E, de tolerancias, son suministrados para los distintos rangos de dimensiones, como sigue:

Calidad F representa la fabricación normal para la producción de piezas forjadas en caliente. Este nivel de calidad puede ser alcanzado con el uso de una buena técnica de producción y provee una seguridad dimensional adecuada a la mayoría de sus aplicaciones.

Calidad E suministra tolerancias más estrictas que se adecuan en los casos para los cuales la fabricación normal es inadecuada. Aún cuando las tolerancias de calidad E (estrictas) pueden ser aplicadas en todas las dimensiones de una pieza forjada, es más económico aplicarlas solamente en aquellas dimensiones donde la tolerancia estricta es necesaria.
Esta calidad se emplea en los casos en que el costo adicional de forjado pueda ser justificado con un consecuente ahorro en el costo final de producción.

1.3. Tolerancias especiales.

Esta norma no incluye rangos de **tolerancias especiales.** Tales requerimientos habituales necesitan operaciones suplementarias, por ejemplo: **acuñado en caliente** o en **frío.** Consideraciones de esta naturaleza, aunque se encuentran frecuentemente, son muy individuales y varían ampliamente. La consulta y el acuerdo entre proveedor y comprador, es la vía más adecuada para desarrollar un proceso de forja que satisfaga los requerimientos especiales del comprador con el mínimo costo adicional.

2. INFORMACION REQUERIDA PARA DETERMINAR TOLERANCIAS.

Para la determinación de las tolerancias a aplicar, de acuerdo con las Tablas 1 a 6, se tendrán en cuenta los siguientes datos:

(1) Peso de la pieza forjada.
(2) Línea de partición de la pieza.
(3) Tipo de acero usado.
(4) Factor de complejidad de la pieza.

(1) El peso de la pieza forjada será calculado (peso específico y volumen) teniendo en cuenta a ese efecto sus medidas nominales.

(2) La línea de partición de las piezas será:

a) Plana o simétricamente quebrada.
b) Asimétricamente quebrada.
(Ver ejemplo Fig. 1)

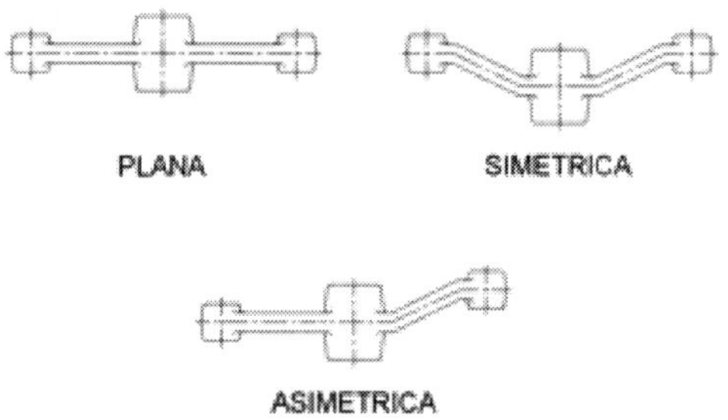

Fig. 1 – Líneas de Cierre.

(3) El tipo de acero usado determina una de las siguientes categorías:

M_1. Aceros con contenidos de carbono no mayor de 0.65% y donde la suma de los porcentajes de los elementos de aleación no supere el 5% (Mn, Ni, Cr, Mo, V, W,)

M_2. Aceros con contenido de carbono superior a 0.65% o donde el total de los elementos de aleación especificados (Mn, Ni, Cr, Mo, V, W) sea superior a 5%.

Para determinar la categoría de cada acero, debe tomarse el máximo contenido permitido de cada elemento de acuerdo con las especificaciones del mismo.

(4) El factor de complejidad de forma de una pieza forjada es la relación entre el peso o volumen de la pieza forjada y el peso o volumen de la forma envolvente que abarquen las dimensiones máximas de la pieza forjada.

$$S = \frac{\text{Peso o volumen de la pieza forjada}}{\text{Peso o volumen de la forma envolvente}}$$

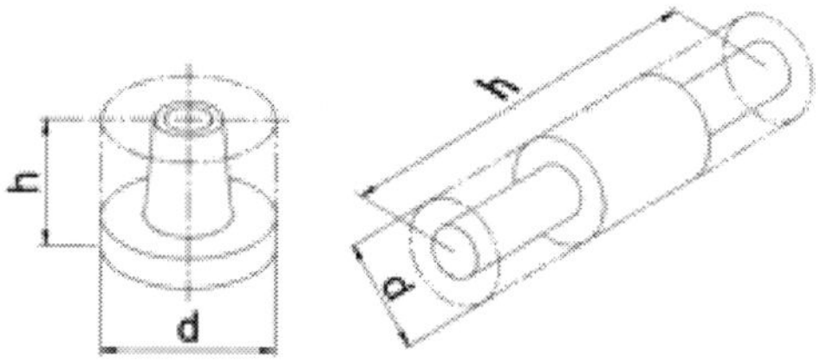

Fig. 2 – Envolventes de forjas circulares.

Este coeficiente será un número siempre menor que 1 considerando más dificultosa la pieza, cuyo coeficiente sea menor.

Al efecto se establecen cuatro (4) coeficientes.

S_4: hasta incluyendo 0,16
S_3: superior 0,16 hasta o incluyendo 0,32
S_2: superior 0,32 e incluyendo 0,63
S_1: superior 0,63 hasta e incluyendo 1.

Para una pieza forjada no circular, la forma envolvente está constituida por el paralelepípedo más pequeño que pueda encerrar la pieza forjada (Ver Fig. 3).

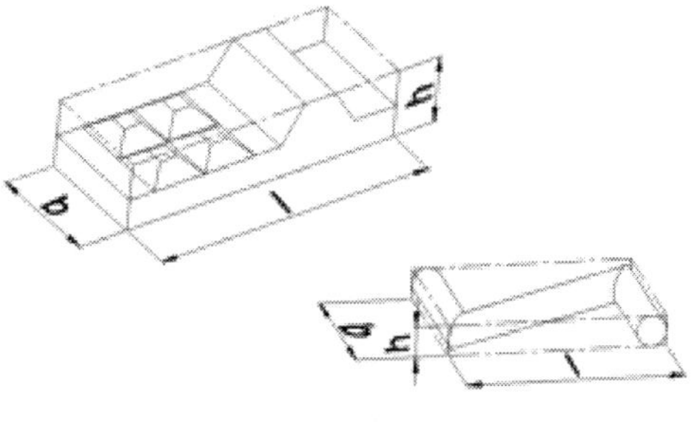

Fig. 3 – Envolventes de forjas no circulares.

Excepción: Para determinar el factor de complejidad de forma en piezas que presenten grandes superficies y pequeños espesores, como por ejemplo: bridas, mazas de ruedas, álabes de turbina, etc., etc., el proceso arriba descripto tiene una excepción.

Un ejemplo típico es el que se muestra en la Fig. 4. Cuando el cociente entre el espesor y el diámetro $\left(\frac{e}{d}\right)$ no excede de 0,20 se la debe considerar pieza excepcional y en consecuencia tomarla, pieza con factor de complejidad de forma S_4, para el empleo de las tablas. El peso a ser tomado en consideración es solamente el cilindro resultado del diámetro d y altura a. Este procedimiento especial no es aplicado si resultaran tolerancias más pequeñas que las obtenidas de usar el procedimiento normal establecido en la Cláusula 2 (4). (Ver Fig. 4).

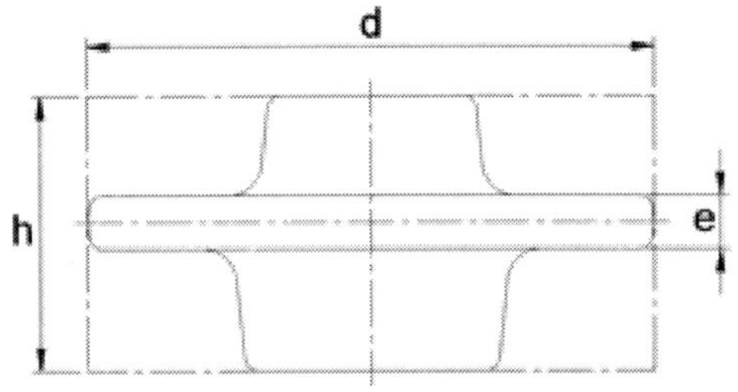

Fig. 4 – Excepción de la determinación del factor de forma.

3. CATEGORIAS DE TOLERANCIAS.

3.1. Alcance de las categorías:

3.1.1. Primer grupo de tolerancias (Tablas 1 y 2).

Tolerancias de largo, ancho y alto.
Tolerancias de desplazamiento de matrices.
Tolerancias de rebabado.
Tolerancias de punzonado.

3.1.2. Segundo grupo de tolerancias (Tablas 3 y 4).

Tolerancias de espesor.
Tolerancias de marcas de extractor.

3.1.3. Tercer grupo de tolerancias (Tabla 5).

Tolerancias de rectitud y planitud
Tolerancias para las dimensiones entre ejes.

3.1.4. Otras categorías de tolerancias:

Tolerancia de radios de empalme y de aristas (Tabla 6).
Tolerancias por deformación de rebabado (rebabas). (Tabla 6)
Tolerancias de estado de superficie.
Tolerancias en ángulos de salida.
Tolerancias de alineación p/ agujeros profundos.
Tolerancias para la parte del material no forjado.
Tolerancias por deformaciones de los extremos cizallados o guillotinados.

3.2. Definición de categorías:

3.2.1. Primer grupo de tolerancias. (Tablas 1 y 2).

3.2.1.1. Tolerancias de largo, ancho y altura. (Ver Fig. 5).

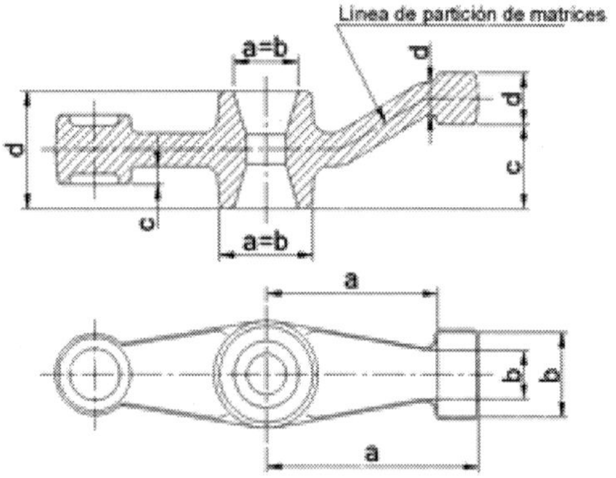

Fig. 5 – Tipos de dimensiones.

a) dimensiones de largos en una estampa.
b) dimensiones de anchos en una estampa
c) dimensiones de altura en una estampa
d) dimensiones de espesores a través de la línea de partición.

Excepto para ciertas dimensiones entre ejes (Ver 3.2.3.2), las tolerancias de largo, ancho y alto (incluyendo diámetros) hacia un lado de la línea de partición, todas las variaciones, incluyendo aquellas debidas a la contracción y desgaste de la matriz, están incluidas en las tolerancias de largo, ancho y alto. Las tolerancias de alto y ancho deben aplicarse en direcciones paralelas al plano de partición principal de la estampa, o tan aproximado como las consideraciones prácticas lo permitan.
Las tolerancias de largo, ancho y altura comprenden las siguientes:
Tolerancias sobre dimensiones externas o internas.
Tolerancias de dimensiones de un eje a una superficie o punto determinado.

Tolerancias sobre dimensiones de largo, ancho y altura de escalones de una misma matriz.
Las tolerancias de largo, ancho y altura son mostradas por las Tablas 1 y 2 tal como se aplican a dimensiones entre superficies externas (Ver Fig. 6) con una dispersión de +2/3 , −1/3 para todas las tolerancias de largo, ancho y altura a menos que otra tolerancia de altura más estricta sea requerida para escalones o alturas parciales de una misma matriz.

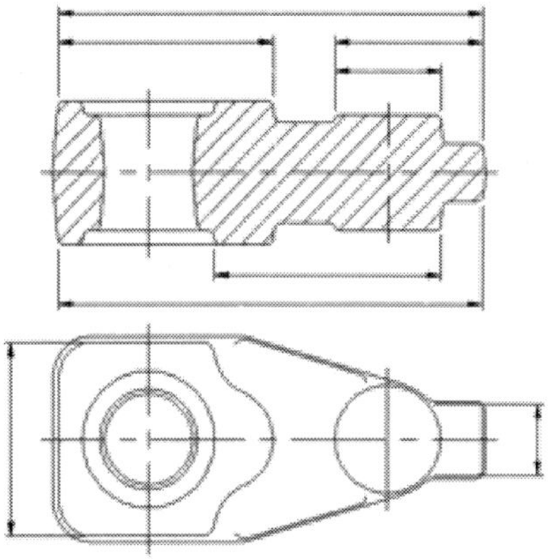

Fig. 6 – Dimensiones de largo y ancho entre superficies exteriores.

Para dimensiones entre superficies internas (Ver Fig. 7), deben invertirse los signos de la dispersión de la tolerancia, es decir +1/3 −2/3 .

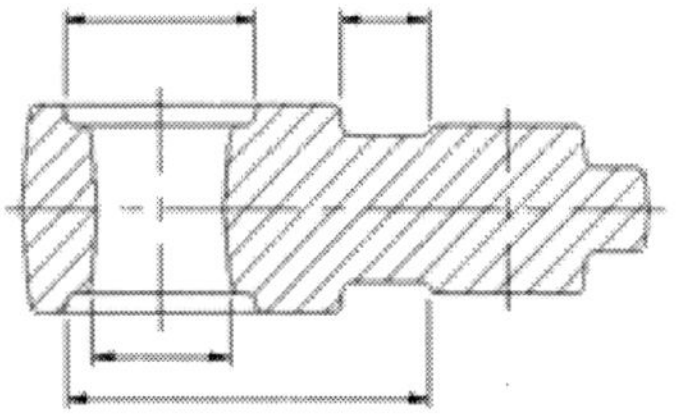

Fig. 7 – Dimensiones de largo y ancho entre superficies interiores.

Cuando se aplican tolerancias de ancho, largo y altura a una pieza forjada, las tolerancias para la dimensión mayor (por ejemplo el largo total) deberán ser aplicadas de ser posible, a todas las dimensiones de largo. De igual manera se debe proceder con las dimensiones de ancho y altura. Esto debe ser efectuado para obviar variaciones menores innecesarias entre tolerancias, facilitando la preparación del dibujo y simplificando la inspección de procesos. En aquellas piezas donde la variación es de importancia (cuando hay una gran diferencia en dimensiones de largo) pueden ser aplicadas tolerancias individuales de las Tablas 1 y 2 en aquellas dimensiones donde se lo considere imprescindible.
La aplicación de tales tolerancias debe ser reducida al mínimo, y en estas circunstancias, esas tolerancias deberán ser indicadas claramente sobre las dimensiones específicas en el plano de la pieza forjada.

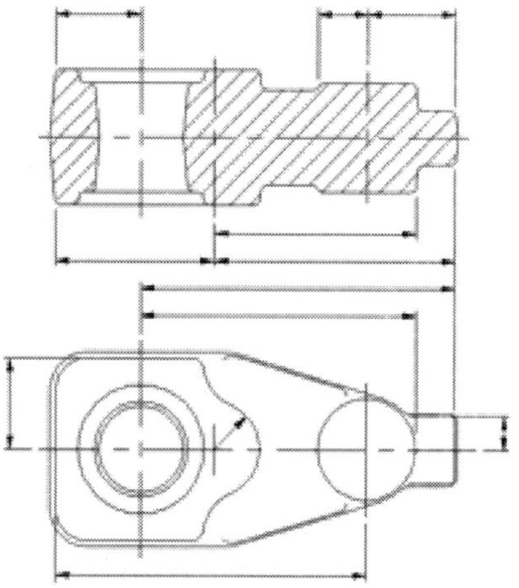

Fig. 8 – Dimensiones de largo y ancho desde centro.

Para dimensiones desde un eje hasta una superficie (Ver Fig. 8) y para dimensiones sobre los escalones dentro de una misma estampa, deberán aplicarse las tolerancias de los mayores largos, anchos y alturas, siempre que sea posible. Donde se requieran tolerancias más estrictas, deberán indicarse en el plano sobre las dimensiones específicas y serán +1/3, −1/3 del total de tolerancias indicadas en tablas 1 y 2.

3.2.1.2. Tolerancias de desplazamiento.

Las tolerancias de desplazamiento de matrices indican la falta de alineación permitida entre cualquier punto de una lado de la línea de partición y el punto correspondiente sobre el lado opuesto, en dirección paralela a la línea de partición principal de las estampas.
Las tolerancias de desplazamiento de matrices se aplican independiente de cualquier otra tolerancia.

Medición: En la medición del desplazamiento de matrices la precisión dependerá de tener en cuenta el sobremetal causado por el desgaste irregular de las estampas. Por esta razón las medidas efectuadas sobre las piezas forjadas deberán realizarse obligatoriamente en las áreas menos afectadas por el desgaste de las estampas.

Fórmula para calcular el desplazamiento: Con referencia a la figura 9 el desplazamiento relativo al largo o ancho de una pieza forjada en cualquier posición, puede ser calculado de la siguiente manera:

$$m = \frac{a_2 - a_1}{2}$$

Siendo:

m = desplazamiento.

a_1 = dimensión mas pequeña de largo o ancho proyectados sobre la línea de partición principal de las estampas.

a_2 = la mayor dimensión correspondiente al largo o ancho considerados proyectados sobre la línea de partición principal de las estampas.

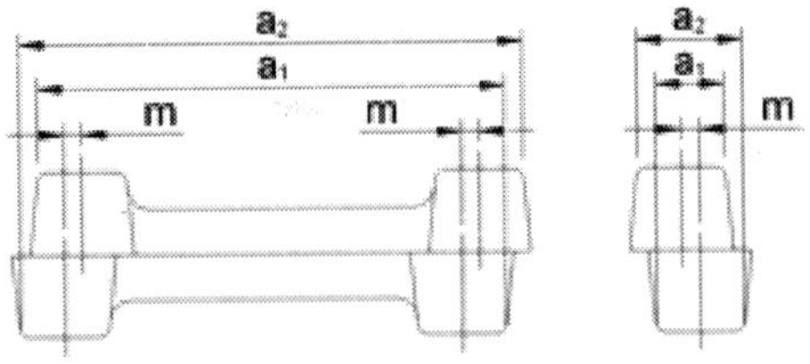

Fig. 9 – Desplazamiento.

3.2.1.3. Tolerancias de rebabado.

Variaciones en el rebabado pueden producir tanto rebaba residual como rebabado plano. Los valores permitidos positivo (rebaba residual) y negativo (rebabado plano) están en tablas 1 y 2. La rebaba residual es medida desde el cuerpo de la pieza forjada hasta el borde exterior, como se indica en Fig. 10.
El rebabado plano, en cambio, es medido con relación al punto teórico en el cual los ángulos de salida se encuentran. (Ver Fig. 11).

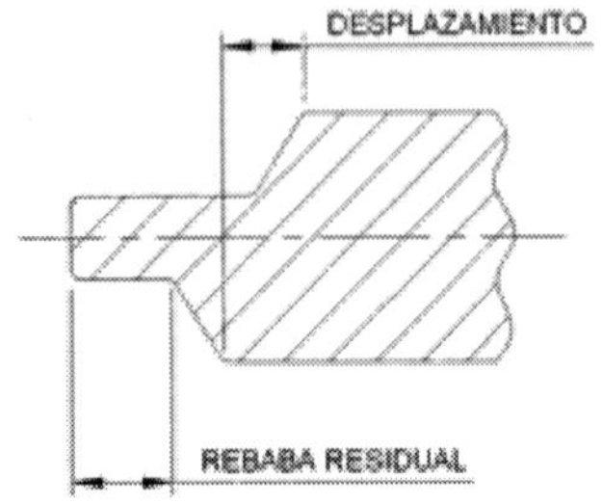

Fig. 10 – Rebaba residual.

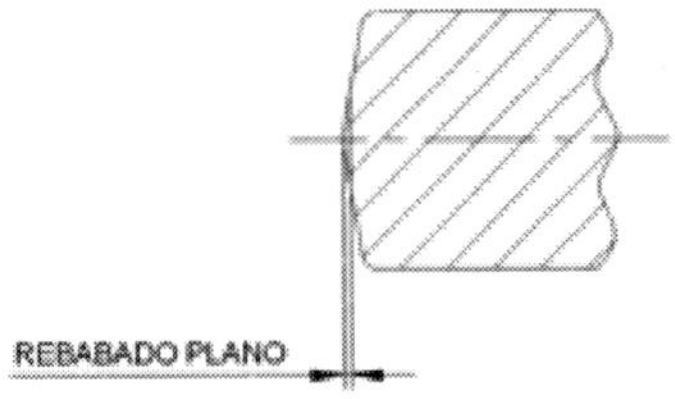

Fig. 11 – Rebabado plano.

Las tolerancias de rebaba residual y de rebabado plano se aplican independientemente de/y en adición a cualquier tolerancia.

3.2.1.4. Tolerancias de punzonado.

Las tolerancias para las dimensiones de los agujeros punzonados deben ser tomadas de las tablas 1 y 2, invirtiendo sus signos.
Normalmente se aplica la máxima de largo (o diámetro) de la pieza forjada, pero, si se requieren tolerancias mas restringidas, se aplicarán para la dimensión específica del agujero punzonado. En este último caso las tolerancias serán indicadas en el plano sobre las dimensiones específicas.

3.2.2. Segundo grupo de tolerancias. (Tablas 3 y 4).

3.2.2.1. Tolerancias de espesor. (Ver Fig. 5).

Las tolerancias de espesor limitan las variaciones permisibles a todas las dimensiones que atraviesen perpendicularmente al plano principal de las estampas. Todas las variaciones en espesor, debido al cierre, desgaste de las estampas y contracción de las piezas están incluidas en las tolerancias de espesor.
Las características tecnológicas de la fabricación de

las piezas forjadas imponen que todas las cotas de espesor de una misma pieza están afectadas por la misma tolerancia y ella se determina teniendo en cuenta la mayor de todas las cotas de espesor.
Las tolerancias están indicadas en las tablas 3 y 4.
El aplicar tolerancias restringidas sobre cotas individuales de una pieza, exige la adopción de procesos suplementarios que serán objeto de discusión y acuerdo entre el forjador y el cliente.

Excepción: En el caso de piezas estampadas que tengan un plato o brida con un cubo o saliente, ya sea a) un cubo cuya altura sea superior a 1.5 veces su diámetro, ó b) una saliente no circular, cuya altura sea mayor que 1.5 veces el diámetro envolvente; todas las tolerancias con excepción del espesor total deberán calcularse como si la altura del cubo ó saliente hubiesen sido iguales a 1,5 veces su diámetro (ó diámetro envolvente) y no con relación a la mayor dimensión del espesor de la pieza. (Ver Fig. 12).

3.2.2.2. Tolerancias de marcas de extractor.

Cuando las estampas incorporan extractores, se requiere una tolerancia para las marcas hechas sobre las piezas forjadas; estas marcas pueden ser en bajo o sobre relieve. Las tolerancias permitidas figuran en las tablas 3 y 4.

La altura o profundidad de una marca de extractor, con relación a la superficie circundante, no deberá exceder de la mitad de la tolerancia total admisible, a menos que se establezca de otro modo en el plano de pieza forjada.

El diámetro nominal y la ubicación de las marcas de los extractores serán indicados al comprador en el plano de forjado antes de comenzar la producción.

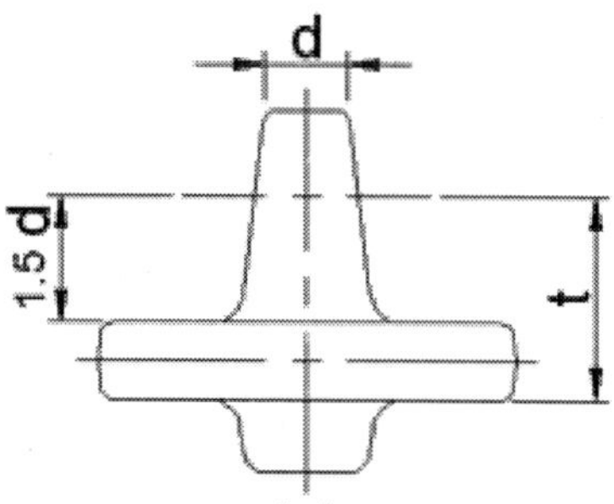

(a)

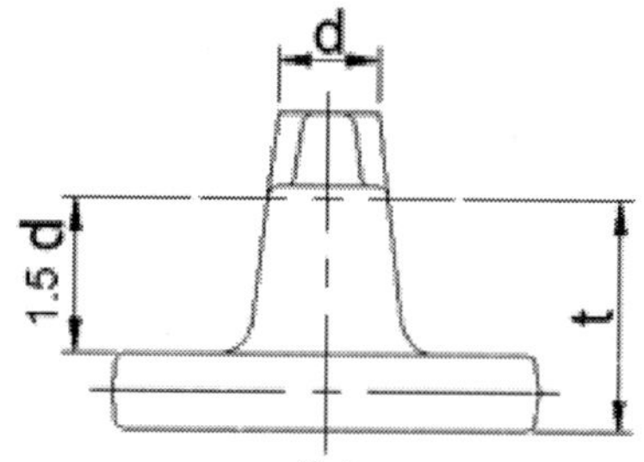

(b)

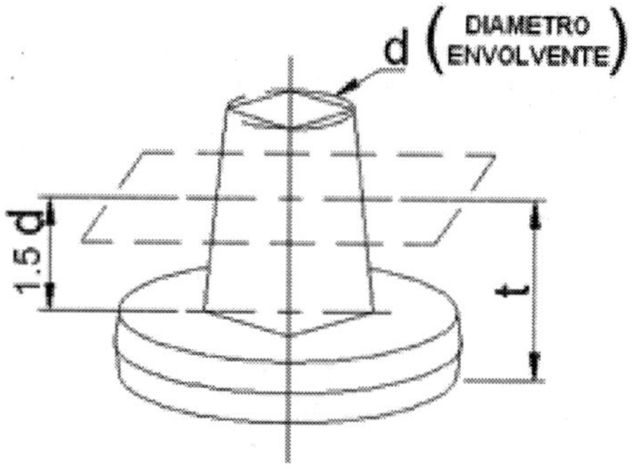

(c)

Fig. 12 – Aplicación de tolerancias de espesor a cubos profundos. Salvo la tolerancia de alto total, todas las tolerancias de espesor se basan en la dimensión "t" indicada.

Las tolerancias de marcas del expulsor serán aplicadas independientemente de/y en adición a cualquier otra tolerancia.

3.2.3. Tercer grupo de tolerancias. (Tabla 5).

3.2.3.1. Tolerancias de rectitud y planitud.

Las tolerancias de rectitud se refieren a las desviaciones de los ejes de trazado geométrico de las mismas. (Ver Fig. 13)

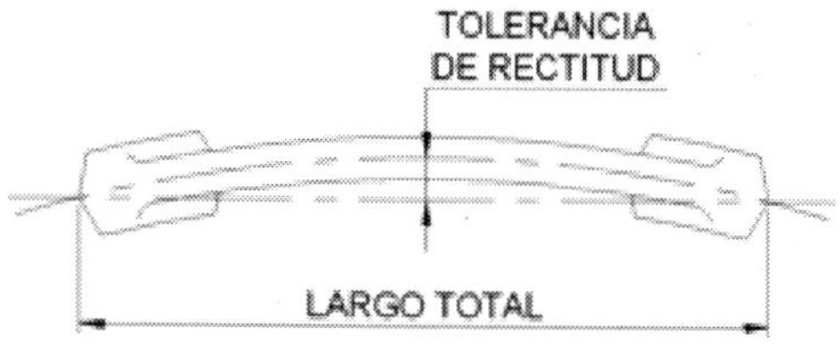

Fig. 13 – Aplicación de tolerancia de rectitud.

Las tolerancias de planitud se refieren a las desviaciones de superficie de la pieza con respecto a los contornos especificados.
Cuando se requieran tolerancias de rectitud o planitud, serán indicadas sobre el plano de la pieza. Las tolerancias de rectitud y planitud se aplican independientemente de/y en adición a cualquier otra tolerancia.

3.2.3.2. Tolerancias para las dimensiones de entre ejes.

Las tolerancias para las dimensiones de entre ejes, hasta inclusive 1.250 mm. Serán tomadas de las tablas 5 y serán indicadas en el plano convenido de la pieza forjada sobre la dimensión específica. Cuando no se indica ninguna tolerancia en la dimensión específica, se aplicará la tolerancia para el largo máximo (ó ancho) de la pieza (de tabla 1 y 2) pero la dispersión será de +1/2 y −1/2 de la tolerancia total, y no como se indica en las tablas. Para las dimensiones de entre ejes mayores a 1.250 mm. de largo, se aplicarán tolerancias de las tablas 1 o 2, con igual dispersión en más o en menos. Las tolerancias de entre ejes suministradas en estas formas se aplican solamente cuando la línea recta que una los dos ejes, pase dentro del perfil de la pieza forjada. (Ver Fig. 14).

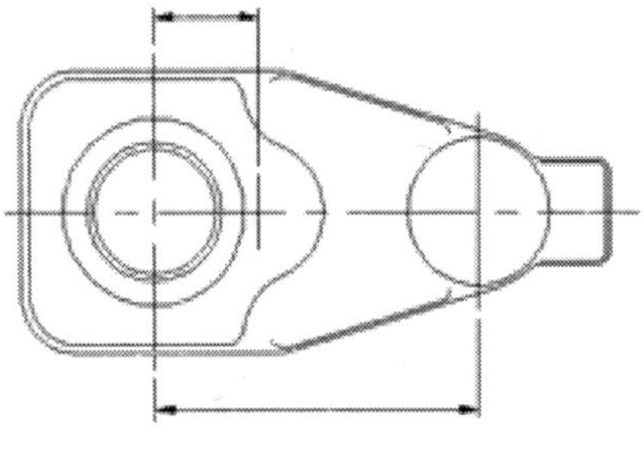

Fig. 14 – Dimensiones donde se aplican tolerancias entre ejes.

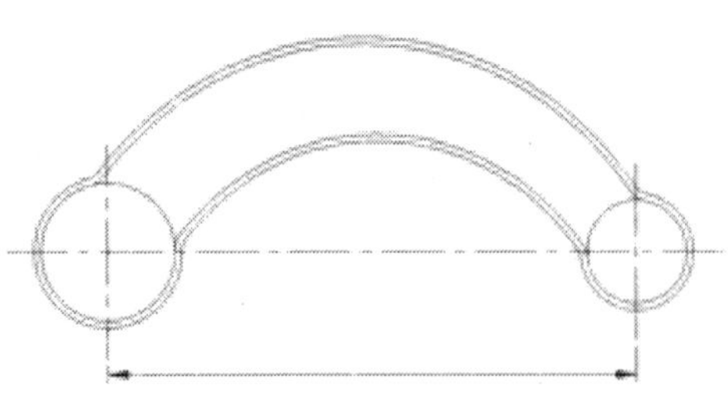

Fig. 15 – Dimensiones donde no se aplican tolerancias entre ejes.

En otros casos (Ver Fig. 15) las tolerancias de entre ejes si son solicitadas ya sea por el comprador como por el proveedor, serán negociadas antes del comienzo de la producción.
Las tolerancias de entre ejes serán aplicadas independientemente de/y sin agregarse a cualquier otra tolerancia.

3.2.4. Otras categorías de tolerancias.

3.2.4.1. Tolerancias de radio de empalme y de aristas. (Tabla 6).

Los empalmes y las aristas agudos no son desaables en las piezas forjadas y por lo tanto estos radios deberán ser tan generosos como los requerimientos del diseño lo permitan. Las tolerancias para radio de empalme y de aristas se indica en las tablas 6 y ejemplos de estos radios se muestran en la figura 16.

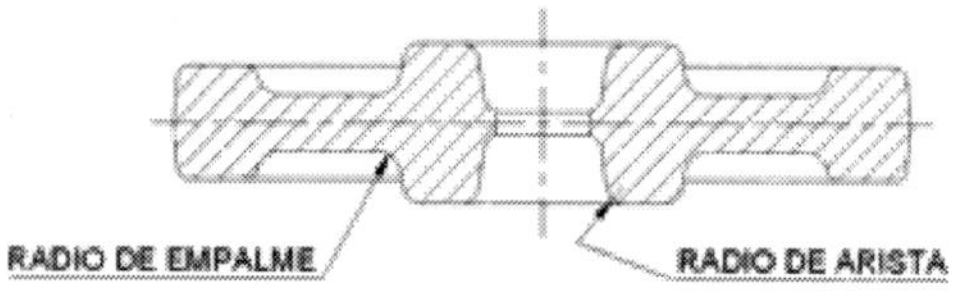

Fig. 16 – Radios de empalme y aristas.

Las tolerancias en menos no se aplican para los radios de aristas hasta e incluso 3 mm cuando tales radios son afectados por subsecuentes eliminaciones de ángulos de salida por rebabado o punzonado. En tales casos las tolerancias en menos se modifican para permitir la formación de un canto vivo en la pieza.
Las tolerancias para radios de empalme o de arista que no se indican en tabla 6 son aplicables para ambas calidades E y F.

3.2.4.2. Tolerancias por deformaciones de rebabado (rebabas) (Tabla 6).

Se establece una tolerancia para las rebabas o excesos de material formados durante el rebabado o punzonado sobre los bordes de ciertas piezas forjadas, por ejemplo cuando un borde está cercano a la línea de rebabado. Las tolerancias para la extensión máxima permitida de rebaba con relación a estos bordes se basan en el peso de la pieza, de acuerdo con la tabla 6 y son siempre aplicadas a menos que exista acuerdo en contrario. La localización de rebabas será indicada al comprador

sobre el plano de la pieza -para su aprobación- antes del comienzo de la producción.
Las tolerancias de rebaba se aplican independientemente de/y en adición a cualquier otra tolerancia.

3.2.4.3. Tolerancias de estado de superficie.

Las tolerancias sobre imperfecciones de estado de superficies se refieren a la profundidad de las marcas producidas por la escoria, como así también a la profundidad de las imperfecciones residuales luego de cualquier proceso de amolado necesario.
Se aplican dentro de los límites establecidos a continuación a menos que se especifique lo contrario.
Sobre superficies forjadas, que deberán ser maquinadas posteriormente, se permitirán imperfecciones producidas por marcas de escoria y/o amolados, pero la profundidad máxima será tal que por lo menos quede la mitad del material nominal del mecanizado.
Los controles dimensionales relacionados con la profundidad de las marcas e imperfecciones serán efectuados tomando como referencia los puntos de localización de maquinado. Sobre superficies forjadas que serán maquinadas posteriormente, se permitirán marcas e imperfecciones hasta una profundidad igual a un tercio del valor total de la tolerancia de espesor.

3.2.4.4. Tolerancias de ángulos de salida.

Son las variaciones permisibles del ángulo de salida tipo o normal.
Estas tolerancias indican valores de referencia.

Tipo de Angulo	Tolerancia Calidad F.	Tolerancia Calidad E.
3°	0° a 5°	0° a 4°
5°	0° a 8°	0° a 7°
7°	0° a 10°	0° a 8°

3.2.4.5. Tolerancias de alineación para agujeros profundos.

Para un agujero, cuya profundidad sea mayor que su diámetro máximo, se aplicará una tolerancia de excentricidad por profundidad de agujero de 0,5 % del valor de dicha profundidad; pero este valor será duplicado (1.0%) si se midiera como lectura total del comparador. A veces ocurre que esta tolerancia es inadecuada; en tales casos, serán negociadas con el comprador tolerancias especiales antes del comienzo de la producción.
Las tolerancias de excentricidad para agujeros profundos serán aplicadas en adición a las tolerancias normales para desplazamiento de matrices. (Ver Fig. 17).

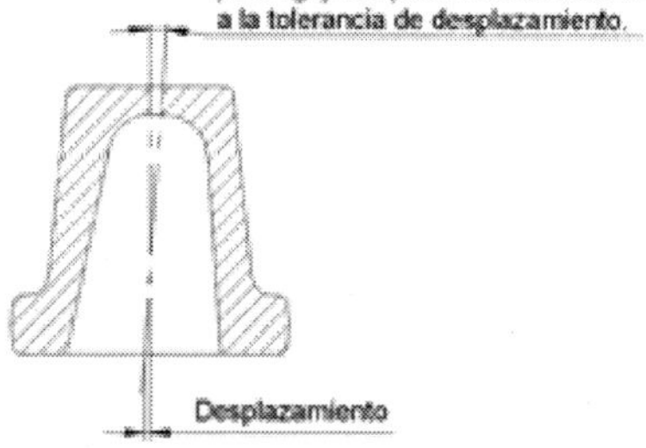

Fig. 17 – Excentricidad tolerancia para agujeros profundos.

3.2.4.6. Tolerancias para la parte del material no forjado. (Tabla 1).

La porción de materia prima sin forjar es la parte de la pieza forjada que no ha sido intencionalmente deformada por el proceso de forjado.
Cuando una pieza tiene una longitud sin forjar, se admiten desviaciones sobre el diámetro o contorno primitivo adyacente.
El aumento o disminución de dimensión de la barra original permitida se limita con la misma tolerancia aplicada a la porción adyacente forjada.

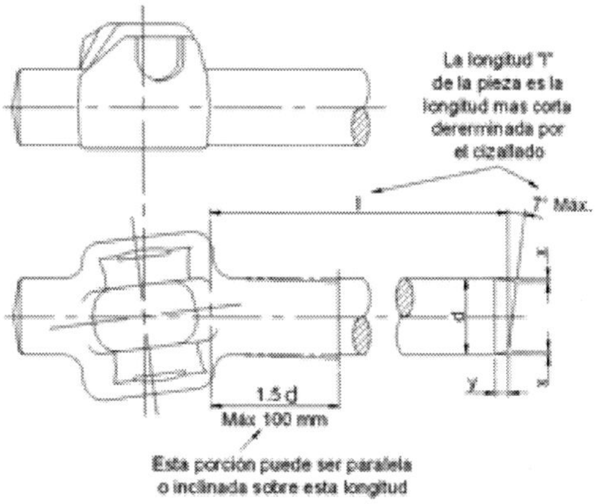

Fig. 18 – Tolerancia para porción no forjada y extremos cizallados.

A veces ocurre que las tolerancias negativas en las desviaciones localizadas en la porción de materia prima sin forjar son inadecuadas cuando no se mecaniza con posterioridad en dichos lugares. En tales casos pueden convenirse entre proveedor y comprador los términos de un acuerdo donde se toma como positivo el valor total de la tolerancia asignada. La longitud admisible de la porción sometida a alteraciones localizadas del diámetro o contorno normal de la barra primitiva en las adyacencias de la parte forjada no debe exceder a 1,5 veces el diámetro o 1,5 veces la mayor cota transversal de la barra hasta un máximo de 100 mm. (Ver Fig. 18).

Cuando una pieza estampada se realiza por conformado de una extremidad de la barra, la tolerancia a aplicar a la longitud de la porción de la materia prima sin forjar, medida entre cualquiera de las caras interiores de la parte estampada y la extremidad opuesta, se determina utilizando la tabla 1. Se emplea el coeficiente de material M_1, el factor de complejidad S_1 y el peso de la porción de materia prima sin forjar, considerándose como de barra no forjada la longitud a acotar. Se aplicarán mandatariamente tolerancias grado F.

3.2.4.7. Tolerancias para deformaciones de los extremos Cizallados o Guillotinados.

Se aplica una tolerancia para la deformación ocurrida en el extremo de la parte sin forjar de una pieza debido al corte.
Las tolerancias máximas a aplicar en este tiempo de deformación se basan en la dimensión del diámetro nominal del trozo de materia prima sin forjar, de acuerdo con Tabla A y Fig. 18.

Tabla A – TOLERANCIAS PARA DEFORMACIONES DE LOS EXTREMOS CORTADOS

Diámetro original de la barra (d) en mm.	X Máx.	Y Máx.
≤ 36	0.07 d	d
> 36	0.05 d	0.7 d

Cuando se requieran tolerancias para extremos cortados, serán indicadas al cliente sobre el plano de la pieza forjada, antes del comienzo de la producción.
Las tolerancias para extremos cortados son aplicadas independientemente de y en adición a cualquier otra tolerancia.

4. USO DE LAS TABLAS. PIEZAS FORJADAS EN CALIENTE.

4.1. Tablas 1 y 2.

Tolerancias para largo, ancho, altura, rebaba residual (y rebabado plano) y desplazamiento de matrices. Las tolerancias normales de grado F, se indican en la Tabla 1 y las tolerancias estrictas de grado E se muestran en la Tabla 2. El mismo método se aplica para el uso de todas las tablas de acuerdo a los grados de tolerancias requeridas.

Para determinar las tolerancias de largo, ancho y alto, se hace primero referencia a la apropiada categoría en la columna de peso. Se sigue luego la línea horizontal a la derecha. Si el factor de "dificultad de material" es de M_1, la misma línea horizontal es seguida hacia la derecha. Si el factor de "dificultad de material" es de M_2, la línea diagonal gruesa es seguida hacia abajo al punto de la intersección con la línea vertical M_2 y la línea horizontal, así encontrada es seguida a la derecha (por ej. Si el factor es M_2 la línea horizontal usada se mueve dos lugares hacia abajo). Un procedimiento similar es seguido para el factor de complejidad de modo que el desplazamiento hacia abajo de la línea horizontal usada es nulo, un lugar, dos lugares, tres lugares para factores S_1, S_2, S_3 y S_4, respectivamente.

Moviendo más a la derecha, la tolerancia correcta es encontrada sobre la columna vertical adecuada encabezada por la dimensión correspondiente (siempre que sea posible la máxima dimensión de largo, ancho o alto). Ver también figura 19.

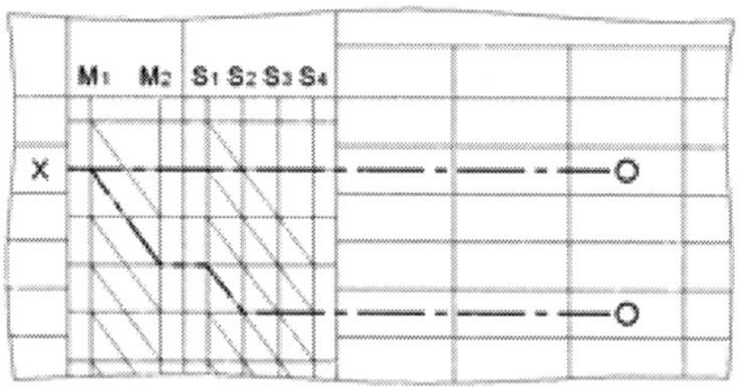

Fig. 19 – Uso de tablas.

Para determinar las tolerancias para rebaba residual (y rebabado plano) y para desplazamiento de matrices de las Tablas 1 y 2 es nuevamente necesario comenzar con la correspondiente categoría en la columna de peso, pero luego mover horizontalmente hacia la izquierda en la Tabla. Ya sea que la línea de la estampa sea plana, simétricamente quebrada, la correcta tolerancia para rebaba residual (y rebabado plano) y para desplazamientos, es leída en las columnas correspondientes.

4.2. Tablas 3 y 4. Tolerancias para espesor y para marcas de extractor.

Las tolerancias normales del grado F se muestran en Tabla 3. Las tolerancias más estrictas del grado E se muestran en Tabla 4. Las tolerancias para espesores, basadas en la dimensión de máximo espesor, son obtenidas en la tabla correspondiente para el grado requerido por el mismo método descrito arriba para tolerancias del largo, ancho y alto en Tablas 1 y 2. Las tolerancias para marcas del extractor se obtienen refiriéndose a la categoría correspondiente en la columna de peso y moviendo horizontalmente una columna hacia la izquierda.

4.3. Tabla 5. Tolerancia para dimensiones entre ejes. Tolerancias para rectitud y planitud.

Las tolerancias para rectitud y planitud son obtenidas desde la parte superior de la Tabla 5 refiriéndose a la línea horizontal correspondiente para la calidad F ó E, cualquiera sea la requerida, y leyendo la tolerancia bajo la columna vertical que encabeza, la dimensión respectiva.
Las tolerancias para dimensiones entre ejes se obtienen según se indica en 3.2.3.2.

4.4. Tabla 6. Tolerancias para radio de empalmes y aristas. Tolerancias por deformación de rebabado.

Las tolerancias para radios de empalme y aristas se indican como porcentajes de la medida respectiva y son obtenidos con referencia a la parte superior de la Tabla 6. La referencia es hecha a la medida correspondiente, a la izquierda de la columna "r", los componentes positivo y negativo de la tolerancia se indican sobre la derecha como porcentajes de los radios nominales. Las tolerancias por deformación de rebabado se indican en la parte inferior de la Tabla 6. La referencia es primeramente hecha a la categoría correspondiente en la columna de peso y las tolerancias son leídas sobre las columnas "a" y "b".

5. PROCEDIMIENTO PARA EL DISEÑO.

5.1. Información requerida por el forjador.

Con el objeto de ayudar al proveedor de la pieza forjada a utilizar su experiencia con la máxima eficiencia, tanto para diseñar las estampas y herramientas, y establecer los procedimientos de inspección para las piezas, es de interés del comprador suministrar la siguiente información:

a) Un plano de pieza terminada y/o maquinada.

b) Indicación precisa de los puntos de partida para el maquinado. Cualquier cambio posterior deberá ser comunicado acordado.

c) Cualquier otra información relevante sobre operaciones de maquinado y función del componente.

5.2. Preparación del plano de pieza forjada.

Normalmente el forjador prepara el plano de la pieza forjada que luego somete a la aprobación del comprador y si es necesario se acuerda sobre el mismo.
En casos donde el comprador desee preparar su propio plano de pieza forjada completamente dimensionado, no lo excluye de suministrar al forjador el plano de la pieza terminada y de toda la información requerida más arriba.

5.3. Indicación de dimensiones sobre planos de piezas forjadas.

Es imperativo hacer notar que, con la excepción concerniente a las superficies de ángulos de salida referidas en 3.2.4.4. las tolerancias indicadas en esta norma serán aplicadas solamente a aquellas dimensiones específicamente indicadas sobre el plano de la pieza forjada, aprobado. Por esta razón, el método de indicar dimensiones sobre el plano de forjado de la pieza tiene una importancia fundamental sobre el control dimensional de la misma. Las tolerancias para medidas no indicadas sobre el plano no pueden ser tenidas en cuenta por la norma, pero pueden determinarse si se requiere, solamente por cálculos basados sobre medidas y tolerancias que ya han sido indicadas sobre el plano de pieza forjada, aprobado.

5.4. Indicación de tolerancias sobre el plano.

Todos los planos deberán ser rotulados. "Tolerancias conforme con **CAFOR A 1** a menos que se indique lo contrario". Para el correcto rotulado sobre el plano, se recomienda la siguiente forma de presentación de tolerancias al pie del plano.

CATEGORIA	TOLERANCIA
- Largos y diámetros totales - Anchos - Alturas - Desplazamientos de matrices - Rebaba residual y rebabado plano - Espesor - Rectitud - Radios de empalmes y aristas - Estado de Superficies	

Cualquier tolerancia que sea solamente aplicable a dimensiones y que no estén comprendidas en el cuadro precedente serán indicadas en el plano sobre la dimensión correspondiente. Las tolerancias de marcas de extractores y tolerancias de rebabas deberán ser indicadas sobre el plano en el lugar específico.

Cualquier tolerancia especial acordada entre el comprador y el proveedor será indicada claramente sobre el plano de forjado y donde sea posible deberá ser aclarada sobre las dimensiones específicas, sobre las que se aplican.

5.5. Importancia del plano de forjado.

El plano de la pieza forjada que ha sido aceptado por el comprador es el único documento válido para inspección de la pieza. El plano también es el único documento válido para tolerancias sobre las partes de la pieza que permanecerán sin mecanizar.

APENDICE A

Imperfecciones Geométricas

Las tolerancias para largos, anchos, altos y espesores cubren no solamente las diferencias de medidas, sino también las desviaciones de forma que son:

1. Ovalización
2. Falso cilindro
3. Falso paralelismo
4. Otras desviaciones con respecto a geometría dada.

Estas desviaciones no deben exceder los límites dados por las tolerancias.

En casos extremos pueden cubrir el campo total de tolerancias a menos que se acuerde lo contrario entre el comprador y el proveedor. Cuando se acuerden restricciones en desviaciones geométricas, ello deberá hacerse notar en el plano.

Las desviaciones de rectitud o planitud son dadas en las Tablas 5 y no son incluidas en las arriba mencionadas imperfecciones geométricas, Tampoco las desviaciones de forma incluyen marcas de escoria y/o amolado ni ninguna rugosidad de superficie (Ver 3.2.4.3.)

SECCION II

Tolerancias dimensionales para piezas de acero forjadas en maquinas forjadoras horizontales

SECCION II

Tolerancias dimensionales para piezas de acero forjadas en maquinas forjadoras horizontales

6. CONSIDERASIONES GENERALES.

6.1. Alcance de la Sección II.

Esta parte de la Norma se refiere a los forjados hechos en caliente en Recalcadoras Horizontales con aceros al carbono y aleados tal como se presentan en su estado de entrega.
Las tolerancias prescriptas en esta parte cubren las necesidades normales de la forja en máquinas horizontales, sin embargo pueden presentarse ciertos casos ocasionales que requieran el uso de tolerancias más amplias que las indicadas, en diseños complejos; aceros particularmente difíciles de forjar. En tales casos estas tolerancias normales conforman la base sobre la cual deberán acordarse las modificaciones apropiadas para cada circunstancia en particular.

En el párrafo siguiente, titulado "Tolerancias Especiales" se hace referencia al manejo de los casos donde se plantee el uso de tolerancias más cerradas que las normales.

6.2. Tolerancias especiales.

Esta parte no incluye rangos de tolerancias especiales en razón que la gama de casos que pueden presentarse es de tal amplitud que hace imposible normalizarse debiendo tratarse cada caso individualmente. La consulta y el acuerdo entre comprador y proveedor al momento del diseño es la vía más adecuada. El aunar criterios en la forma indicada es el mejor medio de desarrollar en proceso de forja que satisfaga los requerimientos especiales del comprador con el mínimo costo adicional.

7. DEFINICIONES Y APLICACIONES.

7.1. Definición de recalcado.

Al efecto de clasificación, la porción recalcada de una pieza forjada es aquella que comprende el resalto o grupo de resaltos obtenidos sin invertir el sentido de presentación de la barra.

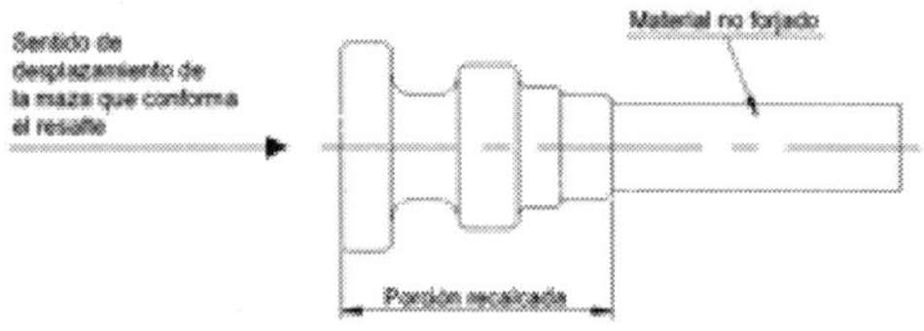

Fig. 20 – Porción recalcada de un producto.

7.2. Aplicación de tolerancias en una pieza recalcada en ambos extremos.

En el caso de un forjado, donde dos porciones recalcadas, separadas y perfectamente diferenciadas han sido obtenidas desde ambos extremos opuestos de la barra, la porción recalcada de cada extremo se considerará como una pieza independiente a los efectos de su clasificación. (Ver Fig. 21).

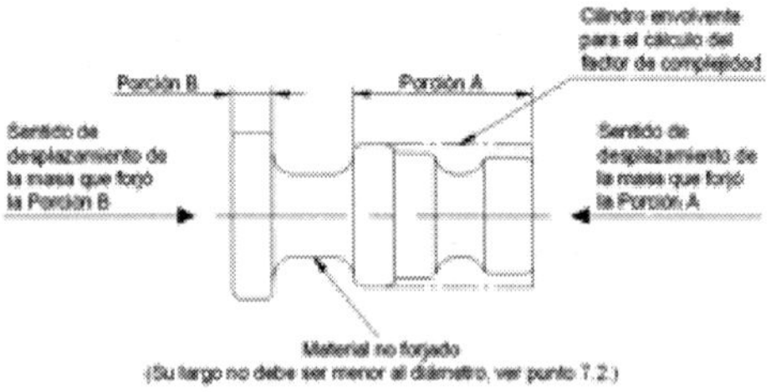

Fig. 21 – Pieza doblemente recalcada.

Excepción: Si la pieza forjada antes descripta no presenta entre las porciones recalcadas una porción de barra original sin forjar, o si existiendo barra original sin forjar su longitud fuese menor a su diámetro, la aplicación de Tolerancias se hará como si se tratare de una pieza obtenida por recalcado simple o sea con una porción de recalcado.

7.3. Definición de material no forjado o lo que es lo mismo barra original.

Al efecto de clasificación, cualquier parte de una pieza recalcada que haya sido obtenida por otro tipo de forjado o formada previamente a la operación de recalcado propiamente dicha, será considerada como material no forjado o barra original. (Ver Fig. 22).

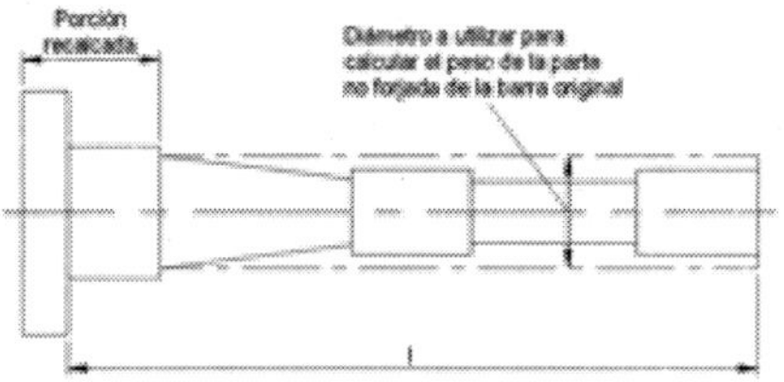

Fig. 22 – Material no forjado.

8. INFORMACION NECESARIA PARA LA DETERMINACION DE TOLERANCIAS EN PIEZAS RECALCADAS.

Para determinar que tolerancia aplicar es necesario conocer, amén de las dimensiones de la pieza, lo siguiente:

(1) Peso de la o las porciones recalcadas y peso del material no forjado o barra original si existiese.

(2) Tipo de acero usado.

(3) Factor de complejidad de forma para cada porción recalcada.

Procedimiento:

(1) El peso de la porción recalcada se obtiene por cálculo.
(2) El tipo de acero será:

M_1. Aceros con C no mayor a 0,65% y con una suma no mayor de 5% de todos los elementos aleados especificados (Mn, Ni, Cr, Mo, V, W).

M_2. Aceros con C mayor a 0,65% ó con una suma mayor al 5% de todos los elementos aleados especificados (Mn, Ni, Cr, V, W, Mo).

Para la determinación de la categoría de un acero se toman los máximos valores permitidos por la Norma para cada elemento.

(3) El factor de complejidad de forma para una porción recalcada determinada (Ver Fig. 21) se obtiene dividiendo el peso o volumen de dicha porción por el peso o volumen del menor cilindro o paralelepípedo envolvente que la contenga en sus máximas dimensiones:

$$S = \frac{\text{Peso la pieza forjada}}{\text{Peso de la forma envolvente}}$$

La figura envolvente de la porción recalcada (ver Fig. 23) es el cilindro cuyo peso es:

$$\text{Peso envolvente} = \frac{3.14 \times d^2 \times h}{4} \times \rho$$

Donde:

h = altura o longitud del cilindro
ρ = peso especifico 7,83 gr/cm^3

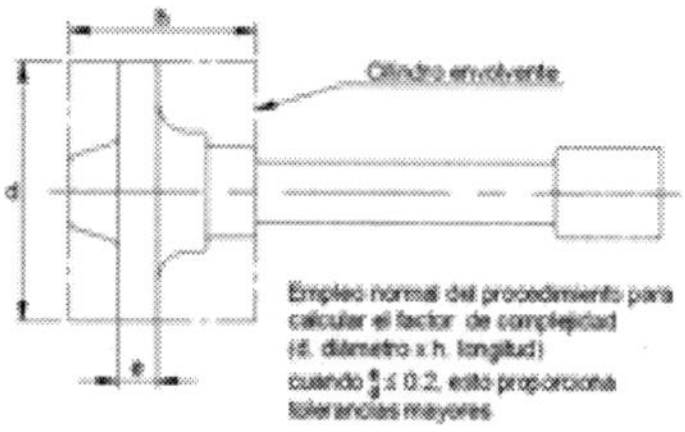

Fig. 23 – Excepción de la determinación del factor de complejidad de forma.

El factor de complejidad de forma resultante se encuadra dentro de las siguientes categorías:

S_4: hasta incluyendo 0,16
S_3: superior 0,16 hasta o incluyendo 0,32
S_2: superior 0,32 e incluyendo 0,63
S_1: superior 0,63 hasta e incluyendo 1

Excepción: Las excepciones al método de cálculo del factor de complejidad de forma se plantean cuando:

(1) $\left(\frac{e}{d}\right) \leq 0.20$

(2) $\left(\frac{e}{d}\right) > 2$

Donde **d** es el mayor diámetro de una porción recalcada y **e** su correspondiente altura o espesor que contengan la línea de partición entre matriz de recalcado y matrices de cierre. En los casos (1) y (2) se usa el factor S_4 y el peso de la porción recalcada considerada es el del cilindro **d** = **e**, aunque no comprenda la totalidad de la porción recalcada (Ver Fig. 24).

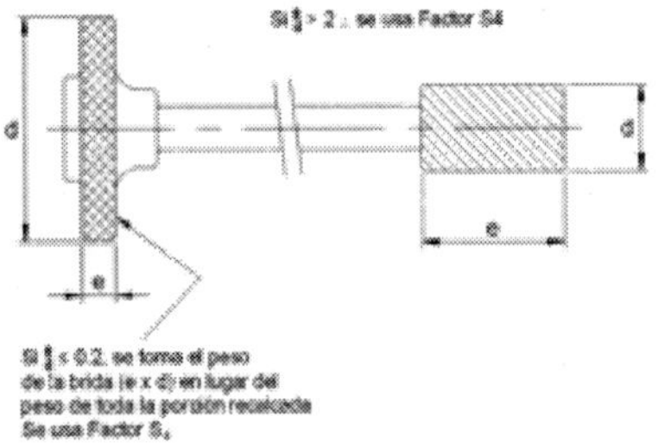

Fig. 24 – Excepción de la determinación del factor de complejidad de forma.

Esta excepción al método no se usa si al calcular según lo indicado en 8. (3) tomando la totalidad de la porción recalcada, se obtienen tolerancias mayores que por vía de la excepción.

9. CATEGORIAS DE TOLERANCIAS A APLICAR EN EL RECALCADO.

9.1. Alcance de dichas categorías.

9.1.1. Primer grupo de tolerancias (Tabla 1).

Tolerancias de diámetro.
Tolerancias de escalonamientos.
Tolerancias de largos.
Tolerancias de desplazamiento y excentricidad.
Tolerancias para deformaciones localizadas del diámetro de barra original.
Tolerancias para rebabas residuales.
Tolerancias para dimensiones interiores incluyendo diámetros de agujeros.

9.1.2. Segundo grupo de tolerancias. (Tabla 3).

Tolerancias de espesor.

9.1.3. Tercer grupo de tolerancias. (Tabla5).

Tolerancias de rectitud y planitud.
Tolerancias para dimensiones entre centros.

9.1.4. Otras categorías de tolerancias.

Tolerancias de radio de empalmes y radios de aristas (Tabla 6).
Tolerancias de rebabas de infiltración sobre líneas de partición de matrices y rebabas de rebabado (Tabla 6).
Tolerancias de excentricidad en agujeros profundos.
Tolerancias para deformaciones en extremos cizallados.
Tolerancias de imperfecciones superficiales.
Tolerancias de superficies de ángulos de salida.

9.2. Definición de categorías.

9.2.1. Primer grupo de tolerancias. (Tabla1).

9.2.1.1 Tolerancias de diámetro.

Las tolerancias para las dimensiones de los diámetros externos de cualquier porción recalcada de una forja (salvo la barra original) se obtiene de la Tabla 1. Si se tratase de una pieza asimétrica se aplica la tolerancia correspondiente al diámetro del cilindro envolvente. Las dispersiones son las indicadas en la Tabla.

Para dimensiones internas se invierten los signos + y – (más y menos). Para los diámetros de una porción recalcada conformada en matrices de cierre, las tolerancias son aquellas aplicables a la máxima dimensión de la porción recalcada considerada (Ver Fig. 25).

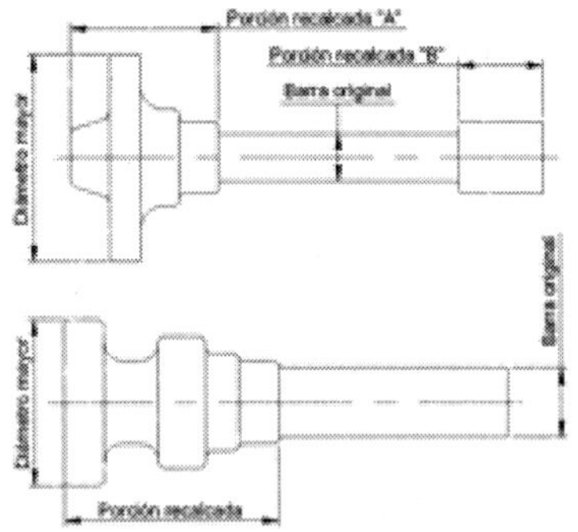

Fig. 25 – Aplicación de tolerancias en base al mayor diámetro de una porción recalcada.

Para los diámetros de una porción recalcada conformada en la matriz de recalcado se debe aplicar en la medida de lo posible la tolerancia correspondiente al mayor diámetro de la porción, Esto se hará para obviar pequeñas diferencias entre tolerancias en forma tal de facilitar el diseño y simplificar los métodos de inspección.

En los casos donde se den variaciones de importancia (esto es, donde existen grandes diferencias de diámetro), pueden aplicarse tolerancias individuales tomadas de la Tabla 1 a aquellas cotas que se considere necesario.
La aplicación de estas tolerancias debe restringirse al mínimo, y en estos casos las tolerancias deberán ser claramente indicadas en el diseño de la pieza de forja junto a las cotas correspondientes.

9.2.1.2 Tolerancias de escalonamiento.

Las tolerancias a aplicar para los escalonamientos conformados en una matriz de una porción recalcada determinada son las que da la Tabla 1 para la mayor dimensión establecida en el plano acordado, medida desde el plano de partición hasta el extremo de dicha porción en forma paralela al eje de la barra original y utilizando una dispersión de +2/3, −1/3 del campo acordado.

Donde sean requeridas tolerancias más restringidas ellas deberán ser indicadas contra la cota correspondiente en el diseño, utilizando una dispersión de +1/3, −1/3 de la tolerancia total indicada en la Tabla 1 (Ver Fig. 26).

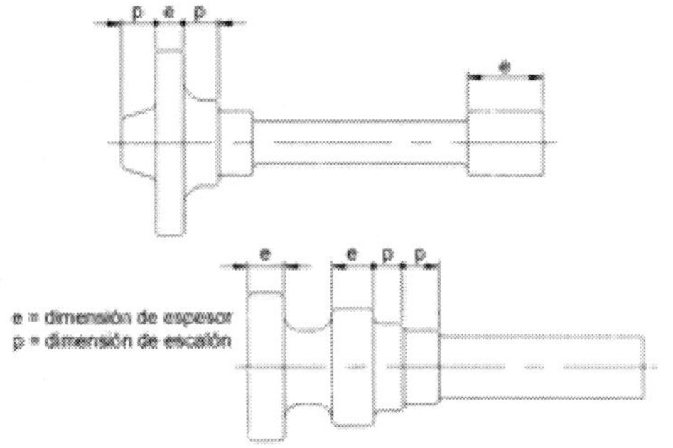

Fig. 26 – Dimensiones de espesores y escalonamientos.

Notas sobre dimensiones de gargantas.

Las tolerancias para escalonamientos dadas no se aplican para la acotación de gargantas en una porción recalcada. Siempre que sea posible el método de acotación evitará el fijar valores a las gargantas, pero si fuese imperativo hacerlo las tolerancias serán calculadas en relación a las tolerancias aplicadas al resto de las dimensiones.

9.2.1.3. Tolerancias de largo.

Las tolerancias de largo se aplican a las dimensiones paralelas al eje de la barra original, tomadas estas dimensiones desde la(s) cara(s) interiores de una porción recalcada hasta el extremo opuesto de la pieza. Tales tolerancias se calculan considerando la longitud en cuestión como de barra original aunque contuviese porción(es) forjada(s). (Ver Fig. 22 y 27).

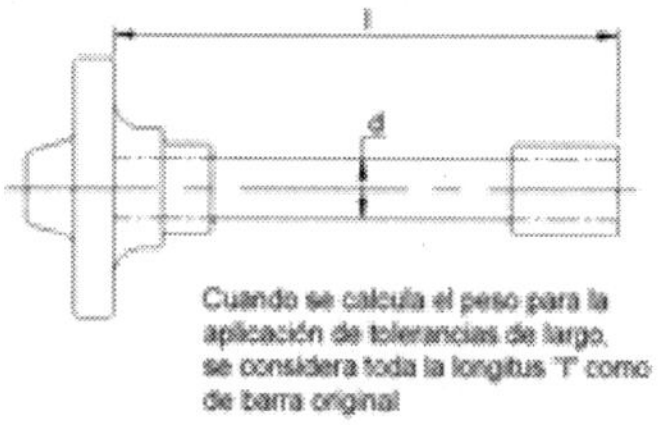

Fig. 27 – Tolerancias de largo.

Las tolerancias de largo se obtienen de la Tabla 1. En el caso de un forjado con porciones recalcadas en ambos extremos el dimensionamiento se realiza normalmente desde la(s) cara(s) interior(es) de la principal porción recalcada hacia el extremo opuesto. Nunca debe acotarse ambos extremos a la vez. (Ver Fig. 28 y 29).

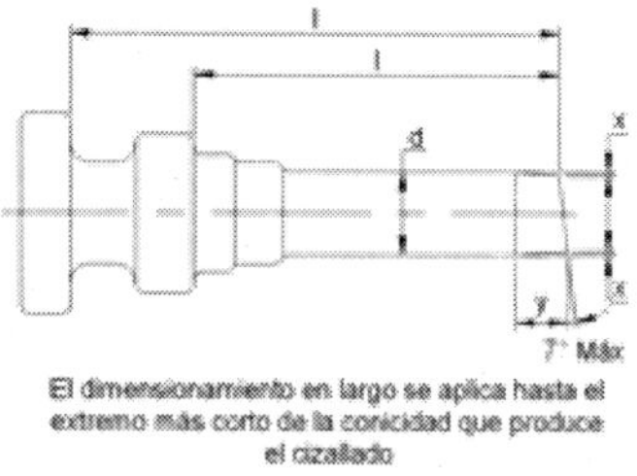

Fig. 28 – Acotación típica en longitudes y tolerancias para extremos deformados por cizallamiento.

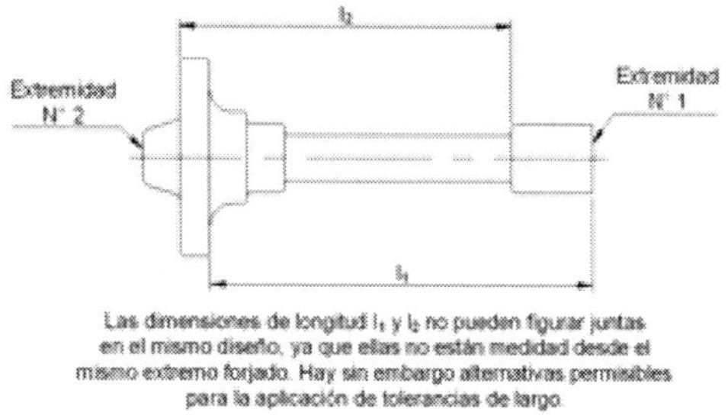

Fig. 29 – Aplicación de tolerancias a forjados con ambos extremos recalcados.

Cuando la superficie del extremo de un forjado se obtenga por cizallamiento las tolerancias a aplicar son las correspondientes a la menor distancia desde la cara interior al corte oblicuo producido por el cizallado. (Ver Fig. 28).

9.2.1.4. Tolerancias de desplazamiento y excentricidad. (Ver Fig. 30).

Las tolerancias de desplazamiento indican el campo permisible de ubicación de un punto de un forjado, formado en una de las matrices de cierre, desde su posición correcta, con respecto al punto correspondiente de la otra matriz.

El desplazamiento se mide en dirección paralela al plano principal determinado por las matrices de cierre. Las tolerancias de desplazamiento se obtienen de la Tabla 1.

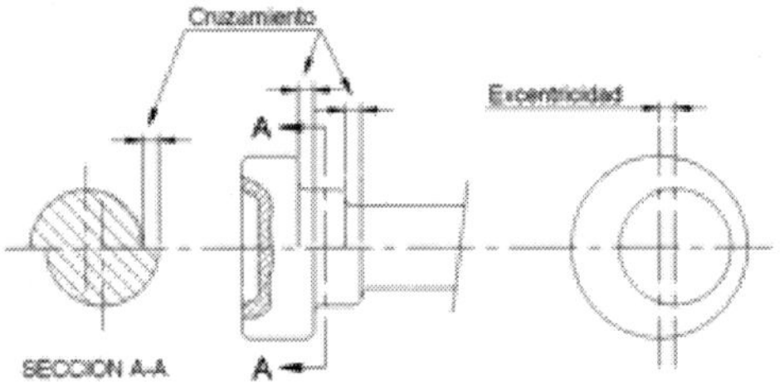

Fig. 30 – Cruzamiento y excentricidad.

La tolerancia de excentricidad indica el campo permisible de ubicación del eje de contornos formados por la matriz de recalcado con relación al eje del forjado.

Las tolerancias de desplazamiento son iguales en valor a las de excentricidad y deberán ser duplicados sus valores si se midiesen como lectura total de comparador.

Las tolerancias de desplazamiento y excentricidad se aplican independientemente de, y en adición a, cualquier otra tolerancia.

9.2.1.5. Tolerancias por deformaciones localizadas del diámetro de barra original.

En las adyacencias de un recalcado se admiten deformaciones localizadas del diámetro o sección de barra original que se utilice. Los incrementos o reducciones permitidos sobre el diámetro o sección original en las cercanías de una porción recalcada en un forjado, son los mismos que se aplican al mayor diámetro externo de la porción recalcada adyacente. Existen circunstancias en las que no se permiten las tolerancias negativas en las deformaciones localizadas; **v.g.** en los casos donde no se mecaniza con posterioridad al forjado.

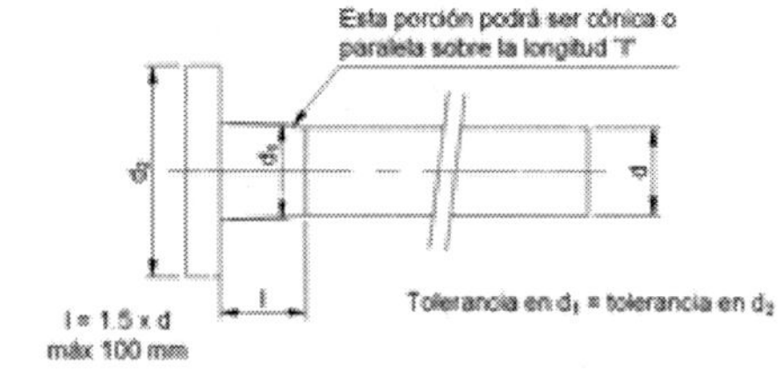

Fig. 31 – Desviaciones localizadas del diámetro de barra original.

En tales casos, puede ser acordado mediante una negociación entre comprador y proveedor, fijar la tolerancia total como de signo positivo. La longitud en la cual se admiten las deformaciones mencionadas será equivalente a 1,5 veces el diámetro de la barra utilizada pero sin llegar nunca a sobrepasar los 100 mm. de largo.

9.2.1.6. Tolerancias para rebabas residuales y rebabado plano.

Las deformaciones admisibles que se producen en la operación de rebabado pueden dejar rebabas residuales en la pieza o por el contrario arrastrarla perfilando o achatando el contorno en la zona de salida.

Tanto los valores positivos (rebaba residual) o los negativos (rebabado plano) se dan en la Tabla 1. La rebaba residual se mide desde el cuerpo del forjado hasta el borde saliente tal como lo indica la Fig. 32.

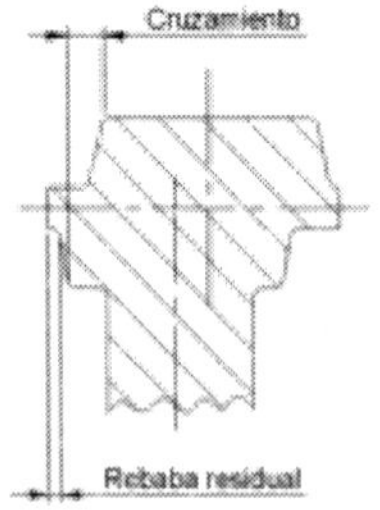

Fig. 32 – Rebaba residual.

La posición del achatamiento producido en el perfil

con relación al punto imaginario de encuentro de líneas de ángulos de salida da la medida del rebabado plano.

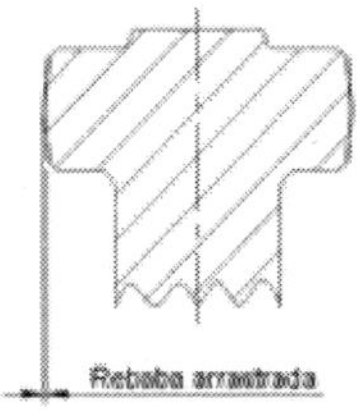

Fig. 33 – Rebaba arrastrada.

Las tolerancias de rebabas residuales, o de rebabado plano, se aplican independientemente de, y en adición a, cualquier otra tolerancia.

9.2.1.7. Tolerancias para dimensiones interiores incluyendo diámetros de agujeros.

Las tolerancias para dimensiones interiores conformadas por la matriz de recalcado incluyendo diámetros de agujeros, deben ser tomadas de la tabla 1, invirtiendo los signos.

Normalmente se aplican las tolerancias correspondientes al mayor diámetro de la porción recalcada, pero de exigirse tolerancias más restringidas, se usan las específicas de la dimensión considerada, pero deben en este caso ser indicadas sobre cada cota correspondiente en el plano de forja.

9.2.2 Segundo grupo de tolerancias.

9.2.2.1 Tolerancias de espesor. (Tabla 3).

Las tolerancias de espesor se aplican a las dimensiones de los contornos conformados enteramente dentro de la porción recalcada, que sean paralelas al eje de la barra original y que corten la línea de partición entre la matriz de recalcado y las matrices de cierre.

Excepción: Para el caso de piezas recalcadas que tengan una brida y una proyección sobre cualquiera de sus lados cuya longitud sea mayor a 1,5 veces su diámetro (medido en su extremo menor si es cónica) las tolerancias para todos sus espesores, excepto para el espesor total, se calcularán como si la longitud de la proyección fuera de sólo 1,5 veces su diámetro. Si hay proyecciones a ambos lados de la brida el cálculo se basará sobre la de mayor diámetro.

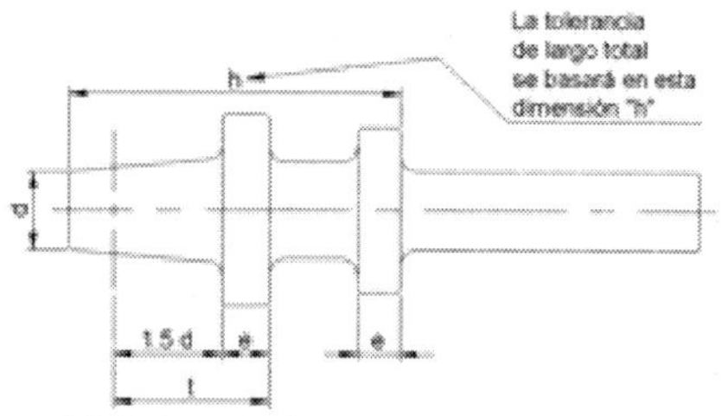

Fig. 34 – Excepción en la aplicación de tolerancias de espesor.

9.2.3 Tercer grupo de tolerancias (Tabla 5).

9.2.3.1 Tolerancias de rectitud y planitud.

Las tolerancias de rectitud se refieren a las diferencias de posición entre los ejes longitudinales de las piezas recalcadas con relación a los ejes teóricos del trazado geométrico.
Las tolerancias de planitud se refieren a las diferencias entre los planos obtenidos en las piezas recalcadas con relación a los planos de la geometría de concepción.

Cuando sean requisitos, tanto la rectitud como la planitud en una pieza recalcada, se las deberá indicar en el plano convenido entre comprador y proveedor, También deberá figurar en el plano convenido, el método a utilizar para controlarlas.

Las tolerancias de rectitud y plenitud se aplican independientemente de, y en adición a cualquier otra tolerancia.

9.2.3.2 Tolerancia para dimensiones entre centros.

Las tolerancias a aplicar a dimensiones entre centros se dan en la Tabla 5. Las tolerancias para dimensiones entre centros dadas en la presente Norma son aplicables solamente a los casos donde ambos centros de encuentran en la misma porción recalcada y la recta que los contenga sea normal al eje principal de la pieza.

Estas tolerancias deberán estar siempre indicadas sobre la dimensión correspondiente en el plano convenido entre comprador y proveedor. Las tolerancias para dimensiones entre centros se aplican independientemente de, y no agregadas a, cualquier otra tolerancia.

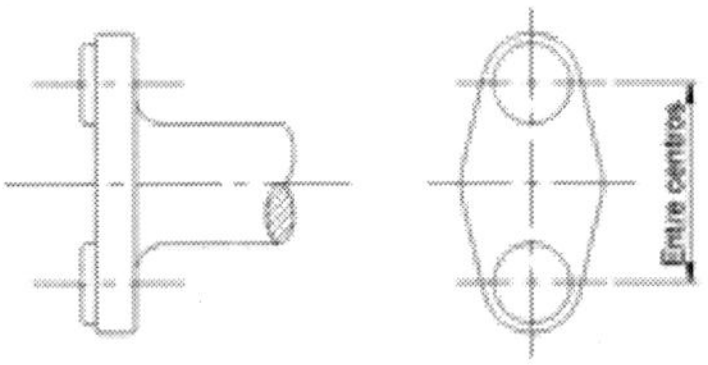

Fig. 35 – Tolerancias para dimensiones entre centros.

9.2.4. Otras categorías de tolerancias.

9.2.4.1. Tolerancias de radios de empalmes y radios de aristas.

Todo ángulo vivo en radios de empalmes o de aristas debe ser evitado en piezas recalcadas, por tanto deben ser tan generosamente dimensionados como el diseño lo permita; sus tolerancias se encuentran en la tabla 6 y ejemplos de tales radios se dan en figura 36.

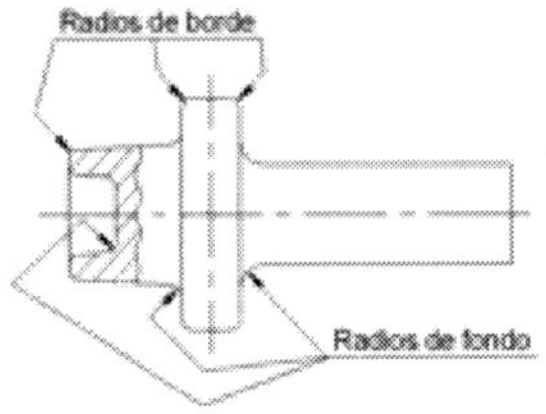

Fig. 36 – Radios de aristas y radios de empalme de escalonamientos.

La tolerancia indicada en menos no se aplica para radios de empalme menores o iguales a 3 mm. ya que los mismos están destinados a desaparecer ya sea por arrastre de salida por rebabado o punzonado. En tales casos se modifica la tolerancia en menos para permitir la formación de un canto vivo.

9.2.4.2. Tolerancias para rebabas sobre líneas de partición de matrices de cierre o líneas de partición de matrices de recalcado.

En una pieza recalcada se admiten rebabas producidas por infiltración en las líneas de partición de matrices, así como también rebabas por rebabado y por punzonado.

Las tolerancias a utilizar se dan en la Tabla 6, se aplican salvo estipulaciones en contrario por parte del usuario, y se basan en el peso de la porción recalcada.

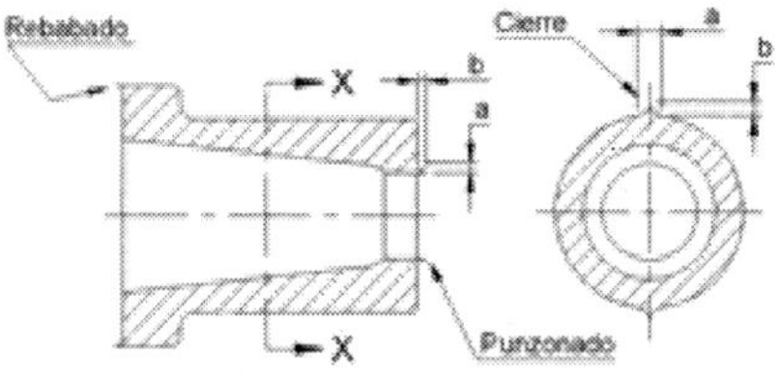

Fig. 37 – Rastros de rebabado, punzonado e infiltración en líneas de cierre de matrices.

La ubicación de las rebabas de infiltración sobre líneas de partición y rebabas por rebabado o punzonado deben ser indicadas al comprador en el plano de pieza forjada para su aprobación antes de comenzar una fabricación. Estas tolerancias se aplican independientemente de, y en adición a cualquier otra tolerancia.

Cuando una pieza es recalcada en matriz cerrada se forma una rebaba como se indica en la figura 38. Las dimensiones de esta rebaba pueden ser muy grandes para estar sujetas a las tolerancias normales y podrán ser materia de negociación entre el comprador y el vendedor.

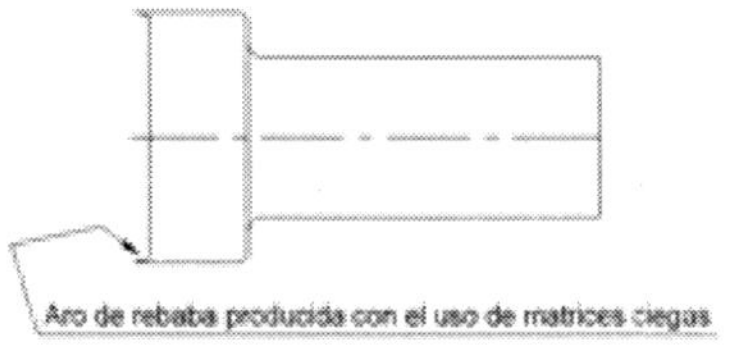

Fig. 38 – Aro de rebabas.

9.2.4.3. Tolerancias de alineación para agujeros profundos.

Para cualquier agujero punzonado cuya profundidad sea mayor que su diámetro, se aplica una tolerancia de excentricidad por profundidad de agujero de 0,5% del valor de dicha profundidad, pero este valor será duplicado (1,00%) si se midiera como lectura total de comparador. (Ver figura 39).
Las tolerancias de excentricidad por profundidad de agujeros deben sumarse a las tolerancias normales de excentricidad.

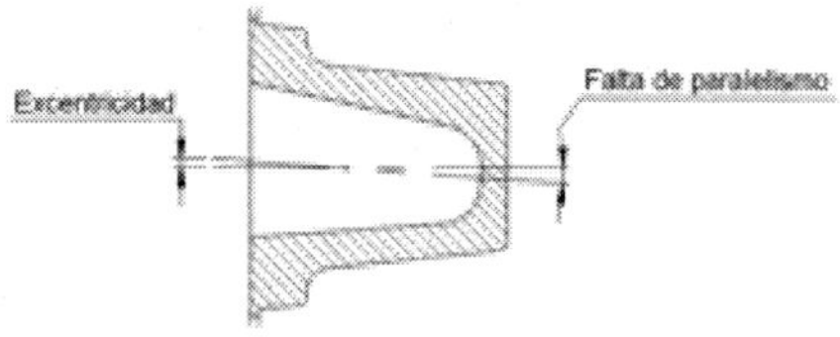

Fig. 39 – Tolerancia de alineación para agujeros profundos.

9.2.4.4. Tolerancias para deformaciones de los extremos cizallados o guillotinados.

Se aplica una tolerancia para la deformación ocurrida en el extremo de la parte sin forjar de una pieza, debido al corte. Las tolerancias máximas a aplicar en este tipo de deformación se basan en la dimensión nominal del trozo de materia prima sin forjar de acuerdo a la tabla B y a la figura 28.
Cuando se requieran tolerancias para extremos cortados, serán indicados al cliente sobre el plano de la pieza forjada, antes del comienzo de la producción.

Tabla B – TOLERANCIAS PARA DEFORMACIONES DE LOS EXTREMOS CORTADOS

Diámetro original de la barra (d) en mm.	X Máx.	Y Máx.
≤ 38 > 38	0.07 d 0.05 d	d 0.7 d

Las tolerancias para extremos cortados son aplicadas independientemente de, y en adición a cualquier otra tolerancia.

9.2.4.5. Tolerancias de estado de superficie.

Las tolerancias sobre imperfecciones de estado de superficie se refieren a la profundidad de las marcas producidas por la escoria como así también a la profundidad de las imperfecciones residuales luego de cualquier proceso de amolado necesario.
Se aplican dentro de los límites establecidos a continuación a menos que se especifique lo contrario.
Sobre superficies forjadas, que deberán ser maquinadas posteriormente, se permitirán imperfecciones producidas por marcas de escoria y/o amolados, pero la profundidad máxima será tal que por lo menos quede la mitad del sobre material nominal del mecanizado.
Los controles dimensionales relacionados con la profundidad de las marcas e imperfecciones serán efectuados tomando como referencia los puntos de localización de maquinado. Sobre superficies forjadas que no serán maquinadas posteriormente, se permitirán marcas e imperfecciones hasta una profundidad igual a un tercio del valor total de la tolerancia de espesor.

9.2.4.6. Tolerancias para salidas.

Las tolerancias transversales de la pieza son las que definen en base al ángulo de salida adoptado, las variaciones angulares de salidas admitidas. En la práctica, y sobre todo en matrices de mucho desgaste sucede normalmente que dichas variaciones o tolerancias en este caso, resultan insuficientes. Por lo tanto deben negociarse entre productor y cliente tolerancias especiales antes de comenzar la producción.

10. USO DE TABLAS. PIEZAS EJECUTADAS EN FORJADORA HORIZONTAL.

10.1. Tabla 1. Tolerancias para diámetros, longitudes, rebaba residual (rebabado plano), desplazamiento y excentricidad.

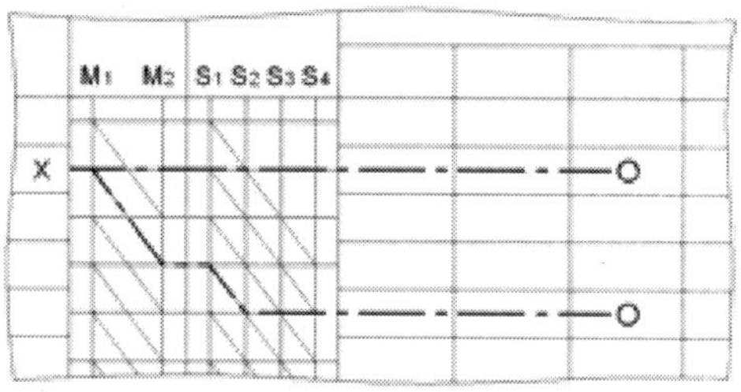

Fig. 40 – Uso de tablas.

Las tolerancias se indican en la tabla 1. Para determinar las tolerancias de diámetros y de largo, ubicar la pieza en la columna de pesos; seguir entonces la línea horizontal hacia la derecha, si el tipo de acero es M_1 se debe continuar la misma línea horizontal siempre hacia el descender la diagonal en trazo grueso hasta el punto de intersección de ésta con la vertical M_2, luego seguir la línea horizontal así encontrada hacia la derecha.
Un procedimiento similar se sigue para el factor de complejidad de forma. Si es S_1 se sigue la línea horizontal, si es S_2, se baja un espacio, si es S_3 dos, si es S_4 tres. A continuación por la horizontal obtenida siguiendo hacia la derecha se obtiene la tolerancia buscada en la columna correspondiente.
Para determinar la tolerancia para (a) rebaba residual (rebabado plano) y (b) para desplazamiento o excentricidad de tabla 1 se ubica

la pieza en la columna de pesos y se mueve horizontalmente hacia la izquierda.
Si la línea de cierre de las matrices de apriete y matriz de recalcado es plano ó simétricamente quebrada, la tolerancia se lee en el mismo renglón. En caso de que sea asimétricamente quebrada, se debe bajar un escalón.

10.2 Tabla 3. Tolerancias para espesor.

Para obtenerlas se utiliza el mismo método que para diámetros, longitudes, etc.

10.3 Tabla 5. Tolerancias de rectitud y planitud; tolerancias para dimensiones de centro a centro.

Las tolerancias de rectitud y planitud están dadas en la parte superior de las tabla 5; determinar la línea horizontal correspondiente a la calidad F, luego leer la tolerancia en la columna vertical de la dimensión considerada; las tolerancias sobre dimensiones de entre centros se indican en la parte inferior de la tabla 5; seguir la línea horizontal correspondiente a la calidad F, y luego leer la tolerancia en la columna vertical de la dimensión considerada.

10.4. Tabla 6. Tolerancias para radios de aristas y empalmes; tolerancias de rebabas de infiltración o rebabas de rebabado.

Las tolerancias sobre radios de aristas y empalmes son indicadas en la parte superior de la tabla 6 y dadas en porcentajes de la cota considerada. Se debe entrar en la columna de la izquierda "r" y elegir la repartición positiva y negativa de la tolerancia indicada a la derecha en porcentual del valor nominal del radio.
Las tolerancias sobre rebabas de infiltración y rebabas de rebabado se indican en la parte inferior de la tabla 6. Determinar en la columna de los pesos de pieza en cuestión y luego leer las tolerancias de las columnas "a" y "b".

11. PROCEDIMIENTOS PARA EL DISEÑO DE PIEZAS EJECUTADAS EN MÁQUINA FORJADORA HORIZONTAL.

11.1. Generalidades.

Los párrafos 5.1., 5.2., 5.3., 5.5. dados en la primer parte de esta norma con referencia al procedimiento para el diseño de piezas ejecutadas en martillos o prensas son válidos igualmente para los diseños de pieza's ejecutadas en máquinas forjadoras horizontales.

11.2. Indicación de tolerancias sobre el plano para piezas ejecutadas en forjadoras horizontales.

Todos los planos deberán ser rotulados: "Tolerancias conforme con CAFOR A 1 a menos que se indique lo contrario". Para el correcto rotulado sobre el plano se recomienda la siguiente forma de presentación de tolerancias:

	Categoría de tolerancia	Porción recalcada A	Porción recalcada B
SALVO INDICACION CONTRARIA	- Dimensiones exteriores		
	- Cotas de escalonamientos		
	- Desplazamientos y excentricidad		
	- Deformaciones localizadas del diámetro de barra original		
	- Rebaba residual		
	- Dimensiones internas		
	- Radios de aristas y empalmes		
	- Estados de superficies		

Las tolerancias que se aplican solamente a una dimensión específica y que por lo tanto no están comprendidas en el cuadro anterior deberán ser indicadas sobre el dibujo a continuación de la cota indicada.

Las tolerancias sobre rebabas de infiltración o rebabas de rebabado deberán ser indicadas en el dibujo de la pieza en el lugar específico.
Las tolerancias especiales negociadas entre comprador y vendedor deberán ser obligatoriamente indicadas en el plano y figurarán cada vez que sea posible a continuación de cada cota particular considerada.

APENDICE B

Imperfecciones geométricas. Piezas ejecutadas en forjadoras horizontales.

Las tolerancias para largos y diámetros, escalonamientos y espesores, cubren no solamente las diferencias de medidas, sino también las desviaciones de forma que son:

1) Falso redondo
2) Falso cilindro
3) Falso paralelismo
4) Otras desviaciones con respecto a geometría dada.

Estas desviaciones no deben exceder los límites dados por las tolerancias. En los casos extremos pueden cubrir el campo total de tolerancias a menos que se acuerde lo contrario entre el comprador y vendedor.

Cuando se acuerden restricciones en desviaciones geométricas ello deberá hacerse notar en el plano.

Las desviaciones de rectitud o planitud son dadas en la tabla 5 y no son indicadas en las arriba mencionadas imperfecciones geométricas. Tampoco las desviaciones de forma incluyen marcas de escorias, enderezado, amolado, (ver 9.2.4.5.) ni ningún defecto de superficie.

SECCION III

Tablas de tolerancias.

TABLA 1

Piezas ejecutadas en martillo, prensa y forjadora horizontal

Tolerancia para longitudes, anchos, alturas, diámetros, longitudes de piezas ejecutadas en forjadora horizontal

Nota: Centros a superficies, escalonamiento en una matriz ± ⅓ de la tolerancia total (ver parrafos 3.2.1.1 y 9.1.1.2). Dimensiones internas invertir los signos + y -

Desplazamiento	Rebaba residual + Rebaba plana -	Línea de Partición: Asimétrico / Plano o Simétrico	Peso (Kg) Desde - Hasta inclusive	Dificultad de material: M1 M2	Complejidad: S1 > 0.63 < 1; S2 > 0.32 < 0.63; S3 > 0.16 < 0.32; S4 > 0.16	MM Desde - Hasta inclusive: 0 - 32	32 - 100	100 - 160	160 - 250	250 - 400	400 - 630	630 - 1000	1000 - 1600	1600 - 2500
0.4	0.5		0 - 0.4			$1.1^{+0.7}_{-0.4}$	$1.2^{+0.8}_{-0.4}$	$1.4^{+0.9}_{-0.5}$	$1.6^{+1.1}_{-0.5}$	$1.8^{+1.2}_{-0.6}$	$2^{+1.3}_{-0.7}$			
0.5	0.6		0.4 - 1.0			$1.2^{+0.8}_{-0.4}$	$1.4^{+0.9}_{-0.5}$	$1.6^{+1.1}_{-0.5}$	$1.8^{+1.2}_{-0.6}$	$2^{+1.3}_{-0.7}$	$2.2^{+1.5}_{-0.7}$			
0.6	0.7		1.0 - 1.8			$1.4^{+0.9}_{-0.5}$	$1.6^{+1.1}_{-0.5}$	$1.8^{+1.2}_{-0.6}$	$2^{+1.3}_{-0.7}$	$2.2^{+1.5}_{-0.7}$	$2.5^{+1.7}_{-0.8}$	$2.8^{+1.9}_{-0.9}$		
0.7	0.8		1.8 - 3.2			$1.6^{+1.1}_{-0.5}$	$1.8^{+1.2}_{-0.6}$	$2^{+1.3}_{-0.7}$	$2.2^{+1.5}_{-0.7}$	$2.5^{+1.7}_{-0.8}$	$2.8^{+1.9}_{-0.9}$	$3.2^{+2.1}_{-1.1}$	$3.6^{+2.4}_{-1.2}$	
0.8	1		3.2 - 5.6			$1.8^{+1.2}_{-0.6}$	$2^{+1.3}_{-0.7}$	$2.2^{+1.5}_{-0.7}$	$2.5^{+1.7}_{-0.8}$	$2.8^{+1.9}_{-0.9}$	$3.2^{+2.1}_{-1.1}$	$3.6^{+2.4}_{-1.2}$	$4^{+2.7}_{-1.3}$	$4.5^{+3}_{-1.5}$
1	1.2		5.6 - 10			$2^{+1.3}_{-0.7}$	$2.2^{+1.5}_{-0.7}$	$2.5^{+1.7}_{-0.8}$	$2.8^{+1.9}_{-0.9}$	$3.2^{+2.1}_{-1.1}$	$3.6^{+2.4}_{-1.2}$	$4^{+2.7}_{-1.3}$	$4.5^{+3}_{-1.5}$	$5^{+3.3}_{-1.7}$
1.2	1.4		10 - 20			$2.2^{+1.5}_{-0.7}$	$2.5^{+1.7}_{-0.8}$	$2.8^{+1.9}_{-0.9}$	$3.2^{+2.1}_{-1.1}$	$3.6^{+2.4}_{-1.2}$	$4^{+2.7}_{-1.3}$	$4.5^{+3}_{-1.5}$	$5^{+3.3}_{-1.7}$	$5.6^{+3.7}_{-1.9}$
1.4	1.7		20 - 50			$2.5^{+1.7}_{-0.8}$	$2.8^{+1.9}_{-0.9}$	$3.2^{+2.1}_{-1.1}$	$3.6^{+2.4}_{-1.2}$	$4^{+2.7}_{-1.3}$	$4.5^{+3}_{-1.5}$	$5^{+3.3}_{-1.7}$	$5.6^{+3.7}_{-1.9}$	$6.3^{+4.2}_{-2.1}$
1.7	2		50 - 120			$2.8^{+1.9}_{-0.9}$	$3.2^{+2.1}_{-1.1}$	$3.6^{+2.4}_{-1.2}$	$4^{+2.7}_{-1.3}$	$4.5^{+3}_{-1.5}$	$5^{+3.3}_{-1.7}$	$5.6^{+3.7}_{-1.9}$	$6.3^{+4.2}_{-2.1}$	$7^{+4.7}_{-2.3}$
2	2.4		120 - 250			$3.2^{+2.1}_{-1.1}$	$3.6^{+2.4}_{-1.2}$	$4^{+2.7}_{-1.3}$	$4.5^{+3}_{-1.5}$	$5^{+3.3}_{-1.7}$	$5.6^{+3.7}_{-1.9}$	$6.3^{+4.2}_{-2.1}$	$7^{+4.7}_{-2.3}$	$8^{+5.3}_{-2.7}$
2.4	2.8					$3.6^{+2.4}_{-1.2}$	$4^{+2.7}_{-1.3}$	$4.5^{+3}_{-1.5}$	$5^{+3.3}_{-1.7}$	$5.6^{+3.7}_{-1.9}$	$6.3^{+4.2}_{-2.1}$	$7^{+4.7}_{-2.3}$	$8^{+5.3}_{-2.7}$	9^{+6}_{-3}
						$4^{+2.7}_{-1.3}$	$4.5^{+3}_{-1.5}$	$5^{+3.3}_{-1.7}$	$5.6^{+3.7}_{-1.9}$	$6.3^{+4.2}_{-2.1}$	$7^{+4.7}_{-2.3}$	$8^{+5.3}_{-2.7}$	9^{+6}_{-3}	$10^{+6.7}_{-3.3}$
						$4.5^{+3}_{-1.5}$	$5^{+3.3}_{-1.7}$	$5.6^{+3.7}_{-1.9}$	$6.3^{+4.2}_{-2.1}$	$7^{+4.7}_{-2.3}$	$8^{+5.3}_{-2.7}$	9^{+6}_{-3}	$10^{+6.7}_{-3.3}$	$11^{+7.3}_{-3.7}$
						$5^{+3.3}_{-1.7}$	$5.6^{+3.7}_{-1.9}$	$6.3^{+4.2}_{-2.1}$	$7^{+4.7}_{-2.3}$	$8^{+5.3}_{-2.7}$	9^{+6}_{-3}	$10^{+6.7}_{-3.3}$	$11^{+7.3}_{-3.7}$	12^{+8}_{-4}
						$5.6^{+3.7}_{-1.9}$	$6.3^{+4.2}_{-2.1}$	$7^{+4.7}_{-2.3}$	$8^{+5.3}_{-2.7}$	9^{+6}_{-3}	$10^{+6.7}_{-3.3}$	$11^{+7.3}_{-3.7}$	12^{+8}_{-4}	$14^{+9.3}_{-4.7}$

Calidad **F** (normal)

Ver secciones 3.2.1 y 9.2.1

TABLA 2

Piezas ejecutadas en martillo o prensa

Desplazamiento	Rebaba residual + Rebaba plana -	Peso (Kg) Desde - Hasta inclusive
0.3	0.3	0 - 0.4
0.3	0.4	0.4 - 1.0
0.4	0.4	1.0 - 1.8
0.4	0.5	1.8 - 3.2
0.5	0.6	3.2 - 5.6
0.6	0.7	5.6 - 10
0.7	0.8	10 - 20
0.8	1	20 - 50
1	1.2	50 - 120
1.2	1.4	120 - 250
1.4	1.7	

Línea de Partición: Asimétrico / Plano o Simétrico

Dificultad de material: M1, M2

Complejidad: S1 > 0.63 < 1; S2 > 0.32 < 0.63; S3 > 0.16 < 0.32; S4 > 0.16

Calidad **E** (precisa)

Ver sección 3.2.1

Tolerancia para longitudes, anchos y, alturas. Esta tabla no es aplicable a piezas ejecutadas en forjadora horizontal

Nota: Centros a superficies, escalonamiento en una matriz ± [illegible] de la tolerancia total (ver parrafo 3.2.1.1). Dimensiones internas invertir los signos + y -

MM — Desde - Hasta inclusive

0 - 32	32 - 100	100 - 160	160 - 250	250 - 400	400 - 630	630 - 1000	1000 - 1600	1600 - 2500
0.7 +0.5 -0.2	0.8 +0.5 -0.3	0.9 +0.6 -0.3	1 +0.7 -0.3	1.1 +0.7 -0.4				
0.8 +0.5 -0.3	0.9 +0.6 -0.3	1 +0.7 -0.3	1.1 +0.7 -0.4	1.2 +0.8 -0.4	1.4 +0.9 -0.5			
0.9 +0.6 -0.3	1 +0.7 -0.3	1.1 +0.7 -0.4	1.2 +0.8 -0.4	1.4 +0.9 -0.5	1.6 +1.1 -0.5	1.8 +1.2 -0.6		
1 +0.7 -0.3	1.1 +0.7 -0.4	1.2 +0.8 -0.4	1.4 +0.9 -0.5	1.6 +1.1 -0.5	1.8 +1.2 -0.6	2 +1.3 -0.7	2.2 +1.5 -0.7	
1.1 +0.7 -0.4	1.2 +0.8 -0.4	1.4 +0.9 -0.5	1.6 +1.1 -0.5	1.8 +1.2 -0.6	2 +1.3 -0.7	2.2 +1.5 -0.7	2.5 +1.7 -0.8	2.8 +1.9 -0.9
1.2 +0.8 -0.4	1.4 +0.9 -0.5	1.6 +1.1 -0.5	1.8 +1.2 -0.6	2 +1.3 -0.7	2.2 +1.5 -0.7	2.5 +1.7 -0.8	2.8 +1.9 -0.9	3.2 +2.1 -1.1
1.4 +0.9 -0.5	1.6 +1.1 -0.5	1.8 +1.2 -0.6	2 +1.3 -0.7	2.2 +1.5 -0.7	2.5 +1.7 -0.8	2.8 +1.9 -0.9	3.2 +2.1 -1.1	3.6 +2.4 -1.2
1.6 +1.1 -0.5	1.8 +1.2 -0.6	2 +1.3 -0.7	2.2 +1.5 -0.7	2.5 +1.7 -0.8	2.8 +1.9 -0.9	3.2 +2.1 -1.1	3.6 +2.4 -1.2	4 +2.7 -1.3
1.8 +1.2 -0.6	2 +1.3 -0.7	2.2 +1.5 -0.7	2.5 +1.7 -0.8	2.8 +1.9 -0.9	3.2 +2.1 -1.1	3.6 +2.4 -1.2	4 +2.7 -1.3	4.5 +3 -1.5
2 +1.3 -0.7	2.2 +1.5 -0.7	2.5 +1.7 -0.8	2.8 +1.9 -0.9	3.2 +2.1 -1.1	3.6 +2.4 -1.2	4 +2.7 -1.3	4.5 +3 -1.5	5 +3.3 -1.7
2.2 +1.5 -0.7	2.5 +1.7 -0.8	2.8 +1.9 -0.9	3.2 +2.1 -1.1	3.6 +2.4 -1.2	4 +2.7 -1.3	4.5 +3 -1.5	5 +3.3 -1.7	5.6 +3.7 -1.9
2.5 +1.7 -0.8	2.8 +1.9 -0.9	3.2 +2.1 -1.1	3.6 +2.4 -1.2	4 +2.7 -1.3	4.5 +3 -1.5	5 +3.3 -1.7	5.6 +3.7 -1.9	6.3 +4.2 -2.1
2.8 +1.9 -0.9	3.2 +2.1 -1.1	3.6 +2.4 -1.2	4 +2.7 -1.3	4.5 +3 -1.5	5 +3.3 -1.7	5.6 +3.7 -1.9	6.3 +4.2 -2.1	7 +4.7 -2.3
3.2 +2.1 -1.1	3.6 +2.4 -1.2	4 +2.7 -1.3	4.5 +3 -1.5	5 +3.3 -1.7	5.6 +3.7 -1.9	6.3 +4.2 -2.1	7 +4.7 -2.3	8 +5.3 -2.7
3.6 +2.4 -1.2	4 +2.7 -1.3	4.5 +3 -1.5	5 +3.3 -1.7	5.6 +3.7 -1.9	6.3 +4.2 -2.1	7 +4.7 -2.3	8 +5.3 -2.7	9 +6 -3

TABLA 3

Piezas ejecutadas en martillo o prensa								Tolerancia de espesores y marcas de extractores. Martillo y prensa solamente. Desde - Hasta inclusive, MM						
Marcas de extractores	Peso (Kg) Desde - Hasta inclusive	Dificultad de material M1	Dificultad de material M2	Complejidad S1 > 0.63 < 1	Complejidad S2 > 0.32 < 0.63	Complejidad S3 > 0.16 < 0.32	Complejidad S4 > 0.16	0 - 16	16 - 40	40 - 63	63 - 100	100 - 160	160 - 250	> 250
1	0 - 0.4							$1^{+0.7}_{-0.3}$	$1.1^{+0.7}_{-0.4}$	$1.2^{+0.8}_{-0.4}$	$1.4^{+0.9}_{-0.5}$	$1.6^{+1.1}_{-0.5}$	$1.8^{+1.2}_{-0.6}$	$2^{+1.3}_{-0.7}$
1.2	0.4 - 1.2							$1.1^{+0.7}_{-0.4}$	$1.2^{+0.8}_{-0.4}$	$1.4^{+0.9}_{-0.5}$	$1.6^{+1.1}_{-0.5}$	$1.8^{+1.2}_{-0.6}$	$2^{+1.3}_{-0.7}$	$2.2^{+1.5}_{-0.7}$
1.6	1.2 - 2.5							$1.2^{+0.8}_{-0.4}$	$1.4^{+0.9}_{-0.5}$	$1.6^{+1.1}_{-0.5}$	$1.8^{+1.2}_{-0.6}$	$2^{+1.3}_{-0.7}$	$2.2^{+1.5}_{-0.7}$	$2.5^{+1.7}_{-0.8}$
2	2.5 - 5							$1.4^{+0.9}_{-0.5}$	$1.6^{+1.1}_{-0.5}$	$1.8^{+1.2}_{-0.6}$	$2^{+1.3}_{-0.7}$	$2.2^{+1.5}_{-0.7}$	$2.5^{+1.7}_{-0.8}$	$2.8^{+1.9}_{-0.9}$
2.4	5 - 8							$1.6^{+1.1}_{-0.5}$	$1.8^{+1.2}_{-0.6}$	$2^{+1.3}_{-0.7}$	$2.2^{+1.5}_{-0.7}$	$2.5^{+1.7}_{-0.8}$	$2.8^{+1.9}_{-0.9}$	$3.2^{+2.1}_{-1.1}$
3.2	8 - 12							$1.8^{+1.2}_{-0.6}$	$2^{+1.3}_{-0.7}$	$2.2^{+1.5}_{-0.7}$	$2.5^{+1.7}_{-0.8}$	$2.8^{+1.9}_{-0.9}$	$3.2^{+2.1}_{-1.1}$	$3.6^{+2.4}_{-1.2}$
4	12 - 20							$2^{+1.3}_{-0.7}$	$2.2^{+1.5}_{-0.7}$	$2.5^{+1.7}_{-0.8}$	$2.8^{+1.9}_{-0.9}$	$3.2^{+2.1}_{-1.1}$	$3.6^{+2.4}_{-1.2}$	$4^{+2.7}_{-1.3}$
5	20 - 36							$2.2^{+1.5}_{-0.7}$	$2.5^{+1.7}_{-0.8}$	$2.8^{+1.9}_{-0.9}$	$3.2^{+2.1}_{-1.1}$	$3.6^{+2.4}_{-1.2}$	$4^{+2.7}_{-1.3}$	$4.5^{+3}_{-1.5}$
6.4	36 - 63							$2.5^{+1.7}_{-0.8}$	$2.8^{+1.9}_{-0.9}$	$3.2^{+2.1}_{-1.1}$	$3.6^{+2.4}_{-1.2}$	$4^{+2.7}_{-1.3}$	$4.5^{+3}_{-1.5}$	$5^{+3.3}_{-1.7}$
8	63 - 110							$2.8^{+1.9}_{-0.9}$	$3.2^{+2.1}_{-1.1}$	$3.6^{+2.4}_{-1.2}$	$4^{+2.7}_{-1.3}$	$4.5^{+3}_{-1.5}$	$5^{+3.3}_{-1.7}$	$5.6^{+3.7}_{-1.9}$
10	110 - 200							$3.2^{+2.1}_{-1.1}$	$3.6^{+2.4}_{-1.2}$	$4^{+2.7}_{-1.3}$	$4.5^{+3}_{-1.5}$	$5^{+3.3}_{-1.7}$	$5.6^{+3.7}_{-1.9}$	$6.3^{+4.2}_{-2.1}$
12.6	200 - 250							$3.6^{+2.4}_{-1.2}$	$4^{+2.7}_{-1.3}$	$4.5^{+3}_{-1.5}$	$5^{+3.3}_{-1.7}$	$5.6^{+3.7}_{-1.9}$	$6.3^{+4.2}_{-2.1}$	$7^{+4.7}_{-2.3}$
								$4^{+2.7}_{-1.3}$	$4.5^{+3}_{-1.5}$	$5^{+3.3}_{-1.7}$	$5.6^{+3.7}_{-1.9}$	$6.3^{+4.2}_{-2.1}$	$7^{+4.7}_{-2.3}$	$8^{+5.3}_{-2.7}$
								$4.5^{+3}_{-1.5}$	$5^{+3.3}_{-1.7}$	$5.6^{+3.7}_{-1.9}$	$6.3^{+4.2}_{-2.1}$	$7^{+4.7}_{-2.3}$	$8^{+5.3}_{-2.7}$	9^{+6}_{-3}
								$5^{+3.3}_{-1.7}$	$5.6^{+3.7}_{-1.9}$	$6.3^{+4.2}_{-2.1}$	$7^{+4.7}_{-2.3}$	$8^{+5.3}_{-2.7}$	9^{+6}_{-3}	$10^{+6.7}_{-3.3}$
								$5.6^{+3.7}_{-1.9}$	$6.3^{+4.2}_{-2.1}$	$7^{+4.7}_{-2.3}$	$8^{+5.3}_{-2.7}$	9^{+6}_{-3}	$10^{+6.7}_{-3.3}$	$11^{+7.3}_{-3.7}$
								$6.3^{+4.2}_{-2.1}$	$7^{+4.7}_{-2.3}$	$8^{+5.3}_{-2.7}$	9^{+6}_{-3}	$10^{+6.7}_{-3.3}$	$11^{+7.3}_{-3.7}$	12^{+8}_{-4}

Calidad **F** (normal)

Ver secciones 3.2.2 y 9.2.2

TABLA 4

Piezas ejecutadas en martillo o prensa								Tolerancia de espesores y marcas de extractores. Esta tolerancia no se aplica a piezas ejecutadas en forjadora horizontal						
Marcas de extractores	Peso (Kg) Desde - Hasta inclusive	Dificultad de material		Complejidad				MM Desde - Hasta inclusive						
		M1	M2	S1 > 0.63 < 1	S2 > 0.32 < 0.63	S3 > 0.16 < 0.32	S4 > 0.16	0 - 16	16 - 40	40 - 63	63 - 100	100 - 160	160 - 250	> 250
1	0 - 0.4							0.6 $^{+0.4}_{-0.2}$	0.7 $^{+0.5}_{-0.2}$	0.8 $^{+0.5}_{-0.3}$	0.9 $^{+0.6}_{-0.3}$	1 $^{+0.7}_{-0.3}$	1.1 $^{+0.7}_{-0.4}$	1.2 $^{+0.8}_{-0.4}$
1.2	0.4 - 1.2							0.7 $^{+0.5}_{-0.2}$	0.8 $^{+0.5}_{-0.3}$	0.9 $^{+0.6}_{-0.3}$	1 $^{+0.7}_{-0.3}$	1.1 $^{+0.7}_{-0.4}$	1.2 $^{+0.8}_{-0.4}$	1.4 $^{+0.9}_{-0.5}$
1.6	1.2 - 2.5							0.8 $^{+0.5}_{-0.3}$	0.9 $^{+0.6}_{-0.3}$	1 $^{+0.7}_{-0.3}$	1.1 $^{+0.7}_{-0.4}$	1.2 $^{+0.8}_{-0.4}$	1.4 $^{+0.9}_{-0.5}$	1.6 $^{+1.1}_{-0.5}$
2	2.5 - 5							0.9 $^{+0.6}_{-0.3}$	1 $^{+0.7}_{-0.3}$	1.1 $^{+0.7}_{-0.4}$	1.2 $^{+0.8}_{-0.4}$	1.4 $^{+0.9}_{-0.5}$	1.6 $^{+1.1}_{-0.5}$	1.8 $^{+1.2}_{-0.6}$
2.4	5 - 8							1 $^{+0.7}_{-0.3}$	1.1 $^{+0.7}_{-0.4}$	1.2 $^{+0.8}_{-0.4}$	1.4 $^{+0.9}_{-0.5}$	1.6 $^{+1.1}_{-0.5}$	1.8 $^{+1.2}_{-0.6}$	2 $^{+1.3}_{-0.7}$
3.2	8 - 12							1.1 $^{+0.7}_{-0.4}$	1.2 $^{+0.8}_{-0.4}$	1.4 $^{+0.9}_{-0.5}$	1.6 $^{+1.1}_{-0.5}$	1.8 $^{+1.2}_{-0.6}$	2 $^{+1.3}_{-0.7}$	2.2 $^{+1.5}_{-0.7}$
4	12 - 20							1.2 $^{+0.8}_{-0.4}$	1.4 $^{+0.9}_{-0.5}$	1.6 $^{+1.1}_{-0.5}$	1.8 $^{+1.2}_{-0.6}$	2 $^{+1.3}_{-0.7}$	2.2 $^{+1.5}_{-0.7}$	2.5 $^{+1.7}_{-0.8}$
5	20 - 36							1.4 $^{+0.9}_{-0.5}$	1.6 $^{+1.1}_{-0.5}$	1.8 $^{+1.2}_{-0.6}$	2 $^{+1.3}_{-0.7}$	2.2 $^{+1.5}_{-0.7}$	2.5 $^{+1.7}_{-0.8}$	2.8 $^{+1.9}_{-0.9}$
6.4	36 - 63							1.6 $^{+1.1}_{-0.5}$	1.8 $^{+1.2}_{-0.6}$	2 $^{+1.3}_{-0.7}$	2.2 $^{+1.5}_{-0.7}$	2.5 $^{+1.7}_{-0.8}$	2.8 $^{+1.9}_{-0.9}$	3.2 $^{+2.1}_{-1.1}$
8	63 - 110							1.8 $^{+1.2}_{-0.6}$	2 $^{+1.3}_{-0.7}$	2.2 $^{+1.5}_{-0.7}$	2.5 $^{+1.7}_{-0.8}$	2.8 $^{+1.9}_{-0.9}$	3.2 $^{+2.1}_{-1.1}$	3.6 $^{+2.4}_{-1.2}$
10	110 - 200							2 $^{+1.3}_{-0.7}$	2.2 $^{+1.5}_{-0.7}$	2.5 $^{+1.7}_{-0.8}$	2.8 $^{+1.9}_{-0.9}$	3.2 $^{+2.1}_{-1.1}$	3.6 $^{+2.4}_{-1.2}$	4 $^{+2.7}_{-1.3}$
12.6	200 - 250							2.2 $^{+1.5}_{-0.7}$	2.5 $^{+1.7}_{-0.8}$	2.8 $^{+1.9}_{-0.9}$	3.2 $^{+2.1}_{-1.1}$	3.6 $^{+2.4}_{-1.2}$	4 $^{+2.7}_{-1.3}$	4.5 $^{+3}_{-1.5}$
								2.5 $^{+1.7}_{-0.8}$	2.8 $^{+1.9}_{-0.9}$	3.2 $^{+2.1}_{-1.1}$	3.6 $^{+2.4}_{-1.2}$	4 $^{+2.7}_{-1.3}$	4.5 $^{+3}_{-1.5}$	5 $^{+3.3}_{-1.7}$
Calidad **E** (precisa)								2.8 $^{+1.9}_{-0.9}$	3.2 $^{+2.1}_{-1.1}$	3.6 $^{+2.4}_{-1.2}$	4 $^{+2.7}_{-1.3}$	4.5 $^{+3}_{-1.5}$	5 $^{+3.3}_{-1.7}$	5.6 $^{+3.7}_{-1.9}$
								3.2 $^{+2.1}_{-1.1}$	3.6 $^{+2.4}_{-1.2}$	4 $^{+2.7}_{-1.3}$	4.5 $^{+3}_{-1.5}$	5 $^{+3.3}_{-1.7}$	5.6 $^{+3.7}_{-1.9}$	6.3 $^{+4.2}_{-2.1}$
								3.6 $^{+2.4}_{-1.2}$	4 $^{+2.7}_{-1.3}$	4.5 $^{+3}_{-1.5}$	5 $^{+3.3}_{-1.7}$	5.6 $^{+3.7}_{-1.9}$	6.3 $^{+4.2}_{-2.1}$	7 $^{+4.7}_{-2.3}$
Ver sección 3.2.2								4 $^{+2.7}_{-1.3}$	4.5 $^{+3}_{-1.5}$	5 $^{+3.3}_{-1.7}$	5.6 $^{+3.7}_{-1.9}$	6.3 $^{+4.2}_{-2.1}$	7 $^{+4.7}_{-2.3}$	8 $^{+5.3}_{-2.7}$

TABLA 5

Piezas ejecutadas en martillo, prensa y forjadora horizontal
Nota: La calidad E no se aplica a piezas de forjadora horizontal

Tolerancias para rectitud y planitud

Longitudes desde - hasta (inclusive)		MM														
		0 100	100 125	125 160	160 200	200 250	250 315	315 400	400 500	500 630	630 800	800 1000	1000 1250	1250 1600	1600 2000	2000 2500
Calidad	F	0.6	0.7	0.8	0.9	1	1.1	1.2	1.4	1.6	1.8	2	2.2	2.5	2.8	3.2
	E	0.4	0.5	0.5	0.6	0.6	0.7	0.8	0.9	1	1.1	1.2	1.4	1.6	1.8	2

Tolerancia para distancia de centro a centro

Longitudes desde - hasta (inclusive)		MM										
		0 100	100 160	160 200	200 250	250 315	315 400	400 500	500 630	630 800	800 1000	1000 1250
Calidad	F	$0.6^{\pm 0.3}$	$0.8^{\pm 0.4}$	$1^{\pm 0.5}$	$1.2^{\pm 0.6}$	$1.6^{\pm 0.8}$	$2^{\pm 1}$	$2.4^{\pm 1.2}$	$3.2^{\pm 1.6}$	$4^{\pm 2}$	$5^{\pm 2.5}$	$6.4^{\pm 3.2}$
	E	$0.5^{\pm 0.25}$	$0.6^{\pm 0.3}$	$0.8^{\pm 0.4}$	$1^{\pm 0.5}$	$1.2^{\pm 0.6}$	$1.6^{\pm 0.8}$	$2^{\pm 1}$	$2.4^{\pm 1.2}$	$3.2^{\pm 1.6}$	$4^{\pm 2}$	$5^{\pm 2.5}$

Ver secciones 3.2.3 y 9.2.3

TABLA 6

Piezas ejecutadas en martillo, prensa y forjadora horizontal

Tolerancias para radios y empalmes

r MM Desde - Hasta (Inclusive)	+	-
0 - 10	50%	25%
10 - 32	40%	20%
32 - 100	32%	15%
> 100	25%	10%

Tolerancias de barbas por infiltración.
Rebabado para piezas ejecutadas en forjadora horizontal.

Peso (Kg) Desde - Hasta (Inclusive)	a	b
0 - 1	1	0.5
1 - 6	1.6	0.8
6 - 40	2.5	1.2
40 - 250	4	2

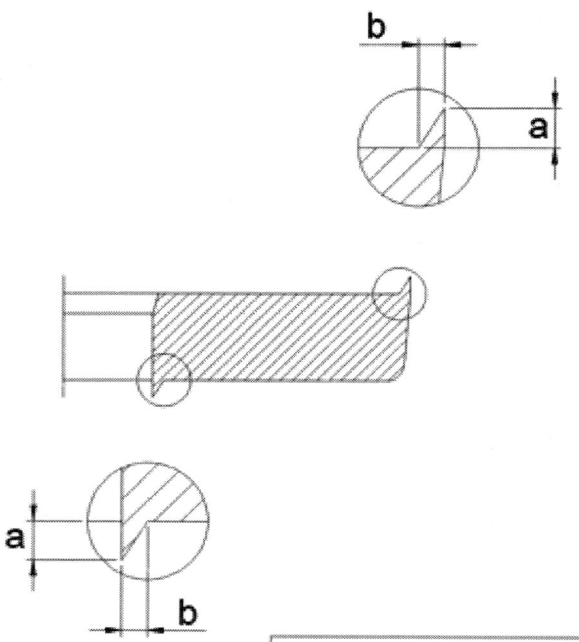

Ver párrafos 3.2.4.1., 3.2.4.2., 9.2.4.1. y 9.2.4.2.

Productos para la industria del forjado

Acindar
Grupo ArcelorMittal

Servicio de Asistencia Comercial
0800-444-ACINDAR
(54 11) 4719-8300
sac@acindar.com.ar
acindar.com.ar

Palanquillas de colada continua

Acindar produce palanquillas de colada continua destinadas a la laminación en caliente. Diversos productos pueden ser laminados con palanquillas: barras redondas, cuadradas, hexagonales, planchuelas, perfiles estructurales, especiales, alambrones, barras para hormigón armado, entre otros.

La posibilidad de su uso para el forjado de piezas deberá ser consultada.

Características metalúrgicas

Tamaño de grano austenítico (1)	S/ ASTM E 112 5 a 8 Método: Mc Quaid Ehn Método: Oxidación							
Microinclusiones (2)	S/ ASTM E 45 Método A Valores máximos							
	Serie Fina				Serie Gruesa			
	A	B	C	D	A	B	C	D
	2.5	2.0	2.0	2.0	2 5	2.0	2.0	2.0

(1) Se determina en productos ya laminados
(2) Valores esperados en productos laminados a partir de las palanquillas

Medidas
Cuadrado de 120 y 160 mm

Aceros disponibles en este producto
La oferta de palanquillas cubre toda la gama de aceros al carbono, aceros de baja aleación, microaleados y de corte libre ofrecidos por Acindar Grupo ArcelorMittal.

Rectitud
Rectitud máxima: 15 mm/m (Máximo 100 mm)

Tipos de corte
Oxicorte

Largos y tolerancias

Producto	Tolerancia en lado (mm)	Largo de fabricación (m)	Tolerancia en largo (mm)
Palanquilla de 120 mm	+/- 4	9.50 y 13.70	+/- 100
Palanquilla de 160 mm	+/- 5	12.35	

Observaciones: Por otras longitudes, consultar

Acondicionado e identificación
Palanquillas sueltas
Identificación: Número de colada pintada en una de las caras o acuñado en sus extremos.

Barras laminadas apto forja

Estas barras son fabricadas para aplicaciones que requieran condiciones estrictas de procesamiento.

Estos productos son aptos para su empleo en la fabricación de piezas que posteriormente pueden ser bonificadas o cementadas, tales como pernos, engranajes, herramientas, y otros que se pueden utilizar en la industria automotriz, metalmecánica y del petróleo.

Características metalúrgicas

Tamaño de grano austenítico	S/ ASTM E 112 5 a 8 Método: Mc Quaid Ehn Método: Oxidación	
Microinclusiones	S/ ASTM E 45 Método A Valores máximos	
	Serie Fina A B C D 2.5 2.0 2.0 2.0	Serie Gruesa A B C D 2.5 2.0 2.0 2.0

Secciones

Barras redondas

Palanquillas laminadas (canto redondo)

Medidas nominales

Barras redondas

Dn (Diámetro nominal)					
(mm)	(pulgada)	(mm)	(pulgada)	(mm)	(pulgada)
15.9	5/8	46.0	1 - 13/16	81.0	3 – 3/16
17.5	11/16	47.6	1 - 7/8	82.5	3 – 1/4
19.1	3/4	49.2	1 - 15/16	84.1	3 – 5/16
20.6	13/16	50.8	2	87.3	3 - 716
22.2	7/8	52.4	2 - 1/16	88.9	3 – 1/2
23.8	15/16	54.0	2 – 1/8	95.0	
25.4	1	55.6	2 - 3/16	101.6	4
27.0	1 - 1/16	57.1	2 - 1/4	110.0	
28.6	1 - 1/8	58.7	2 – 5/16	114.3	4 – 1/2
30.2	1 - 3/16	60.3	2 - 3/8	120.0	
31.8	1 - 1/4	61.9	2 -7/16	130.0	
33.3	1 - 5/16	63.5	2 1/2	140.0	
34.9	1 - 3/8	66.5	2 - 5/8	152.4	6
36.5	1 - 7/16	69.8	2 - 3/4	165.1	6 – 1/2
38.1	1 - 1/2	71.4	2 - 13/16	177.8	7
39.7	1 - 9/16	73.0	2 -7/8		
41.3	1 - 5/8	74.6	2 - 15/16		
42.8	1 - 11/16	76.2	3		
44.4	1 - 3/4	77.8	3 - 1/16		

Palanquillas laminadas

EC (Entre cara)	
(mm)	(pulgada)
50.8	2
63.5	2 - 1/2
76.2	3

Observaciones: la posibilidad de fabricación de otras medidas deberá ser consultada.

Aceros disponibles en este producto

Aceros al carbono
1010X – 1020X – 1026X - 1040X – 1045X

Aceros de baja aleación
4140X – 5115X – 5120X – 5140X – 8620X –
16MnCrS5X – 20MnCrS5X
Composición química según Tabla 1

Observaciones: la posibilidad de fabricación de otros aceros deberá ser consultada.

Nota: Diámetros > 88.9 mm disponibles solo en aceros al carbono, 4140X y 8620X.
Otros aceros, consultar

Rectitud

Producto	Rectitud máxima (acumulable)
Barras laminadas redondas	4 mm/m
Palanquillas laminadas	5 mm/m

Tolerancias en medida

Barras laminadas redondas

Diámetro (mm)	Tolerancia estándar (mm)	Ovalización máxima (mm)
15.9<Dn≤18.0	+/- 0.21	0.31
18.0<Dn≤30.0	+/- 0.26	0.39
30.0<Dn≤50.0	+/- 0.31	0.46
50.0<Dn≤63.5	+/- 0.38	0.60
63.5<Dn≤80.0	+/-0.60	0.90
80.0<Dn≤88.9	+/-1.10	1.65
90.0<Dn≤120.0	-0/+2.20	1.65
Dn>120.0	-0/+4.00	3.00

Palanquillas laminadas

Entre cara (mm)	Tolerancia estándar (mm)	Dif. Entre caras máxima (mm)
50.0<Dn≤80.0	-0/+1.20	0.90

Revirado (palanquillas laminadas): ≤ 5°/m
Escuadría: ≤ 2°

Tipos de corte
Corte de cizalla de fraccionamiento en caliente
Para Dn > 88.9mm: Sierra en caliente

Observaciones: otros tipos de cortes consultar

Largos y tolerancias

Sección	Dn (mm)	Largo estándar (m)	Tolerancia (mm)
Redondos	Dn ≤ 63.50	6000 (a)	0/+100
	63.5<Dn≤88.9	5000 a 7000	-
Palanquillas laminadas	De 50.8 a 76.2	5000 a 7000	-

(a) Paquetes con barras cortas hasta 10% en largos mayores a 4.0 m

Observaciones: otros largos entre 6.0 y 12.0 m pueden ser fabricados previa consulta.

Largos fijos distintos de 6.0 m, paquetes con 10% de barras cortas con largo mínimo del 75% del fijo.

Acondicionado e identificación
Peso: paquetes de 2.000 kg, aproximadamente
(Otros pesos de paquetes pueden ser acordados)

Identificación: 2 chapas con etiqueta.

INDICE DE FIGURAS

Nota: las figuras correspondientes al documento incluido en el capítulo 10, denominado "Tolerancias dimensionales para forja", no se detallan en este apartado, por cuanto poseen una numeración propia, dado que se trata de una Norma de CAFOR.

INDICE DE FORMULAS

Nueva Librería SRL dio término a la presente tirada
en sus propios talleres gráficos, sitos en Estados Unidos 315
(1101) C. Autónoma de Buenos Aires, Argentina.
Tel. (5411) 4362 - 9266
En el mes de enero de 2023

www.nuevalibreria.com.ar